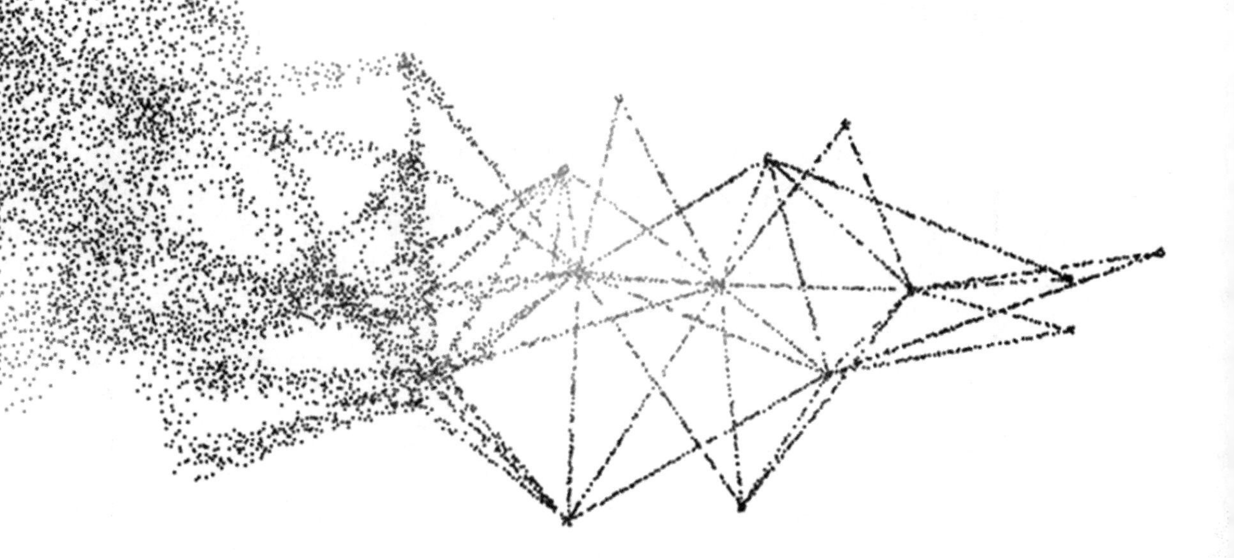

综合布线

（第2版）

主 编 伦洪山 叶展勇 俞晓彤
参 编 王福兵 黎素云 黎佩伟

電子工業出版社
Publishing House of Electronics Industry
北京 • BEIJING

内 容 简 介

本书以综合布线国家标准为依据，将综合布线系统工程技术分为综合布线系统概述、综合布线系统网络结构、网络传输介质、综合布线系统设计、综合布线工程施工技术和综合布线系统工程测试技术六个模块，涵盖21个理论学习任务和17个岗位技能实训。本书从综合布线行业企业典型工种工作任务出发，"以物说技，以技论理"，由浅入深、由表及里、循序渐进地讲述网络综合布线系统理论和网络结构，体现"做中学，学中做"的理念。学生通过学习，可以掌握必要的知识和技能，为今后从事综合布线相关工作奠定良好基础。

本书可作为职业院校、技工学校和技师学院计算机网络、现代通信技术应用等相关专业的教材，也可作为学习计算机网络综合布线知识的培训教材或自学参考书。

图书在版编目（CIP）数据

综合布线 / 伦洪山，叶展勇，俞晓彤主编. —2版. —北京：电子工业出版社，2022.4

ISBN 978-7-121-43350-4

Ⅰ. ①综… Ⅱ. ①伦… ②叶… ③俞… Ⅲ. ①计算机网络—布线—中等专业学校—教材 Ⅳ. ①TP393.033

中国版本图书馆CIP数据核字（2022）第070514号

责任编辑：张　凌
印　　刷：三河市双峰印刷装订有限公司
装　　订：三河市双峰印刷装订有限公司
出版发行：电子工业出版社
　　　　　北京市海淀区万寿路173信箱　邮编　100036
开　　本：880×1 230　1/16　印张：16　字数：384千字
版　　次：2018年1月第1版
　　　　　2022年4月第2版
印　　次：2025年1月第7次印刷
定　　价：48.00元

凡所购买电子工业出版社图书有缺损问题，请向购买书店调换。若书店售缺，请与本社发行部联系，联系及邮购电话：（010）88254888，88258888。

质量投诉请发邮件至zlts@phei.com.cn，盗版侵权举报请发邮件至dbqq@phei.com.cn。

本书咨询联系方式：（010）88254549，zhangpd@phei.com.cn。

前言

PREFACE

综合布线是智能建筑的“中枢神经系统”，是智能建筑的信息传输通道。我国智能建筑行业仍处于快速发展期，随着技术的不断进步和市场领域的延伸，未来几年智能建筑市场前景仍然广阔。综合布线行业作为基础设施的重要组成部分，其市场拓展空间巨大。

本书紧紧围绕职业院校教育教学的要求，以国家标准《综合布线系统工程设计规范》（GB 50311—2016）和《综合布线系统工程验收规范》（GB/T 50312—2016）的要求为主线，按照通信行业网络系统工程典型工作任务下的岗位工作环境选编，结合通信传输网络系统工程岗位工作环境，依据通信行业工程企业用人新标准新要求，力争与时俱进，突出介绍目前网络通信系统工程安装与维护关联岗位实时推广的新方法与新技术。以物说技，以技论理，突显教与学以“做”为中心，体现“学中做，做中学”理念与认知规律，力求每一课时教学内容“该做什么事，事怎样做，怎样做就怎样学”，力求便于课堂教学实现工学结合，理实一体化。本书覆盖华为“1+X”职业技能等级证书网络系统建设与运维初级证书综合布线基础知识。

本书的模块一、模块四学习任务一至任务六由广州市信息技术职业学校俞晓彤编写；模块二、模块五由广西理工职业技术学校伦洪山编写；模块三、模块六学习任务二由广州市信息技术职业学校叶展勇编写；模块三技能实训 2 和技能实训 3 由广州市信息技术职业学校黎素云编写；模块四学习任务七至任务八由广州市信息技术职业学校黎佩伟编写；模块六学习任务一由苏州广林达电子科技有限公司王福兵编写；全书由叶展勇统稿。

在编写过程中，编者得到了众多同行专家的支持和帮助，参阅了国内外出版的有关教材和资料，南京普天天纪楼宇智能有限公司提供了很多的素材，在此对有关专家、原作者和单位一并表示衷心的感谢！

为了方便教师教学，本书配有电子教学课件，请有此需要的教师登录华信教育资源网（www.hxedu.com.cn）注册后免费进行下载。

由于编者水平有限，书中一定存在诸多不足之处，恳请广大读者给予批评和指正。

编　者

2021 年 11 月

目 录

CONTENTS

01

综合布线系统概述　模块一

学习任务一

综合布线系统与智能建筑

学习目标：

掌握综合布线系统的定义、组成和功能。

项目一 综合布线系统

综合布线，即“统筹规划，同步设计”建筑物或建筑群内各类信息传输的光/电缆线和设备。

综合布线系统，就是用标准统一的高品质光/电缆线作为信息传输介质，采用标准统一的接续方式、连接件技术及信息处理设备所组成的一套完整而开放的建筑物或建筑群内公共通用的信息传输处理系统。它既使建筑物或建筑群内语音和数据通信设备、交换设备和其他信息系统彼此相连，又使这些设备与外部通信网络相连，支持语音、数据、图像、视频、监控、多媒体、物联传感等信息的传输和处理。

综合布线系统的定义可概括为，用电缆或光缆及关联连接硬件构成的支持多种信息传输应用系统公共通用的布线系统。

一、综合布线系统的特点

综合布线系统是一个无源系统，它为各类网络设备提供了一个无源平台，是网络的底层和基础，对各类信息传输应用系统具有透明性、开放性。概括而言，其具有以下特点。

1. 先进性

综合布线系统将建筑物或建筑群内各类信息传输网络，严格按照标准统一规划，并进行开放式冗余设计和标准化、规范化施工；既充分利用光/电缆线信息传输能力，又综合发挥配套设备工作潜力，更便于信息用户需求的扩展。整个系统支持所有的通信协议，如 Ethernet、Token Ring、FDDI、ISDN、ATM、EIA-232-D、RS-422 等。

2. 兼容性

综合布线系统可以将不同厂家的各类设备综合在一起，这些设备同时工作且可相互兼容。综合布线系统对所有符合标准的生产厂商的现有布线设备、部件、材料等产品均是开放的。

3. 灵活性

综合布线系统有充分的灵活性，便于网络的集中管理和维护。接插元件如配线架、终端模块等采用积木式结构，可以方便地进行更换、插拔；通过管理系统的管理功能，在无须改变布线系统的情况下可方便地调整各类信息的传输路由，灵活地改变系统设备和移动设备位置，使管理、扩展和使用变得十分简单。其灵活性表现为组网灵活、变位灵活和应用灵活。

4. 可扩展性

综合布线系统严格遵循标准，因此，无论计算机设备、通信设备、控制设备随技术如何发展，将来都可以很方便地将这些设备连接到系统中去。系统采用光纤和双绞线作为传输介质，为不同应用提供了合理的选择空间。语音主干系统采用的缆线，既可作为话音的主干，也可作为数据主干的备份。数据主干采用光缆，其较高的带宽为多路实时多媒体和物联网信息传输留有足够余量。

5. 可靠性

综合布线系统最根本的特点是具有可靠性。它在网络体系结构中是最底层，采用物理布线，与物理布线直接相关的是数据链路层，即网络的逻辑拓扑结构。而网络层和应用层与物理布线完全不相关，即网络传输协议、网络操作系统、网络管理软件及网络应用软件等与物理布线相互独立。每条信息通道都采用物理星形拓扑结构，任何一条线路故障均不影响其他线路的运行，为线路的运行维护及故障检修提供了极大的方便，保障了系统的可靠性。

6. 经济性

综合布线系统综合了各种信息传输系统，应用统一布线，提高了全系统的性能价格比。在确定建筑物或建筑群的功能与需求以后，规划能适应智能化发展要求的综合布线系统设施和预埋管线，防止今后增设或改造时造成工程的重复建设和费用的浪费。

二、综合布线系统的组成

国家标准 GB 50311—2016《综合布线系统工程设计规范》规定，综合布线系统由配线子系统、干线子系统、建筑群子系统、工作区、电信间、设备间、进线间与管理各部分组成，如图 1-1 所示。

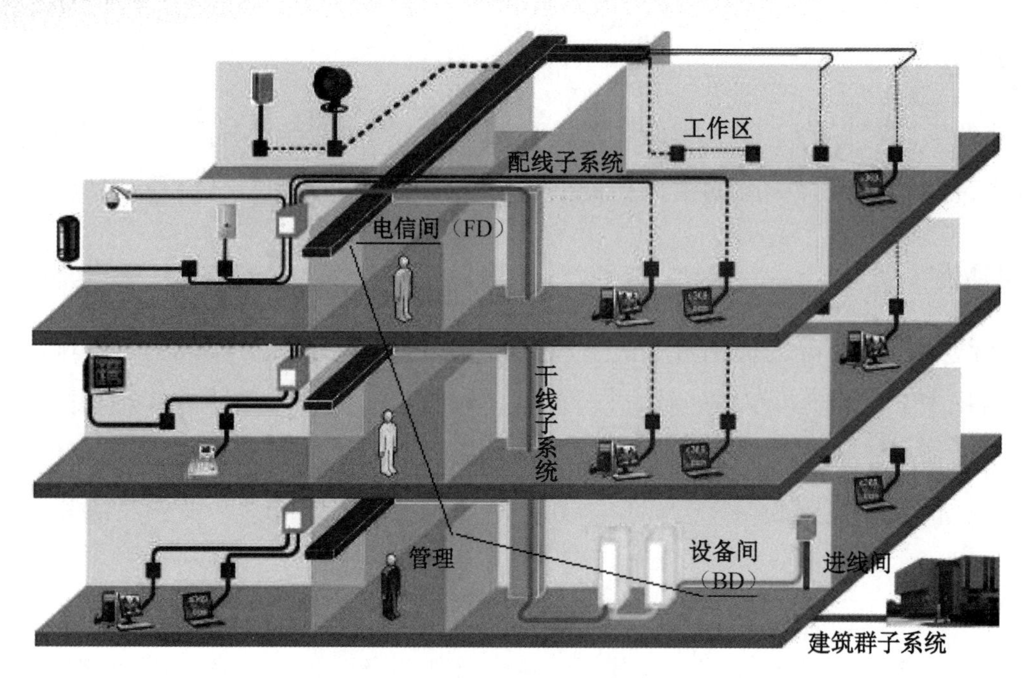

图 1-1　综合布线系统的组成

1. 工作区

工作区的基本构成如图 1-2 所示，包括配线与基本配置单元。其中信息插座包括墙面型、地面型、桌面型等，常用的终端设备包括计算机、电话机、传真机、报警探头、摄像机、监视器、各种传感器件、音响和多媒体设备等。

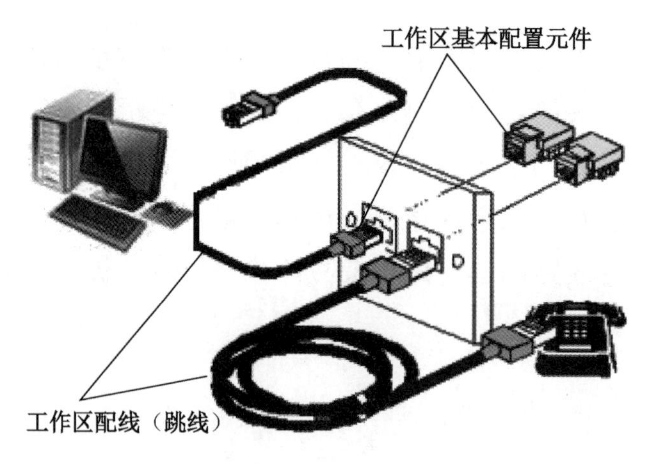

图 1-2　工作区的基本构成

2. 电信间

电信间是放置电信设备、缆线终接的配线设备，并可进行缆线交接的专用空间，也是主干光缆或配线子系统光缆的路径场所。

3．设备间

设备间是在建筑物的适当地点进行配线管理、网络管理和信息交换的场地，用于安装建筑物配线设备、建筑群配线设备、数据交换机、电话交换机、计算机网络设备和入口设施。

设备间在实际应用中一般指一栋建筑物（大楼）的网络中心或机房，如图 1-3 所示，它是建筑物内外通信交汇点。

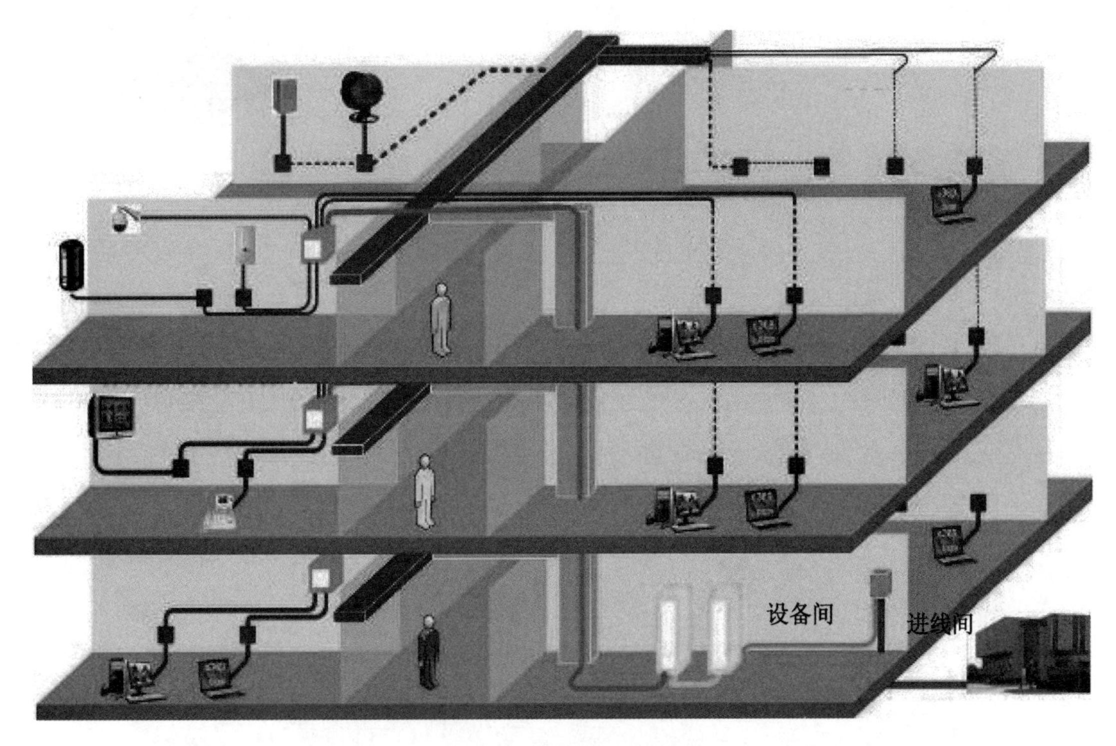

图 1-3　设备间与进线间

4．进线间

进线间是建筑物外部信息和通信网络管线的入口部位，也是入口设施和建筑群配线设备的安装场地（见图 1-3）。GB 50311—2016 要求建筑物前期系统设计中要有进线间，以满足多家运营商的业务需要，避免一家运营商自建进线间后独占该建筑物的宽带接入业务。进线间一般通过地埋管线进入建筑物内部。

5．配线子系统

配线子系统由工作区内的信息插座模块、信息插座模块至电信间配线设备（FD）的配线缆线、电信间的配线设备及设备缆线和跳线等组成。它用于实现工作区信息插座和电信间的连接，包括工作区与电信间之间的所有电缆、连接硬件（信息插座、插头、端接水平传输介质的配线架、理线架等）、跳线缆线附件，如图 1-4 所示。

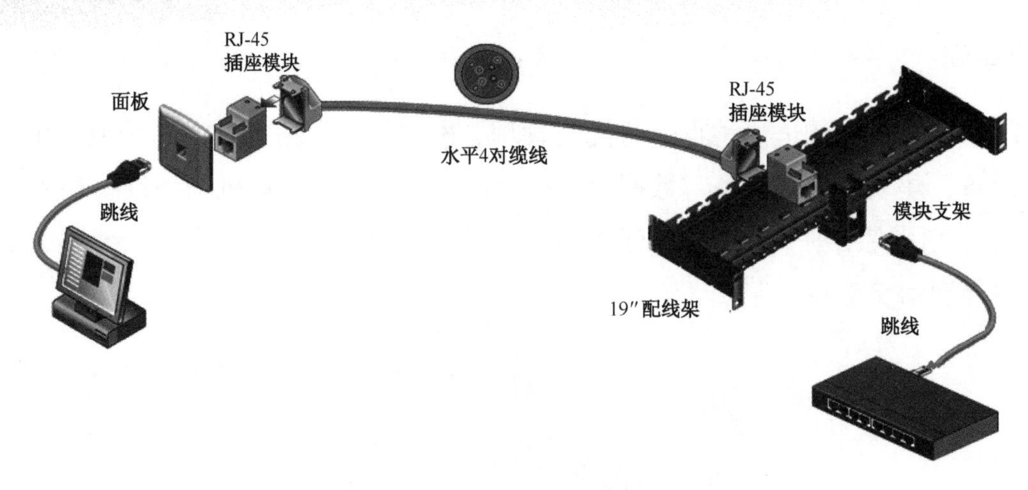

图 1-4　配线子系统

6．干线子系统

干线子系统由设备间至电信间的主干缆线、安装在设备间的建筑物配线设备（BD）及设备缆线和跳线组成，如图 1-5 所示。它是建筑物信息网络中枢，实现主配线架与中间配线架，计算机、程控交换机、控制中心与各管理系统的连接，该子系统由所有的布线电缆（或光缆）及连接支撑硬件组成。

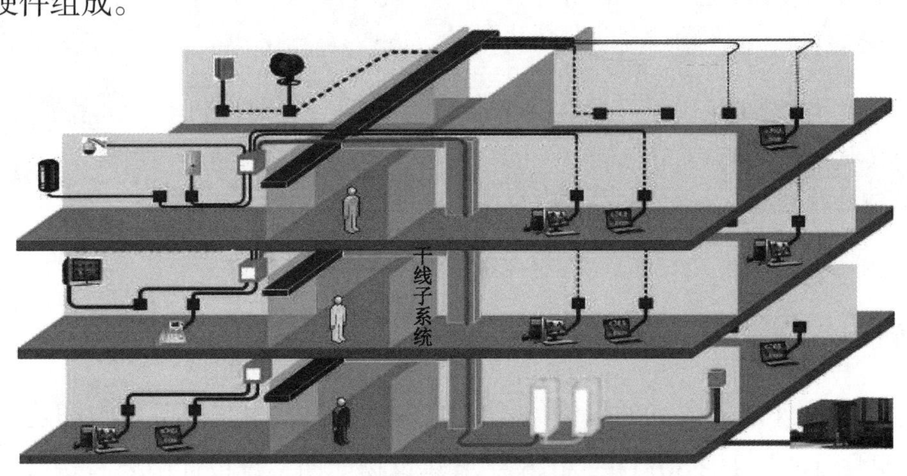

图 1-5　干线子系统

7．建筑群子系统

建筑群子系统由配线设备、建筑物之间的干线缆线、设备缆线、跳线等组成，主要实现楼与楼之间的通信连接，如图 1-6 所示。一般采用光缆并配置相应设备，支持楼宇之间通信所需的硬件，包括缆线、端接设备和电气保护装置。

8．管理

管理是指针对综合布线涉及的配线设备、缆线、网络设备、关联设施及交连/互连方法和方式，进行精确标记与缜密记录，由此所形成的信息传输链路软硬件标识管理与交接管理方案。

一个建筑物内信息传输处理的管理，在设备间与电信间实施。

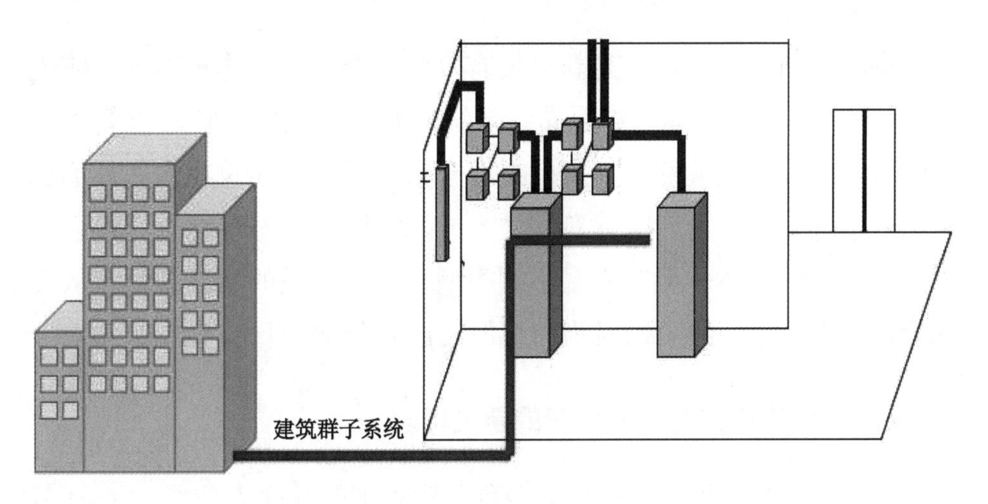

图 1-6 建筑群子系统

项目二 建筑物综合布线的目的

综合布线系统是建筑物实现智能化的前提和必备的基础设施，是为适应智能建筑和其他相关技术的发展而产生的新的专业技术。综合布线系统与智能建筑的关系如图 1-7 所示。

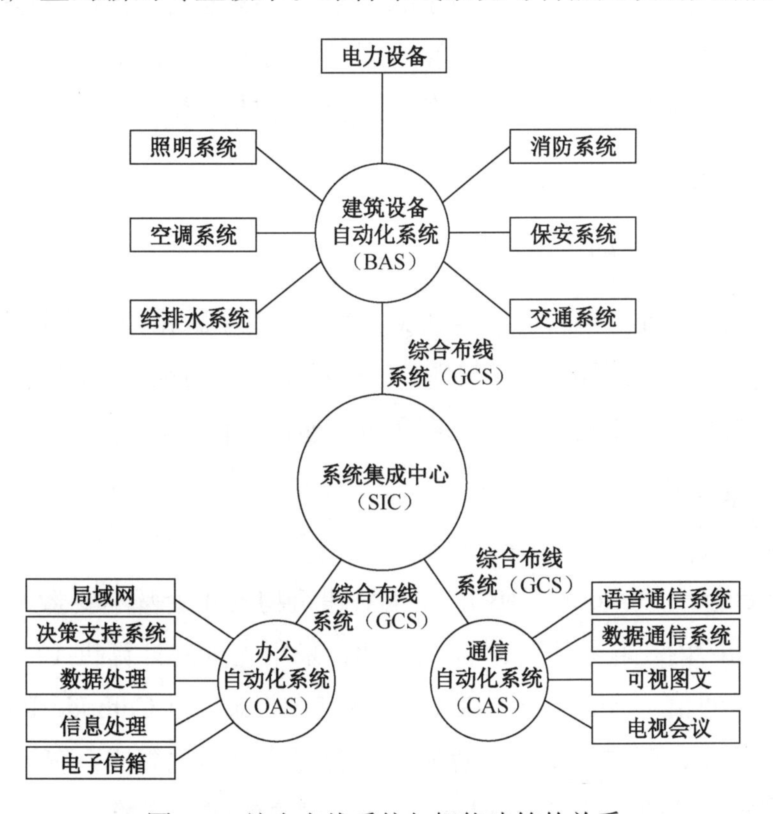

图 1-7 综合布线系统与智能建筑的关系

一、智能建筑与综合布线系统的关系

将计算机网络和自动控制等现代高新科技有效地综合运用于建筑物内，使建筑物成为服务于人类的最优整体，即智能建筑。综合布线系统就如同“神经系统”，在智能建筑中传输各类信息，是智能建筑的重要组成部分。因此，综合布线系统在建筑物内和其他设施一样，都是附属于建筑物的基础设施，为智能建筑的主人或用户服务。虽然综合布线系统和房屋建筑彼此结合形成不可分离的整体，但它们是不同类型和工程性质的建设项目。从规划、设计、施工到使用的全过程中，它们的关系极为密切但又彼此分立。

1. 综合布线系统是建筑物智能化程度的重要标志

衡量智能建筑的智能化程度，主要是看综合布线系统配线能力如何，设备配置是否成套，技术功能是否完善，信息传输网络分布是否合理，综合布线工程质量是否优良。这些都是决定智能建筑智能化程度高低的重要因素，对于智能建筑能否更好地服务用户，综合布线系统具有决定性作用。

2. 综合布线系统保障和促进智能建筑实现智能化

综合布线系统把智能建筑内的各种信息传输和处理设备及设施，相互连接形成完整配套的整体，为实现高度智能化提供条件。由于综合布线系统能适应各种设施的当前需要和今后发展，具有兼容性、可靠性、使用灵活性和管理科学性等特点，所以它能确保智能建筑提供优质高效的服务。建筑物中只有施行综合布线系统，才能实现智能化，这是智能建筑工程中需要首先考虑的关键内容。

3. 综合布线系统有力推动技术进步

综合布线系统虽然具有很高的适应性和灵活性，能在今后相当长的时期内满足客观需要，但其仍然处于发展阶段，需要不断完善与提高，这对相关产品和技术的发展提出了更高要求。更优质的综合布线系统，需要更优质的传输介质、连接器件及设备。

二、智能建筑

智能建筑（Intelligent Building，IB），是指对建筑物的 4 个基本要素（结构、系统、服务和管理）及它们之间的内在联系进行最优化设计，采用先进的计算机（Computer）技术、控制（Control）技术、通信（Communication）技术和图形显示（Cathode Ray Tube，CRT）技术，即所谓的 4C 技术，建立一个由计算机系统管理的一体化集成系统，向人们提供一个投资合理、安全、高效、便捷、节能、环保、舒适、健康的建筑环境。

智能建筑要求将建筑、通信、计算机网络和监控等各方面的先进技术相互融合，使建筑物成为最优化的整体。智能建筑是现代科学技术应用于建筑物的高级发展形式，突显了建筑物内进行信息管理和信息综合利用的能力，这种能力涵盖了对信息的收集与利用、对信息的分析与处理，以及信息之间的交换与共享。

世界上第一座智能建筑是由一幢 38 层的旧金融大厦改建而成的，楼内主要增添了计算机、数字程控交换机等先进设备，以及高速通信线路等基础设施。以当时最先进的技术控制空调设备、照明设备、防灾防盗系统、电梯设备、通信设备和办公设备，并且实现了自动化。通过计算机网络通信技术、计算机控制技术及自动化的综合管理，使该金融大厦具备方便、舒适及安全的办公环境，并具有高效运转和经济节能的特点。

我国从 20 世纪 90 年代初开始引进、吸收和实施建筑物智能化技术，智能建筑首先出现于北京、上海，随后在广州、深圳、杭州等地的新建筑中部分或全部实现智能化。现在，我国的智能建筑已经非常普遍，新建筑也基本能够实现智能化。

三、智能建筑的国家标准

GB 50314—2015《智能建筑设计标准》中对智能建筑的定义为：以建筑物为平台，基于对各类智能化信息的综合应用，集架构、系统、应用、管理及其优化组合为一体，具有感知、传输、记忆、推理、判断和决策的综合智慧能力，形成以人、建筑、环境互为协调的整合体，向人们提供具有安全、高效、便利及可持续发展环境的建筑。

GB 50314—2015 是我国规范建筑智能化工程设计的准则。该标准分为 18 章，包括：总则、术语、工程架构、设计要素、住宅建筑、办公建筑、旅馆建筑、文化建筑、博物馆建筑、观演建筑、会展建筑、教育建筑、金融建筑、交通建筑、医疗建筑、体育建筑、商店建筑、通用工业建筑。

智能建筑工程设计必须贯彻国家关于节能、环保等方面的方针政策，做到技术先进、经济合理、实用可靠。

智能建筑的智能化系统设计应以增强建筑物的科技功能和提升建筑物的应用价值为目标，以建筑物的功能类别、管理需求及建设投资为依据，具有可扩展性、开放性和灵活性。

四、智能建筑的组成与功能

智能建筑的功能应主要体现 3 个自动化，即建筑设备自动化或楼宇自动化（BA）、通信自动化（CA）、办公自动化（OA）。这 3 个自动化通常称为 3A，其中建筑设备自动化包含防火自动化（FA）和保安自动化（SA），因此也有人将智能建筑称为 5A 建筑。

显然，智能建筑由系统集成中心（SIC）、建筑设备自动化系统（BAS）、办公自动化系统（OAS）、通信自动化系统（CAS）、综合布线系统（GCS）五大部分组成。并且，SIC 通过综合布线系统将 3A 系统在物理上、逻辑上和功能上连为一体，对整个建筑实施统一管理和监控，同时为各系统之间建立一个标准的信息交换平台，以实现信息综合、资源共享，为实现物联网打下坚实基础。智能建筑系统如图 1-8 所示。

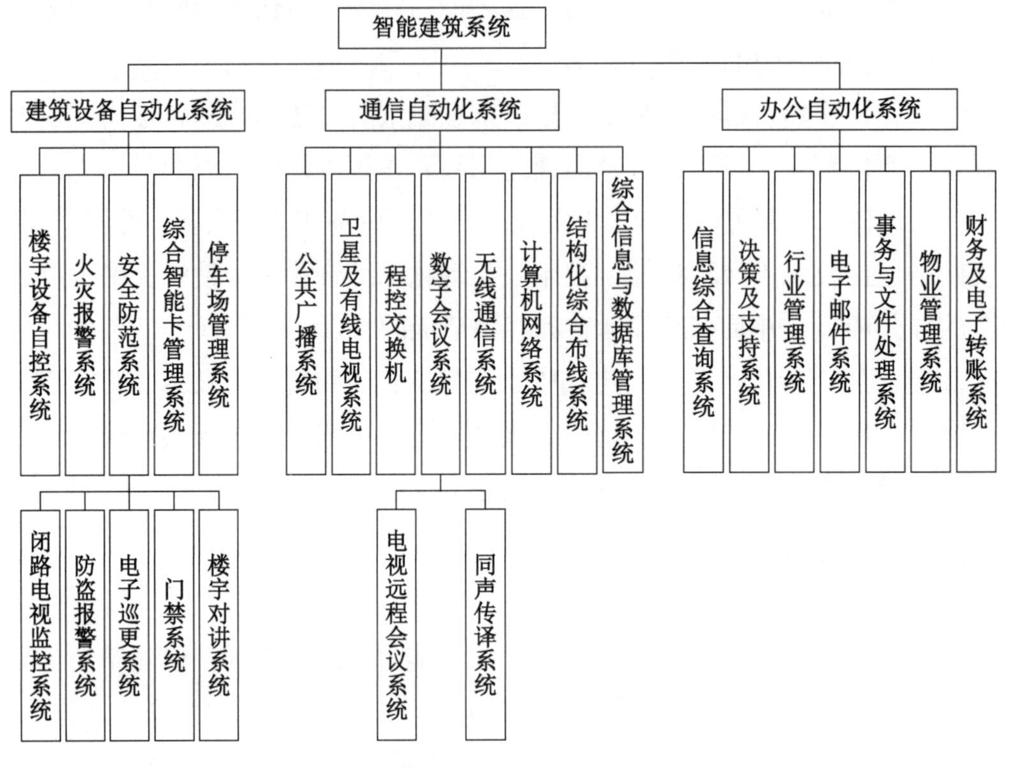

图 1-8　智能建筑系统

1. 建筑设备自动化系统

该系统是对建筑物或建筑群内的电力、照明、空调、给排水、防灾、安保、车库等设备或系统，进行集中监视、控制和管理的综合系统。

根据功能的不同，建筑设备自动化系统可分为多个子系统。

（1）防火自动化系统。

① 按消防部门的要求，火灾报警与消防联动控制系统应独立运行。因此，防火自动化系统将火灾报警器输出的火警信号传送给建筑物设备监控系统或智能化集成系统的监控中心，楼宇自控系统对消防系统进行及时监视，但不控制。

② 空调、风机、配电等平时由建筑物设备监控系统控制的设备，火灾报警时应受消防系统控制，应确保火警控制的优先功能。

（2）安保自动化系统。

根据被保护对象的风险等级确定相应的防范级别，设计时应满足整体纵深防护和局部纵深防护要求，达到所要求的安全防范水平。建筑物内应当设置以下系统：

① 闭路电视监控系统。

② 防盗报警系统。

③ 电子巡更系统。

④ 门禁系统。

⑤ 楼宇对讲系统

2．通信自动化系统

该系统以建筑物内的语音、数据、图像传输为基础，同时与外部通信网络相连，实现建筑物或建筑群内外信息相通。

3．办公自动化系统

该系统是应用计算机技术、通信技术、多媒体技术和行为科学等先进技术，利用各种办公设备实现部分或全部办公业务，并由这些办公设备与办公人员构成的服务于某种办公目标的人机信息系统。

学习任务二

综合布线系统术语、缩略语与相关标准

学习目标：

熟悉常用的综合布线系统术语和缩略语，了解综合布线系统相关标准。

项目一 常用术语

1．布线（Cabling）

能够支持与电子信息设备相连的各种缆线、跳线、接插软线和连接器件组成的系统。

2．建筑群子系统（Campus Subsystem）

建筑群子系统由配线设备、建筑物之间的干线缆线、设备缆线、跳线等组成。

3．电信间（Telecommunications Room）

用于放置电信设备和缆线终接的配线设备，并可在此空间内进行缆线交接。

4．工作区（Work Area）

须设置终端设备的独立区域。

5．信道（Channel）

连接两个应用设备的端到端的传输通道。

6．链路（Link）

一个 CP 链路或一个永久链路。

7．永久链路（Permanent Link）

信息点与楼层配线设备之间的传输线路。它不包括工作区缆线和连接楼层配线设备的设备缆线、跳线，但可以包括一个 CP 链路。

8．集合点（Consolidation Point，CP）

楼层配线设备与工作区信息点之间水平缆线路由中的连接点。

9．CP 链路（CP Link）

楼层配线设备与集合点之间，包括两端的连接器件在内的永久性的链路。

10．建筑群配线设备（Campus Distributor）

终接建筑群主干缆线的配线设备。

11．建筑物配线设备（Building Distributor）

为建筑物或建筑群主干缆线终接的配线设备。

12．楼层配线设备（Floor Distributor）

终接水平缆线和其他布线子系统缆线的配线设备。

13．入口设施（Building Entrance Facility）

提供符合相关规范的机械与电气特性的连接器件，将外部网络缆线引入建筑物内。

14．连接器件（Connecting Hardware）

用于连接电缆线对和光缆光纤的一个器件或一组器件。

15．光纤适配器（Optical Fibre Adapter）

将光纤连接器实现光学连接的器件。

16．建筑群主干缆线（Campus Backbone Cable）

用于在建筑群内连接建筑群配线设备与建筑物配线设备的缆线。

17．建筑物主干缆线（Building Backbone Cable）

在入口设施至建筑物配线设备、建筑物配线设备至楼层配线设备、建筑物内楼层配线设备之间相连接的缆线。

18．水平缆线（Horizontal Cable）

楼层配线设备至信息点之间的连接缆线。

19．CP 缆线（CP Cable）

连接集合点至工作区信息点的缆线。

20．信息点（Telecommunications Outlet，TO）

缆线终接的信息插座模块。

21．设备缆线（Equipment Cable）

用于将通信设备连接到配线设备的缆线。

22．跳线（Patch Cord/Jumper）

在配线设备之间进行连接。

23．缆线（Cable）

电缆和光缆的统称。

24．光缆（Optical Cable）

由单芯或多芯光纤构成的缆线。

25．线对（Pair）

由两个相互绝缘的导体双绞组成，通常是一个双绞线对。

26．双绞线电缆（Balanced Cable）

由一个或多个金属导体线对组成的对称电缆。

27．屏蔽双绞线电缆（Screened Balanced Cable）

含有总屏蔽层和/或线对屏蔽层的双绞线电缆。

28．非屏蔽双绞线电缆（Unscreened Balanced Cable）

不带有任何屏蔽物的双绞线电缆。

29．接插软线（Patch Cord）

一端或两端带有连接器件的软电缆。

30．多用户信息插座（Multi-user Telecommunication Outlet）

工作区内若干信息插座模块的组合装置。

31．配线区（the Wiring Zone）

根据建筑物的类型、规模、用户单元的密度，以单栋或若干栋建筑物的用户单元组成的配线区域。

32．配线管网（the Wiring Pipeline Network）

由建筑物外线引入管和建筑物内的竖井、管、桥架等组成的管网。

33．用户接入点（the Subscriber Access Point）

多家电信业务经营者的电信业务共同接入的点位，是电信业务经营者与建筑建设方的工程界面。

34．用户单元（Subscriber Unit）

建筑物内占有一定空间、使用者或使用业务会发生变化、须直接与公用电信网互联互通的用户区域。

35．光纤到用户单元通信设施（Fiber to the Subscriber Unit Communication Facilities）

光纤到用户单元工程中，建筑规划用地红线内地下通信管道、建筑内管槽及通信光缆、光配线设备、用户单元信息配线箱及预留的设备间等设备安装空间。

36．配线光缆（Wiring Optical Cable）

用户接入点至园区或建筑群光缆的汇聚配线设备之间，或用户接入点至建筑规划用地红线范围内与公用通信管道互通的人（手）孔之间的互通光缆。

37．用户光缆（Subscriber Optical Cable）

用户接入点配线设备与建筑物内用户单元信息配线箱之间相连接的光缆。

38．户内缆线（Indoor Cable）

用户单元信息配线箱与用户区域内信息插座模块之间相连接的缆线。

39．信息配线箱（Information Distribution Box）

安装于用户单元区域内的完成信息互通与通信业务接入的配线箱体。

40．桥架（Cable Tray）

梯架、托盘及槽盒的统称。

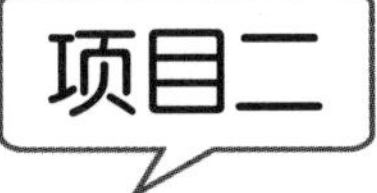

常用缩略语

常用缩略语见表 1-1。

表 1-1 常用缩略语

英文缩写	英文名称	中文名称或解释
ACR-F	Attenuation to Crosstalk Ratio at the Far-end	衰减远端串音比
ACR-N	Attenuation to Crosstalk Ratio at the Near-end	衰减近端串音比
BD	Building Distributor	建筑物配线设备
CD	Campus Distributor	建筑群配线设备
CP	Consolidation Point	集合点
DC	Direct Current	直流
ELTCTL	Equal Level TCTL	两端等效横向转换损耗
FD	Floor Distributor	楼层配线设备
FEXT	Far End Crosstalk Attenuation（loss）	远端串音

续表

英文缩写	英文名称	中文名称或解释
ID	Intermediate Distributor	中间配线设备
IEC	International Electrotechnical Commission	国际电工技术委员会
IEEE	the Institute of Electrical and Electronics Engineers	美国电气及电子工程师学会
IL	Insertion Loss	插入损耗
IP	Internet Protocol	互联网协议
ISDN	Integrated Services Digital Network	综合业务数字网
ISO	International Organization for Standardization	国际标准化组织
MUTO	Multi-user Telecom-munications Outlet	多用户信息插座
MPO	Multi-fiber Push On	多芯推进锁闭光纤连接器件
NI	Network Interface	网络接口
NEXT	Near End Crosstalk Attenuation（loss）	近端串音
OF	Optical Fibre	光纤
POE	Power Over Ethernet	以太网供电
PS NEXT	Power Sum NEXT	近端串音功率和
PS AACR-F	Power Sum Attenuation to Alien Crosstalk Ratio at the Far-end	外部远端串音比功率和
PS AACR-F_{avg}	Average Power Sum Attenuation to Alien Crosstalk Ratio at the Far-end	外部远端串音比功率和平均值
PS ACR-F	Power Sum Attenuation to Crosstalk Ratio at the Far-end	衰减远端串音比功率和
PS ACR-N	Power Sum Attenuation to Crosstalk Ratio at the Near-end	衰减近端串音比功率和
PS ANEXT	Power Sum Alien Near End Crosstalk（loss）	外部近端串音功率和
PS $ANEXT_{avg}$	Average Power Sum Alien Near End Crosstalk（loss）	外部近端串音功率和平均值
PS FEXT	Power Sum Far End Crosstalk（loss）	远端串音功率和
RL	Return Loss	回波损耗
SC	Subscriber Connector（optical fibre connector）	用户连接器件（光纤活动连接器件）
SW	Switch	交换机
SFF	Small Form Factor connector	小型光纤连接器件
TCL	Transverse Conversion Loss	横向转换损耗
TCTL	Transverse Conversion Transfer Loss	横向转换转移损耗
TE	Terminal Equipment	终端设备
TO	Telecommunications Outlet	信息点
TIA	Telecommunications Industry Association	美国电信工业协会
UL	Underwriters Laboratories	美国保险商实验所安全标准
Vr.m.s	Vroot.mean.square	电压有效值

项目三 综合布线系统相关标准

随着信息技术的发展，综合布线系统不断升级和完善，综合布线技术不断推陈出新，综合布线系统相关标准也不断在创新和进步。国际标准化委员会 ISO/IEC、欧洲标准化委员会 CENELEC 和美国国家标准局 ANSI 都在努力制定更新的标准以满足技术和市场的需求。我国也不甘落后，主管部门根据我国国情制定了与国际标准接轨的国家标准，促进和规范了我国综合布线技术的发展。

一、北美标准

综合布线标准最早起源于美国，美国电子工业协会（Electronic Industries Association，EIA）负责制定有关界面电气特性的标准，美国通信工业协会（Telecommunications Industries Association，TIA）负责制定通信配线及架构的标准。设立标准的目的是：建立一种支持多供应商环境的通用电信布线系统；可以进行商业大楼结构化布线系统的设计和安装；建立综合布线系统配置的性能和技术标准。

1991 年，美国国家标准局（American National Standards Institute，ANSI）发布了 TIA/EIA 568 商业建筑缆线标准，经改进后于 1995 年 10 月正式将 TIA/EIA 568 标准修订为 TIA/EIA 568A 标准。该标准规定了 100Ω 非屏蔽双绞线（UTP）、150Ω 屏蔽双绞线（STP）、50Ω 同轴缆线和 62.5/125μm 光纤的参数指标，并公布了相关的技术公告文本（Technical System Bulletin，TSB），如 TSB 67、TSB 72、TSB 75、TSB 95 等，同时还附加了 UTP 信道在较差情况下的布线系统电气性能参数，在这个标准后，还有 5 个增编，分别为 A1～A5。

ANSI 于 2002 年发布了 TIA/EIA 568B，以此取代了 TIA/EIA 568A。该标准由 B1、B2、B3 三个部分组成。第一部分 B1 是一般要求，着重于水平和主干布线拓扑、距离、介质选择、工作区连接、开放办公布线、电信与设备间、安装方法及现场测试等内容，它集合了 TIA/EIA TSB 67、TSB 72、TSB 75、TSB 95，TIA/EIA 568 A2、A3、A5，TIA/EIA/IS 729 等标准中的内容。第二部分 B2 是平衡双绞线布线系统，着重于平衡双绞线电缆、跳线、连接硬件的电气和机械性能规范，以及部件可靠性测试规范、现场测试仪性能规范、实验室与现场测试仪比对方法等内容，它集合了 TIA/EIA 568 A1 和 TIA/EIA 568 A2、TIA/EIA 568 A3、TIA/EIA 568 A4、TIA/EIA 568 A5、TIA/EIA/IS 729、TSB 95 中的部分内容，它有一个增编 B2.1，是目前第一个关于 6 类布线系统的标准。第三部分 B3 是光纤布线部件标准，用于定义光纤布线系统的部件和传输性能指标，包括光缆、光跳线与连接硬件的电气和机械性能要求、器件可靠性测试规范、现场测试性能规范等。

TIA/EIA 568 C 版本于 2009 年发布。TIA/EIA 568 C 分为 C.0、C.1、C.2 和 C.3，C.0 为用户建筑物通用布线标准，C.1 为商业楼宇电信布线标准，C.2 为平衡双绞线电信布线和连接硬件标准，C.3 为光纤布线和连接硬件标准。

TIA 568.0-D、TIA 568.1-D、TIA 568.2-D、TIA 568.3-D 是该系列的最新标准，TIA 意识到将修订字母“D”放在最后会更有意义，因此将字母先于数字出现，毕竟现行的标准是 TIA-568.0，TIA-568.1，TIA-568.2，TIA-568.3。

二、国际标准

国际标准化组织/国际电工技术委员会（ISO/IEC）于 1988 年开始，在美国国家标准协会制定的有关综合布线标准的基础上逐渐进行修改，于 1995 年 7 月正式公布《ISO/IEC 11801:1995（E）信息技术——用户建筑物综合布线》，并将其作为国际标准供各个国家使用。目前该标准有 3 个版本，分别为 ISO/IEC 11801:1995，ISO/IEC 11801:2000 和 ISO/IEC 11801:2002。

ISO/IEC 11801:1995 是第一版，ISO/IEC 11801:2000 是修订版，对第一版中“链路”的定义进行了修订。ISO/IEC 11801:2002 是第二版，新定义了 6 类和 7 类缆线标准，同时将多模光纤重新分为 OM1、OM2 和 OM3，其中 OM1 指目前传统 62.5μm 多模光纤，OM2 指目前传统 50μm 多模光纤，OM3 是新增的万兆光纤，能在 300m 距离内支持 10Gbps 数据传输。

ISO/IEC 11801:2002 后推出了很多的修订版本，定义了传输带宽 1000Mbps，50m 和 150m 范围内的 40Gbps 以太网和 100Gbps 以太网传输的 7 类传输标准。

ISO/IEC 11801:2017 为最新版本，将各类分散的多份结构化布线标准都整合到了一起，新的版本包含六个部分：ISO/IEC 11801-1 结构化布线对双绞线和光缆的要求，ISO/IEC 11801-2 商用建筑布线，ISO/IEC 11801-3 工业布线，ISO/IEC 11801-4 家用布线，ISO/IEC 11801-5 数据中心布线，ISO/IEC 11801-6 分布式楼宇服务设施布线。

三、欧洲标准

英国、法国、德国等国于 1995 年 7 月联合制定了欧洲标准 CELENEC EN 50173（信息系统通用布线标准），供欧洲一些国家使用，该标准于 2018 年发布了最新版本。

目前，国际上的综合布线常用标准如表 1-2 所示。

表 1-2 国际上的综合布线常用标准

制定主体	标准名称	标准内容	公布时间
北美	TSB 67	非屏蔽 5 类双绞线的认证标准	
	TSB 72	集中式光纤布线标准	
	TSB 75	开放型办公室水平布线附加标准	
	TIA 568.0-D	用户建筑物通用布线标准	
	TIA 568.1-D	商业建筑布线标准	
	TIA 568.2-D	平衡双绞线电信布线和连接硬件标准	
	TIA 568.3-D	光纤布线和连接硬件标准	
	TIA/EIA 569	商业建筑通信通道和空间标准	1990 年
	TIA/EIA 606	商业建筑物电信基础结构管理标准	1993 年
	TIA/EIA 607	商业建筑物电信布线接地和保护连接要求	1994 年
	TIA/EIA 570A	住宅及小型商业区综合布线标准	1998 年
欧洲	EN 50173	信息系统通用布线标准	1995 年
	EN 50174	信息系统布线安装标准	
	EN 50289	通信电缆试验方法规范	2004 年
ISO	ISO/IEC 11801-1	结构化布线对双绞线和光缆的要求	2017 年
	ISO/IEC11801-2	商用建筑布线	
	ISO/IEC 11801-3	工业布线	
	ISO/IEC 11801-4	家用布线	
	ISO/IEC 11801-5	数据中心布线	
	ISO/IEC 11801-6	分布式楼宇服务设施布线	

四、国内标准

我国的综合布线标准主要有中国工程建设标准化协会颁布的 CECS72:97《建筑与建筑群综合布线系统工程设计规范》、CECS89:97《建筑与建筑群综合布线系统工程验收规范》，国家质量技术监督局与建设部联合发布的国家标准 GB/T 50311—2000《建筑与建筑群综合布线系统工程设计规范》、GB/T 50312—2000《建筑与建筑群综合布线系统工程验收规范》等。我国国家及行业综合布线标准的制定，使我国走上标准化轨道，促进了综合布线在我国的应用和发展。

2016 年 8 月 26 日，我国住房和城乡建设部、国家质量监督检验检疫总局联合发布了新标准 GB 50311《综合布线系统工程设计规范》和 GB/T 50312《综合布线系统工程验收规范》，并于 2017 年 4 月 1 日起执行。该标准参考了国际综合布线标准的最新成果，修订的主要技术内容有：

（1）在《综合布线系统工程设计规范》GB 50311—2007 内容基础上，对建筑群与建筑物综合布线系统及通信基础设施工程的设计要求进行了补充与完善。

（2）增加了布线系统在弱电系统中的应用相关内容。

（3）增加了光纤到用户单元通信设施工程设计要求，并新增有关光纤到用户单元通信设施工程建设的强制性条文。

（4）丰富了管槽和设备的安装工艺要求。

（5）增加了相关附录。

在进行综合布线设计时，具体标准的选用应根据用户投资金额和安全性需求等方面来决定，按相应的标准或规范来设计综合布线系统可以减少建设和维护费用。我国主要的综合布线标准如表 1-3 所示。

表 1-3　我国主要的综合布线标准

制定部门	标准名称	标准内容	公布时间
中国工程建设标准化协会	CECS 72	建筑与建筑群综合布线系统工程设计规范	1997 年
	CECS 89	建筑与建筑群综合布线系统工程验收规范	
	CECS 119	城市住宅建筑综合布线系统工程设计规范	2016 年
信息产业部	YD/T 926.1～3	大楼通信综合布线系统	2009 年
	YD5082	建筑与建筑群综合布线系统工程设计施工图集	1999 年
	YD/T 1013	综合布线系统电气特性通用测试方法	2013 年
	YD/T 1460.3	通信用气吹微型光缆及光纤单元	2006 年
国家质量技术监督局与建设部	GB 50311	综合布线系统工程设计规范	2016 年
	GB/T 50312	综合布线系统工程验收规范	

习题

一、判断题

1．综合布线系统是能支持语音、数据、图像和其他各种控制信息技术的布线系统。（　　）

2．GB/T 表示强制执行的国家标准。（　　）

3．EN 50173—2007 是一个美国的综合布线标准。（　　）

4．没有综合布线系统的建筑就不能被称为智能大厦。（　　）

5．综合布线国家设计标准目前最新的是 GB 50311—2021。（　　）

二、填空题

1．根据最新的国家标准，综合布线系统包括 7 个子系统，分别是_____、_____、_____、_____、_____、_____和_____。

2．GB50311—2016《综合布线系统工程设计规范》规定的缩略词中，CD 代表_____。

3．GB50311—2016《综合布线系统工程设计规范》规定的缩略词中，BD 代表_____。

4．GB50311—2016《综合布线系统工程设计规范》规定的缩略词中，FD 代表_____。

5．GB50311—2016《综合布线系统工程设计规范》规定的缩略词中，TO 代表_____。

三、选择题

1．GB 50311—2016《综合布线系统工程设计规范》是（　　）标准。

A．中国　　B．国际

C．美国　　D．欧洲

2．目前执行的综合布线系统设计国家标准是（　　）。

A．ISO/IEC 11801:2002　　B．GB 50312—2016

C．GB 50311—2016　　D．GB/T 50314—2006

3．目前执行的综合布线系统验收国家标准是（　　）。

A．ISO/IEC 11801:2002　　B．GB/T 50312—2016

C．GB 50311—2007　　D．GB 50312—2016

4．最新的智能建筑设计国家标准是（　　）。

A．GB/T 50314—2000　　B．GB 50314—2015

C．GB 50311—2007　　D．GB 50312—2007

5．GB50311—2007《综合布线系统工程设计规范》规定的缩略词中，TO 代表（　　）。

A．终端设备　　B．转接点

C．集合点　　D．信息插座

四、简答题

1．简述综合布线系统的概念。

2．在综合布线领域目前被广泛使用的标准有哪些？

02

模块二　综合布线系统网络结构

学习任务一

综合布线系统的组成与结构

学习目标：

掌握综合布线系统主要部件、网络结构及建构方法。

项目一 综合布线系统主要部件

国家标准 GB 50311—2016《综合布线系统工程设计规范》中明确了综合布线系统各组成部件的具体表述，其中主要部件如下。

（1）建筑群配线设备或配线架（CD）。

（2）建筑群干线电缆、建筑群干线光缆。

（3）建筑物配线设备或配线架（BD）。

（4）建筑物干线电缆、建筑物干线光缆。

（5）楼层配线设备或配线架（FD）。

（6）水平电缆、水平光缆。

（7）集合点（CP）。

（8）信息点或信息插座（TO）。

（9）终端设备（TE）。

GB 50311—2016 中规定，工作区、电信间、配线子系统、干线子系统、设备间、进线间、建筑群子系统和管理等部分做系统连接时，从建筑群配线架（CD）到信息插座（TO）或终端设备（TE），允许两次配线转接。综合布线系统基本构成如图 2-1 所示。

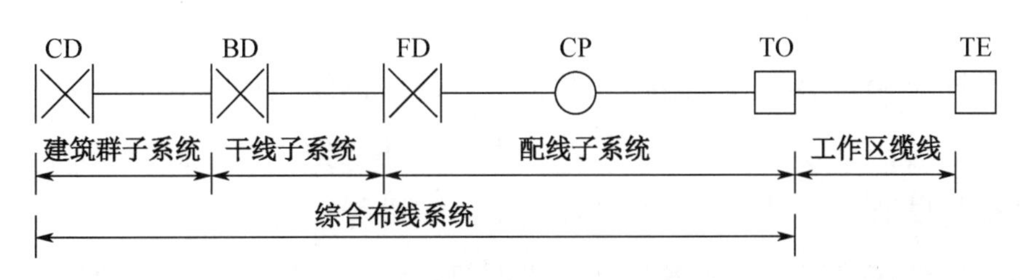

图 2-1　综合布线系统基本构成

1. 建筑群子系统

该子系统包括建筑群干线光缆及其在建筑群配线架和建筑物配线架上的终端设备，以及建筑群配线架上的接插线和跳线。

2. 干线子系统

从建筑物配线架到各电信间配线架的布线属于干线子系统。该子系统由设备间至电信间的光缆、安装在设备间的建筑物配线设备（BD）及设备缆线和跳线组成。建筑物干线光缆应直接端接到相关的楼层配线架，中间不应有集合点或接头。

3. 配线子系统

从楼层配线架到各信息点的布线属于配线子系统，配线子系统由工作区的信息插座模块、信息插座模块至楼层配线设备（FD）的配线电缆和光缆、楼层配线设备及设备缆线和跳线等组成。

4. 引入部分构成

GB 50311—2016 中规定了综合布线系统引入部分构成，如图 2-2 所示。对于设置了设备间的建筑物，设备间所在楼层的 FD 可以和设备间中的 BD/CD 及入口设施安装在同一场地。

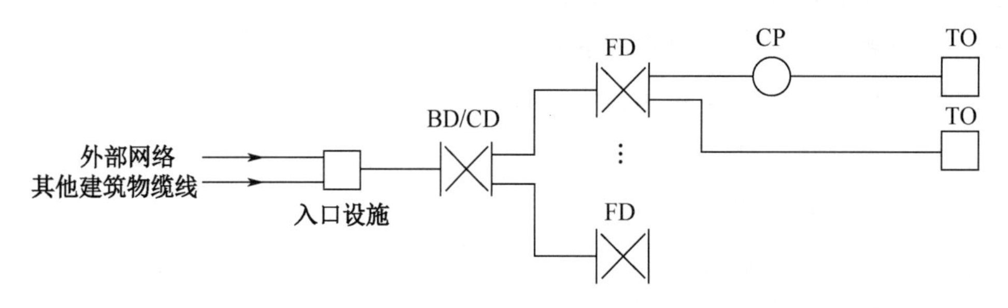

图 2-2　综合布线系统引入部分构成

项目二　综合布线系统网络结构概述

综合布线系统应为采用星形网络拓扑结构的开放式网络结构，其中每个分支子系统都是相对独立的单元，对任意分支子系统进行改动都不影响其他子系统。只要改变节点连接方式就可使网络结构在星形、总线、环形等各种类型之间进行转换。

该结构能支持当前普遍采用的各种计算机网络系统，如以太网、快速以太网、千兆以太网、万兆以太网、光纤分布数据接口（FDDI）、令牌环网（Token Ring）等。

综合布线系统的干线电缆或光缆的交接次数一般不应超过两次，即从楼层配线架到建筑群配线架，中间只允许经过一次配线架，称为FD—BD—CD结构形式，这是采用两级干线系统（建筑物干线子系统和建筑群子系统）的布线形式。如果没有建筑群配线子系统，而只有一次交接，则为FD—BD结构形式，这是采用一级干线系统（建筑物干线子系统）的布线形式。

建筑物配线架至每个楼层配线架的建筑物干线子系统的干线电缆或光缆一般采取分别独立供线给各个楼层的方式，从而使各个楼层之间无连接关系。

一、综合布线系统两级星形网络拓扑结构

在大楼设备间放置BD，电信间放置FD，每个楼层配线架（FD）连接若干个信息点（TO），即传统的两级星形网络拓扑结构，如图2-3所示。它是单幢智能建筑物综合布线系统的基本形式。

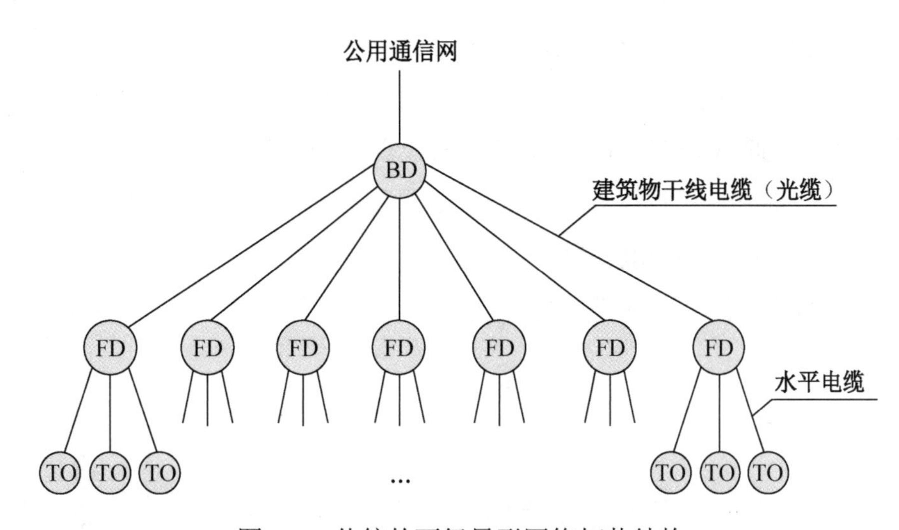

图2-3　传统的两级星形网络拓扑结构

二、树形（三级星形）网络拓扑结构

以建筑群配线架（CD）为中心，以若干建筑物配线架（BD）为中间层，再下一层为楼层配线架和配线子系统，构成树形网络拓扑结构，也可称为三级星形网络拓扑结构，如图2-4所示。这种结构形式在智能小区中经常使用，其综合布线系统的建设规模较大，网络结构也较复杂。

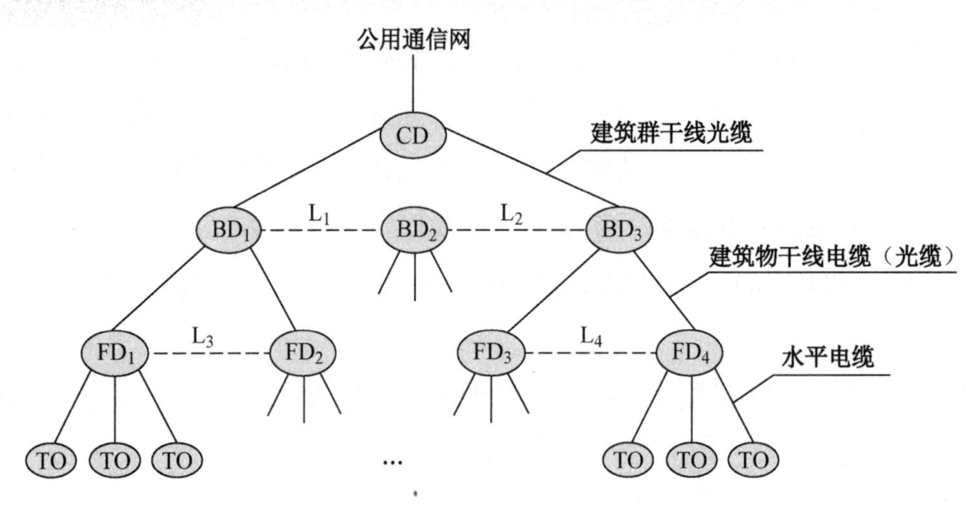

图 2-4　树形（三级星形）网络拓扑结构

三、综合布线系统网络拓扑结构的主要部件

（1）CD 设置于建筑群中处于中心位置的某一建筑物的设备间内（内置 BD 和 CD 的配线设备，在模块上加以区别）。选择 CD 的安装地点时主要考虑建筑群主干缆线的传输路由距离和管理的方便性，可以设置于设备间或进线间内。

（2）BD 设置于建筑物的设备间内。一般语音和数据的设备间是公用的，但也有分开设置的情况，语音的设备间通常设在大楼的底层，而数据的设备间则处于大楼的中间位置。

（3）FD 设置于电信间内。在土建行业中习惯将配线设备在楼层中的安放场地称为楼层弱电间或配线间，国外一般称之为电信间。

（4）TO 为光/电信息模块，设置于各个工作区内。

学习任务二

综合布线系统结构形式与工程图

学习目标：

掌握综合布线系统的不同结构形式，学会绘制综合布线系统工程图。

项目一 综合布线系统结构形式

一、两次配线点结构形式

建筑物标准的 FD—BD 结构是两次配线点结构形式，是指在大楼设备间放置 BD，在楼层配线间放置 FD，每个楼层配线架（FD）连接若干个信息点（TO），也就是传统的两级星形拓扑结构，是国内普遍使用的典型结构，也是综合布线系统基本的设备配置方案之一，两次配线点结构形式如图 2-5 所示。

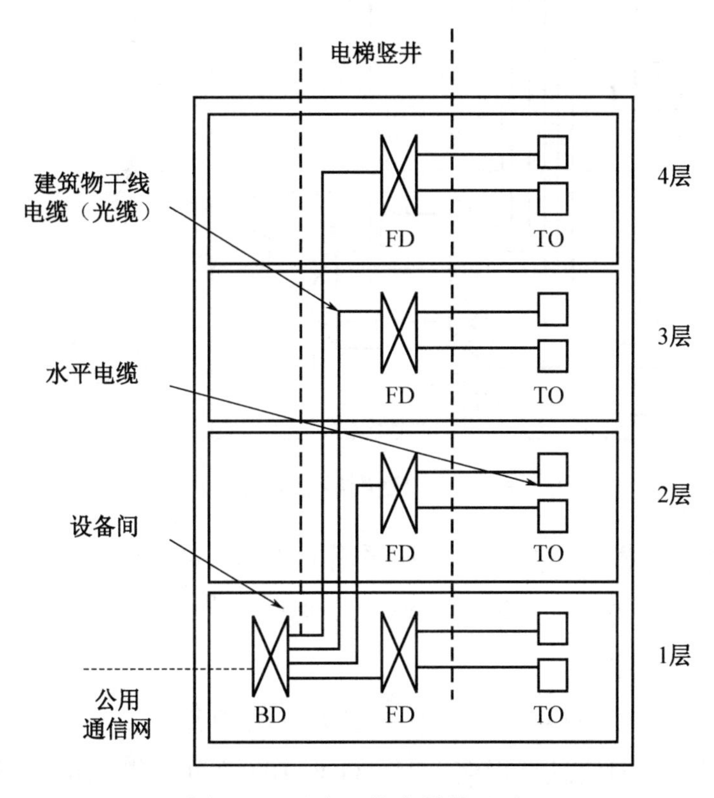

图 2-5　两次配线点结构形式

这种结构中只有建筑物子系统和配线子系统，不设置建筑群子系统和建筑群配线架。主要适用于单幢中、小型智能建筑，其附近没有其他房屋建筑，不会发展成为智能建筑群。这种结构具有网络拓扑结构简单、维护管理较为简便、调度较灵活等优点。

二、一次配线点结构形式

一次配线点结构形式如图 2-6 所示，大楼没有楼层配线间，只配置建筑物配线架（BD），将建筑物子系统和配线子系统合二为一，缆线从 BD 直接连接到信息点（TO），其主要适用于以下场合。

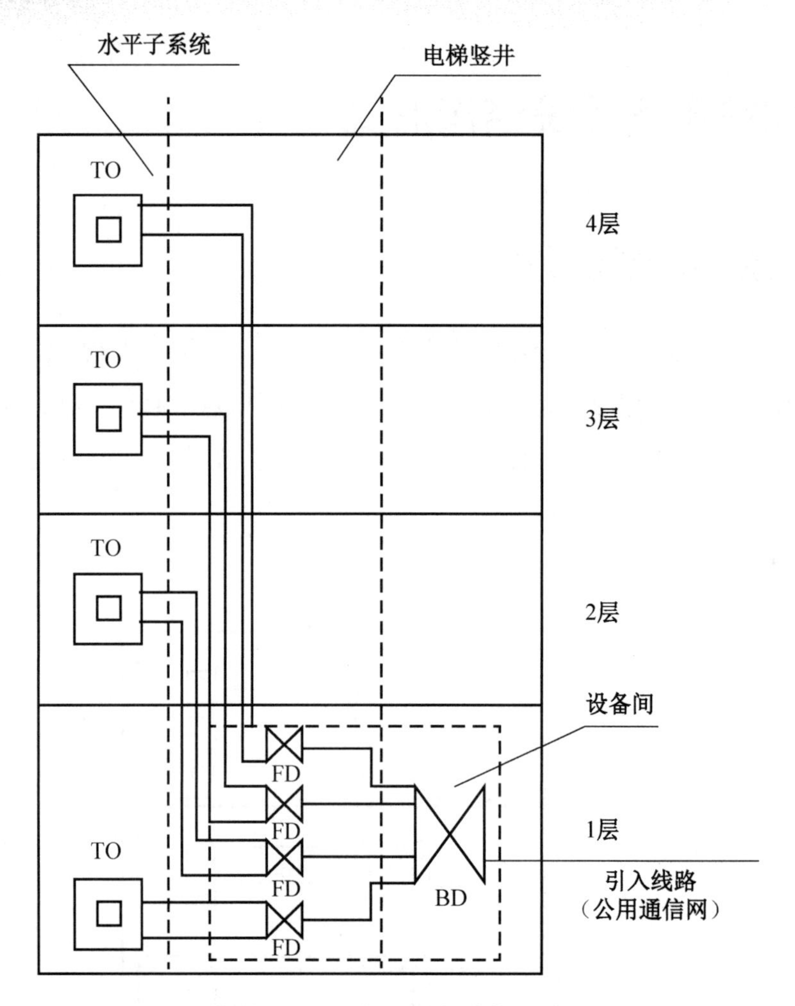

图 2-6　一次配线点结构形式

（1）建设规模很小，楼层不多，且楼层平面面积不大的单幢智能建筑。

（2）用户的信息业务要求（数量和种类）较少的住宅建筑。

（3）别墅式低层住宅建筑。

（4）TO 至 BD 之间电缆的最大长度不超过 90m 的场合。

（5）当建筑物不大，但信息点很多，且 TO 至 BD 之间电缆的最大长度不超过 90m 时，为便于管理维护和减少对空间的占用，可采用这种结构形式。例如，高校旧学生宿舍楼综合布线系统，每层楼信息点很多，而旧楼大多在设计时没有考虑综合布线系统，如果设置楼层配线间，则势必占用宿舍资源。

高层房屋建筑和楼层平面面积很大的建筑均不适合采用这种结构形式。其优点是网络拓扑结构简单，只有一级；设备配置数量少，可降低工程建设费用和维护开支；日常维护的工作量和产生人为故障的概率均有所减少等。其缺点是调度灵活性差，有时使用不便。

三、共用楼层配线间结构形式

建筑物共用楼层配线间 FD—BD 结构形式，实质上是两次配线点设备配置方案（中间楼层供给相邻楼层），每 2～4 个楼层设置一个 FD，分别供线给相邻楼层的信息点（TO），要求所有 TO 到 FD 之间水平缆线的最大长度不超过 90m，如超过则不应采用该方案，如图 2-7 所示。

这种方案主要适用于单幢中型智能建筑。当其楼层面积不大，用户信息点数量不多，或各个楼层的用户信息点分布极不均匀，有些楼层用户信息点数量极少（如地下室）时，为了简化网络结构和减少接续设备，可以采取这种设备配置方案。但用户信息点分布均匀且较密集的场合不应使用这种方案。

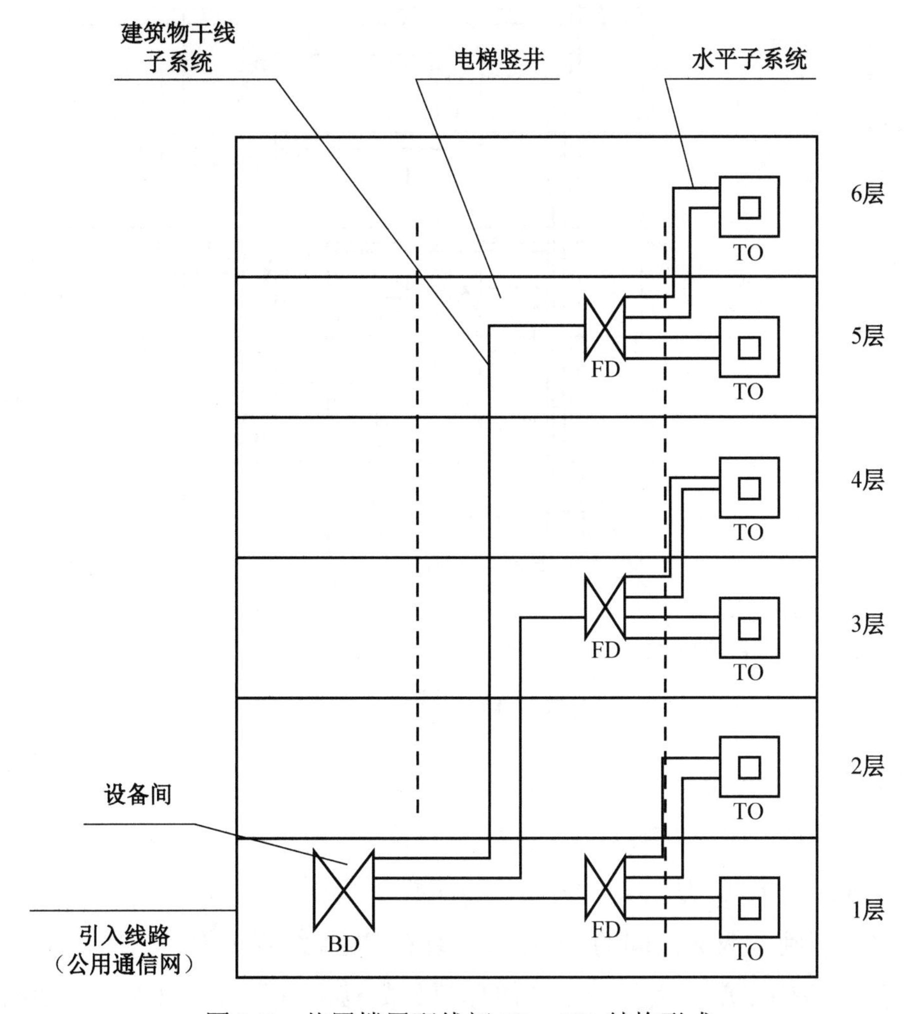

图 2-7　共用楼层配线间 FD—BD 结构形式

四、建筑物 FD—FD—BD 结构形式

建筑物 FD—FD—BD 结构形式既可以采用两次配线点，也可采用三次配线点。这种结构形式须设置二级交接间和二级交接设备，视客观需要可采取两次配线点或三次配线点，如图 2-8 所示，在图 2-8 中有两种方案。

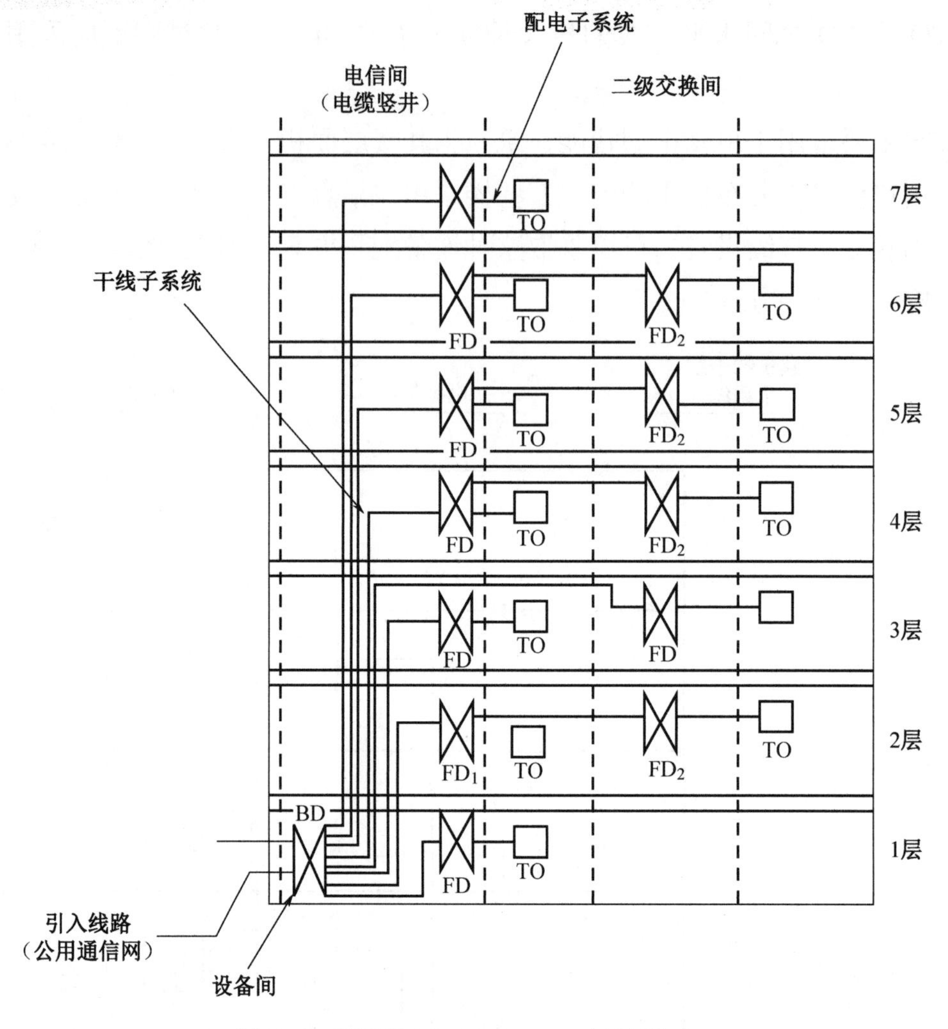

图 2-8　建筑物 FD－FD－BD 结构形式

（1）第 3 层为两次配线点，建筑物干线子系统的缆线直接连到二级交接间的 FD 上，不经过干线交接间的 FD，这种方案为两次配线点方案。

（2）第 2、4、5、6 层为三次配线点，建筑物干线子系统的缆线均连接到干线交接间的 FD_1 上，然后再连接到二级交接间的 FD_2 上，形成三次配线点方案。

这种结构形式适用于单幢大、中型智能建筑，如楼层面积较大（超过 1000m^2）、或用户信息点较多，或因干线交接面积较小无法装设容量大的配线设备等。此外，为了分散安装缆线和配线设备，更有利于配线和维修，楼层中有设置二级交接间条件的场合也可采用这种结构形式。

这种结构形式的缆线和设备分散设置，可增强安全可靠性，便于检修和管理，容易分隔故障。

五、建筑物 FD—BD—CD 综合结构形式

建筑物 FD—BD—CD 综合结构形式是三次配线点设备配置方案，在建筑物的中心位置设置建筑群配线架（CD），各分区建筑物中设置建筑物配线架（BD）。建筑群配线架（CD）

可以与所在建筑中的建筑物配线架合二为一，各个分区均有建筑群子系统与建筑群配线架（CD）相连，各分区建筑物干线子系统、配线子系统及工作区布线自成体系，如图 2-9 所示。

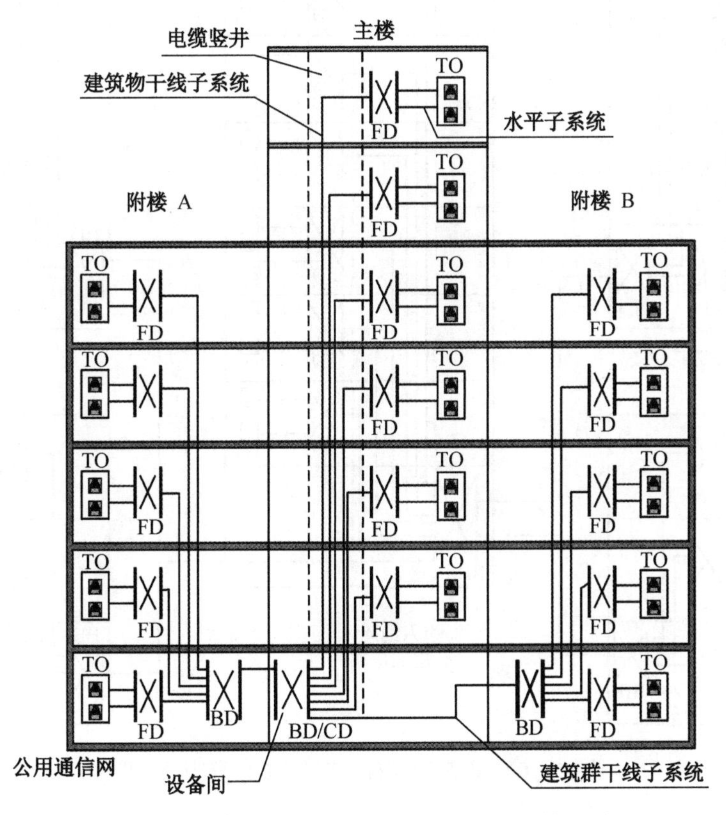

图 2-9　建筑物 FD—BD—CD 综合结构形式

这种结构形式适用于单幢大型或特大型智能建筑，即当建筑物是主楼带附楼结构，楼层面积较大，用户信息点数量较多时，可将整幢智能建筑进行分区，将各个分区视为多幢建筑物组成的建筑群。建筑物中的主楼、附楼 A 和附楼 B 被视为多幢建筑，在主楼设置建筑群配线架（CD），在附楼 A 和附楼 B 的适当位置设置建筑物配线架（BD），建筑物配线架（BD）可与建筑群配线架（CD）合二为一，这时该建筑物包含有在同一建筑物内设置的建筑群子系统。

这种结构形式的缆线和设备合理配置，既有密切配合又有分散管理，便于检修和判断故障，网络拓扑结构较为典型，可调度使用，灵活性较好。

六、建筑群 FD—BD—CD 结构形式

这种结构形式适用于建筑物数量不多、小区建设范围不大的场合。选择位于建筑群中心的建筑物作为各建筑物通信线路和公用通信网络连接的汇接点，并在此安装建筑群配线架（CD），建筑群配线架（CD）可与该建筑物的建筑物配线架（BD）合设，达到既能减少配线接续设备和通信线路长度，又能降低工程建设费用的目的。各建筑物中装设建筑物配线架（BD）作为中间层，敷设建筑群子系统的主干线路并与建筑群配线架（CD）相连，再下一层为楼层配线架和配线子系统，构成树形网络拓扑结构，也就是常用的三级星形网络拓扑结构，建筑群 FD—BD—CD 结构形式如图 2-10 所示。

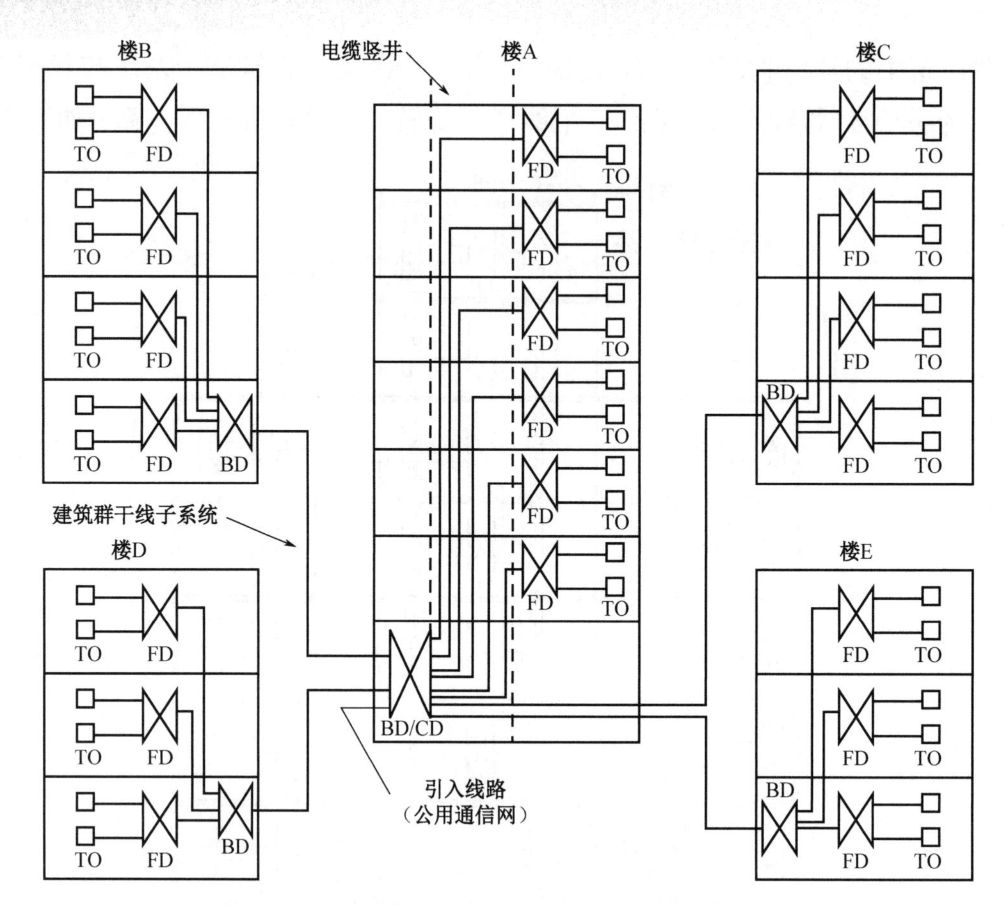

图 2-10　建筑群 FD—BD—CD 结构形式

项目二　综合布线系统工程图及其功能

综合布线工程中主要采用两种制图软件，即 AutoCAD 和 Visio。AutoCAD 主要用于绘制综合布线管线设计图、楼层信息点分布图、布线施工图等。Visio 主要用于绘制网络拓扑图、布线系统拓扑结构图、信息点分布图等。

一、综合布线系统工程图

（1）网络拓扑结构图。

（2）综合布线系统图。

（3）综合布线管线路由图。

（4）机架装置设备安装位置图。

二、图纸功能

反映网络和布线拓扑结构，明确布线路由、管槽型号和规格，工作区中各楼层信息插座的类型和数量，配线子系统的电缆型号和数量，垂直干线子系统的缆线型号和数量，楼层配线架（FD）、建筑物配线架（BD）、建筑群配线架（CD）、光纤互连单元的数量及分布位置，机柜内配线架及网络设备分布情况，相关示例如图 2-11～图 2-14 所示。

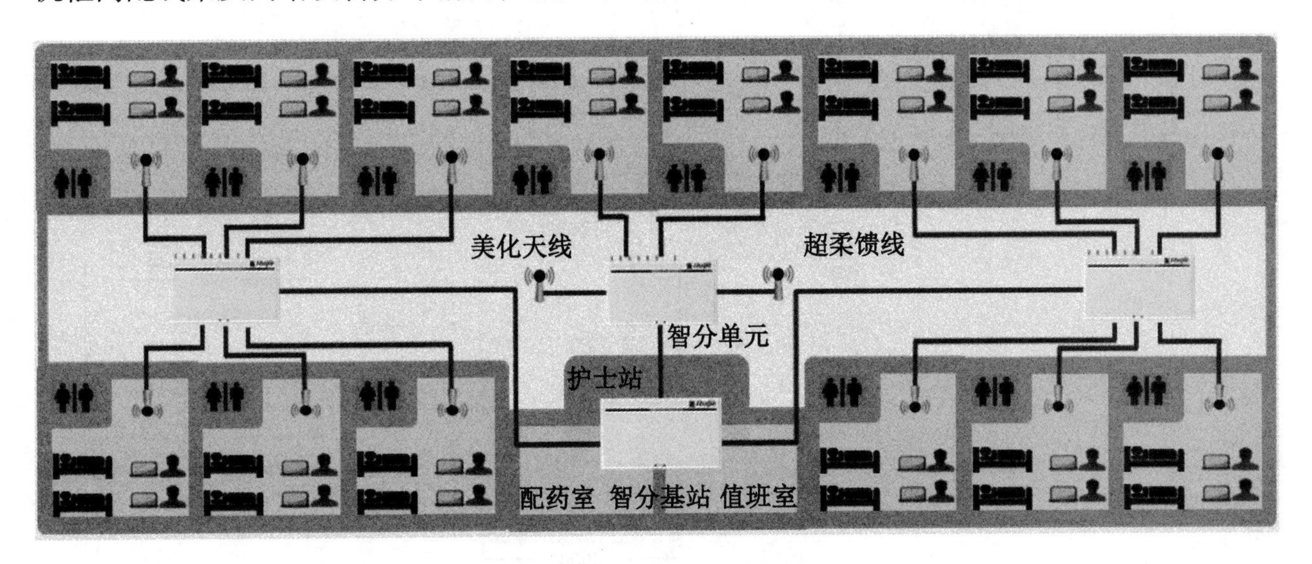

图 2-11　网络拓扑结构图

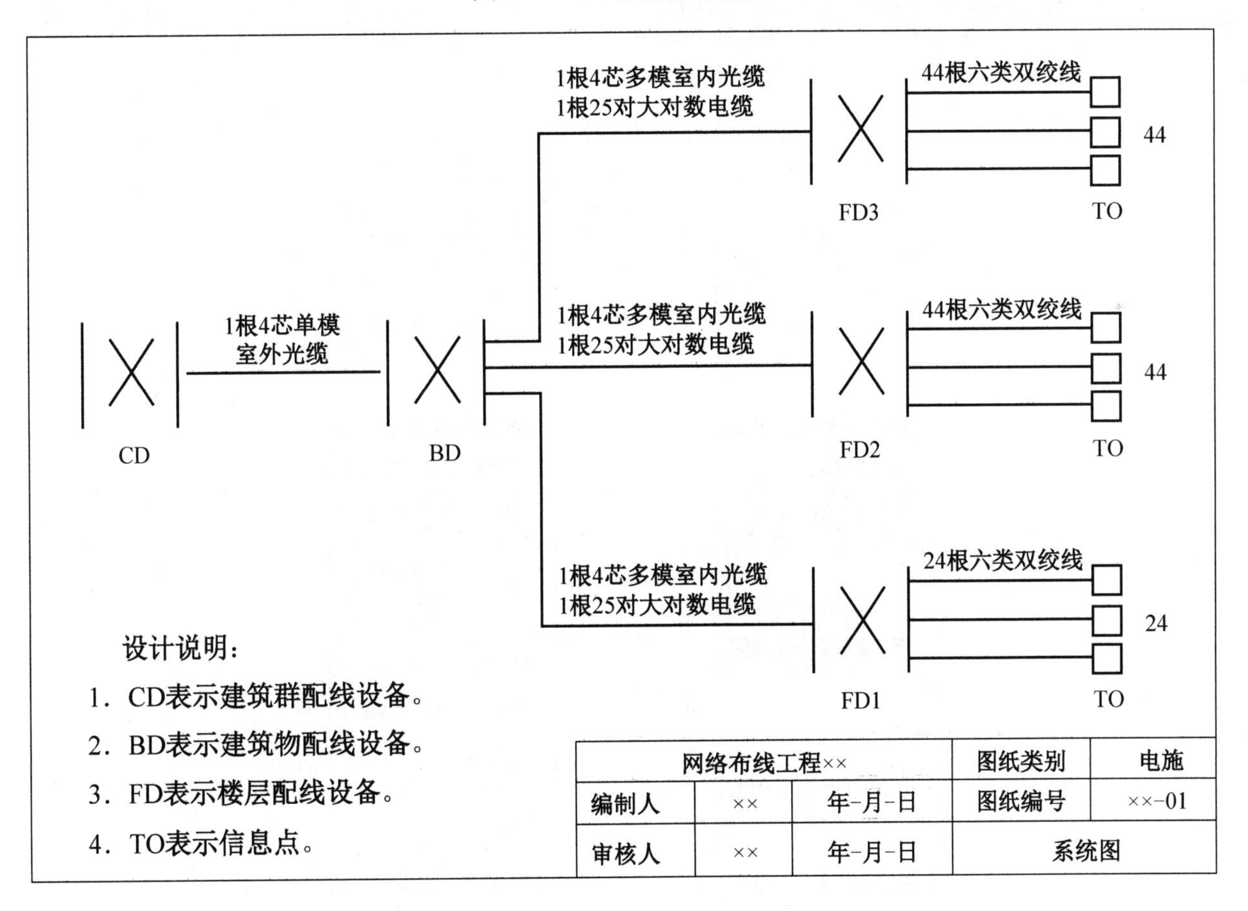

网络布线工程××			图纸类别	电施
编制人	××	年-月-日	图纸编号	××-01
审核人	××	年-月-日	系统图	

图 2-12　综合布线系统图

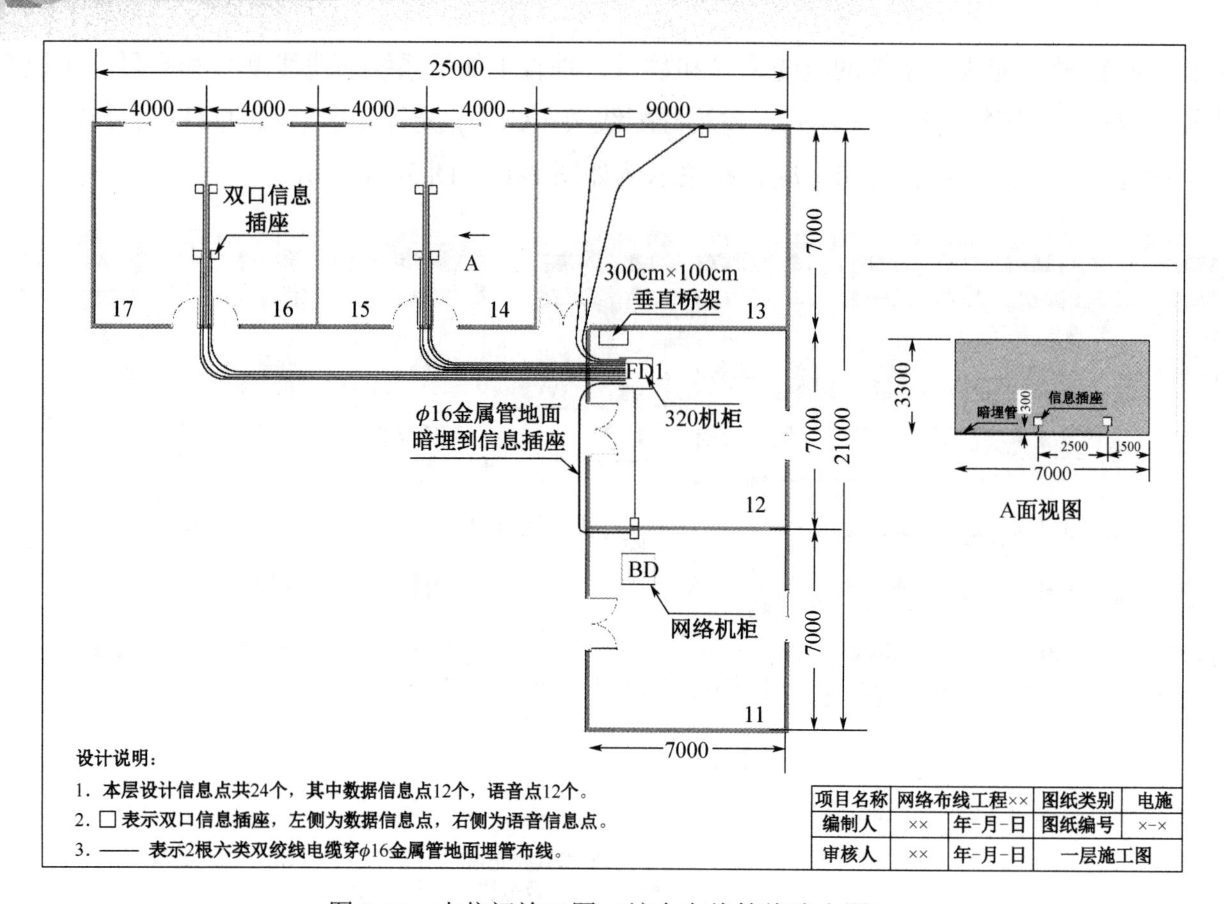

图 2-13　电信间施工图（综合布线管线路由图）

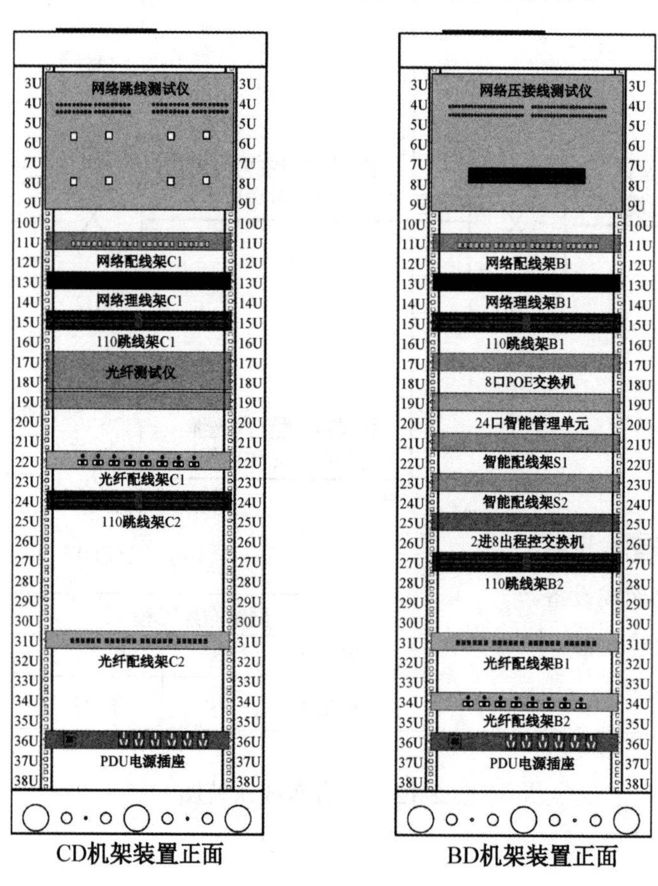

图 2-14　机架装置设备安装位置图

技能实训 1 用 Visio 绘制学校教学楼综合布线系统图

请根据所学知识，画出学校教学楼综合布线系统图。

进程一：用 Visio 绘制 FD—BD 结构图。

进程二：用 Visio 绘制拓扑结构图。

1. 要求

（1）能绘制基本图的基本元素。

（2）会使用工具栏的指针切换工具。

（3）知道图层的概念。

（4）会带基点复制。

2. 工具材料

计算机、微课。

3. 实训步骤

绘制图 2-5 建筑物标准的 FD—BD 结构形式，使用的软件是 Microsoft Office Visio 2019，步骤如下：

（1）双击 Microsoft Office Visio 2019 图标，如图 2-15 所示。

图 2-15 图标

（2）进入软件的界面，在类别当中选择“网络”选项，模板选择“详细网络图”进入绘图页面，如图 2-16 所示。

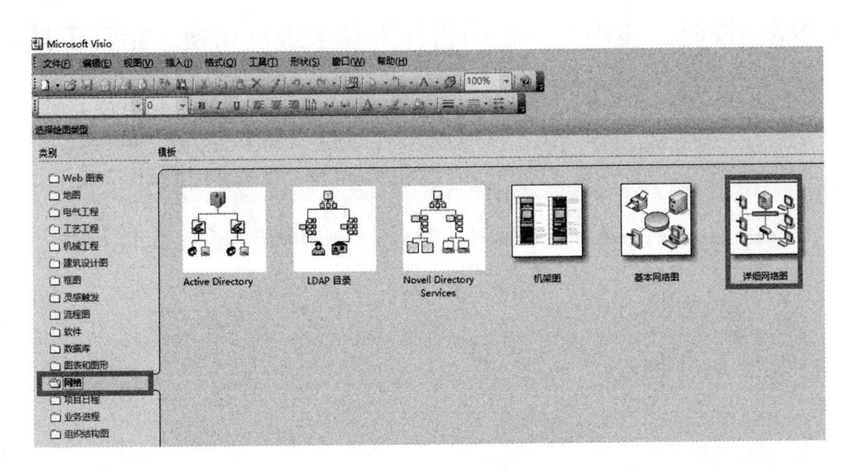

图 2-16 软件界面

（3）这幅图的基本元素是默认模板中没有相应的图形，需要自己来绘制。在绘制的时候，要在视图下拉菜单的选项中选择绘图选项，把绘图工具显示出来，如图 2-17 所示。

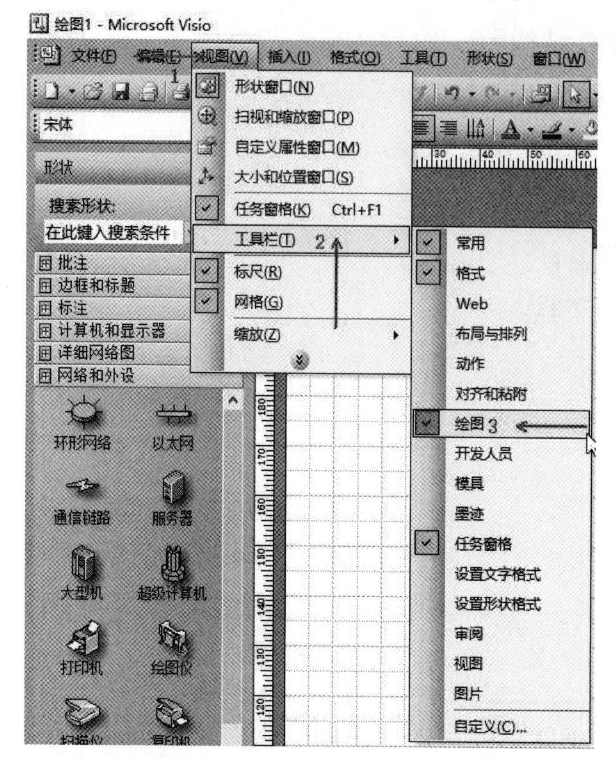

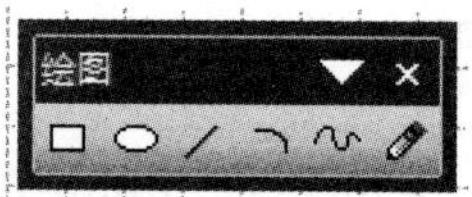

图 2-17　绘图工具

（4）使用绘图工具的矩形工具和线条工具，如图 2-18 所示。画出 FD 和 BD 的形状，FD 和 BD 图例如图 2-19 所示。

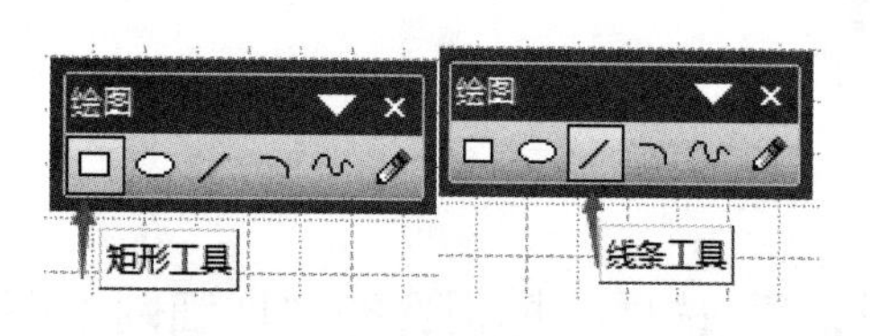

图 2-18　矩形工具和线条工具

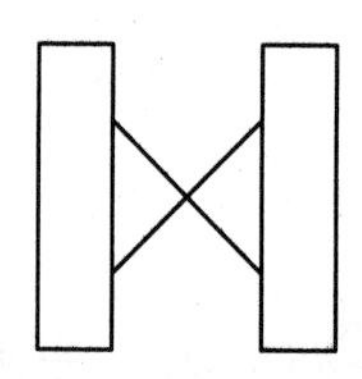

图 2-19　FD 和 BD 图例

注意：工具功能切换时，使用工具栏的指针工具来进行切换，指针工具如图 2-20 所示。

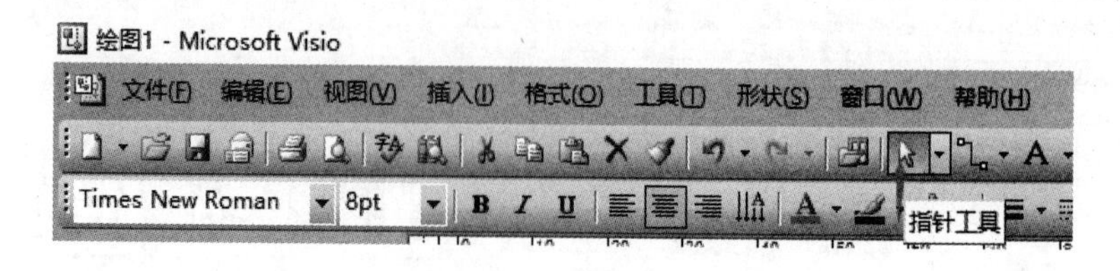

图 2-20　指针工具

（5）组合图形如图 2-21 所示。

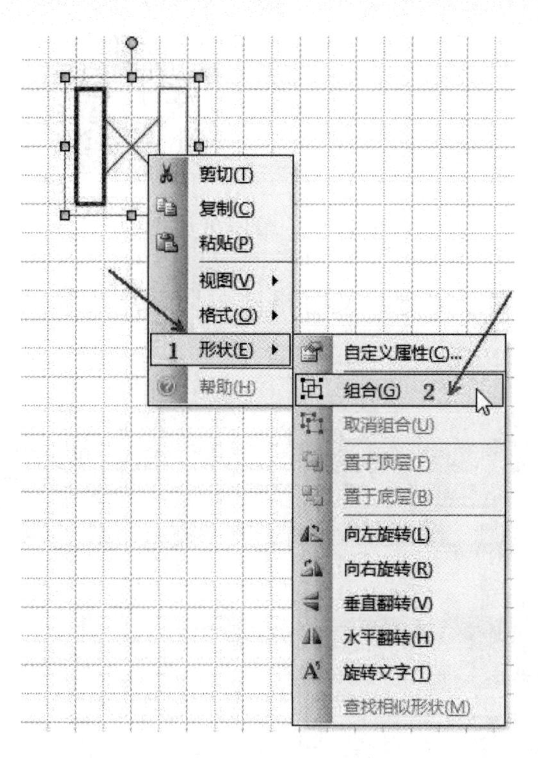

图 2-21　组合图形

同样使用矩形工具绘制出 TO 图形，在绘制两个矩形时注意，后面画的矩形应可以遮住前面画的矩形。

注意：右击矩形图形，在菜单栏中选择形状置于底层就可以获得想要的效果，图层底层如图 2-22 所示。

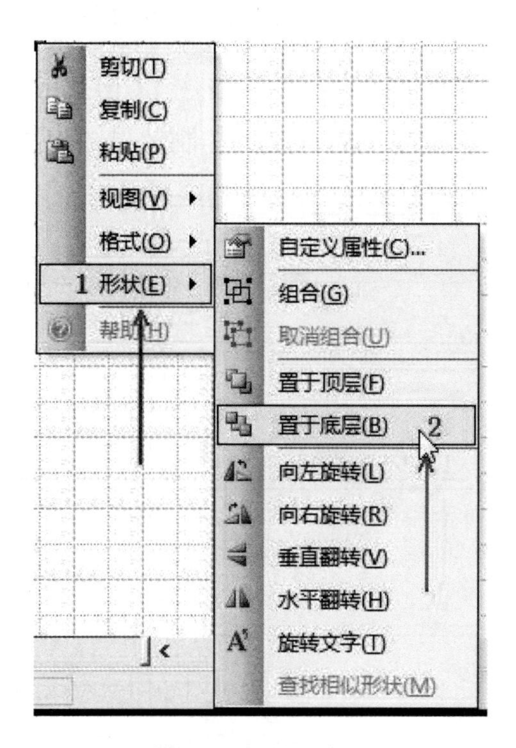

图 2-22　图层底层

（6）继续用线条工具和矩形工具绘画，出现如图 2-23 所示的单层效果图。

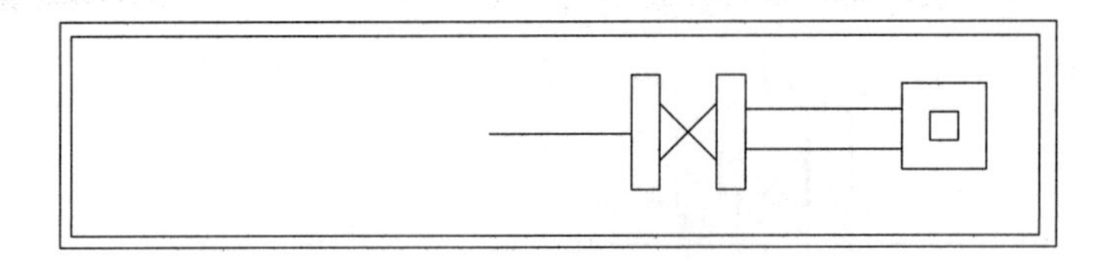

图 2-23　单层效果图

（7）使用文字工具完成文字部分，文字格式可以使用工具进行调整，添加文字方法和效果如图 2-24 所示。

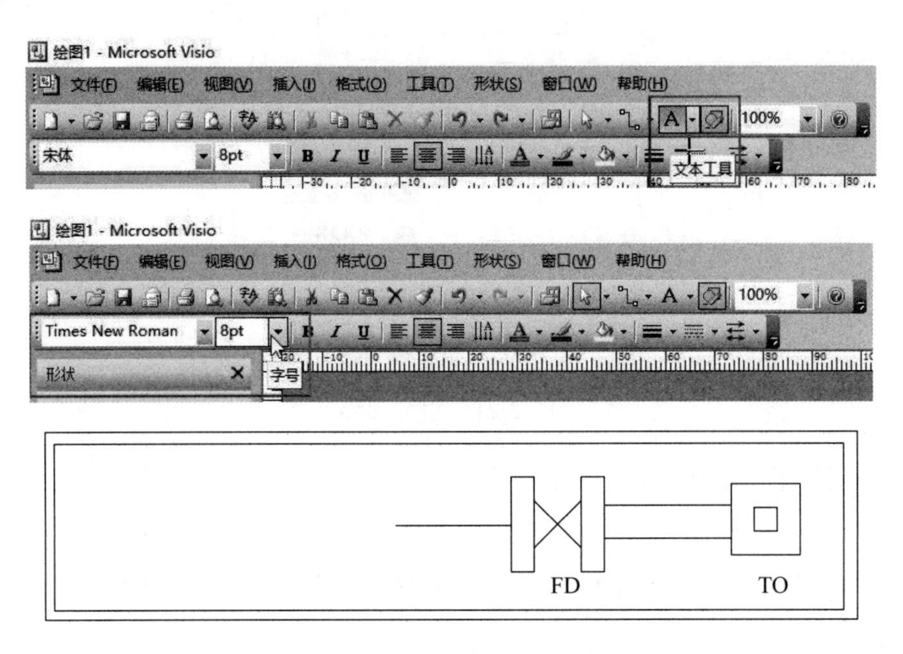

图 2-24　添加文字方法和效果

（8）按住【Ctrl+A】组合键全选图形，然后按住【Ctrl+Shift】组合键，待鼠标出现“+”号时，使用鼠标进行拖动操作，重复三次，基点复制效果图如图 2-25 所示。

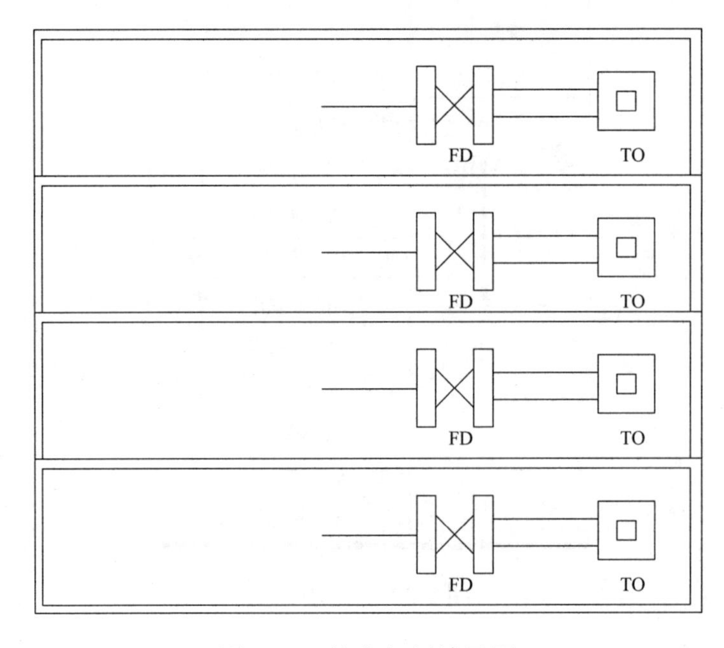

图 2-25　基点复制效果图

（9）重复上面的操作，完成绘制，完整效果图如图 2-26 所示。

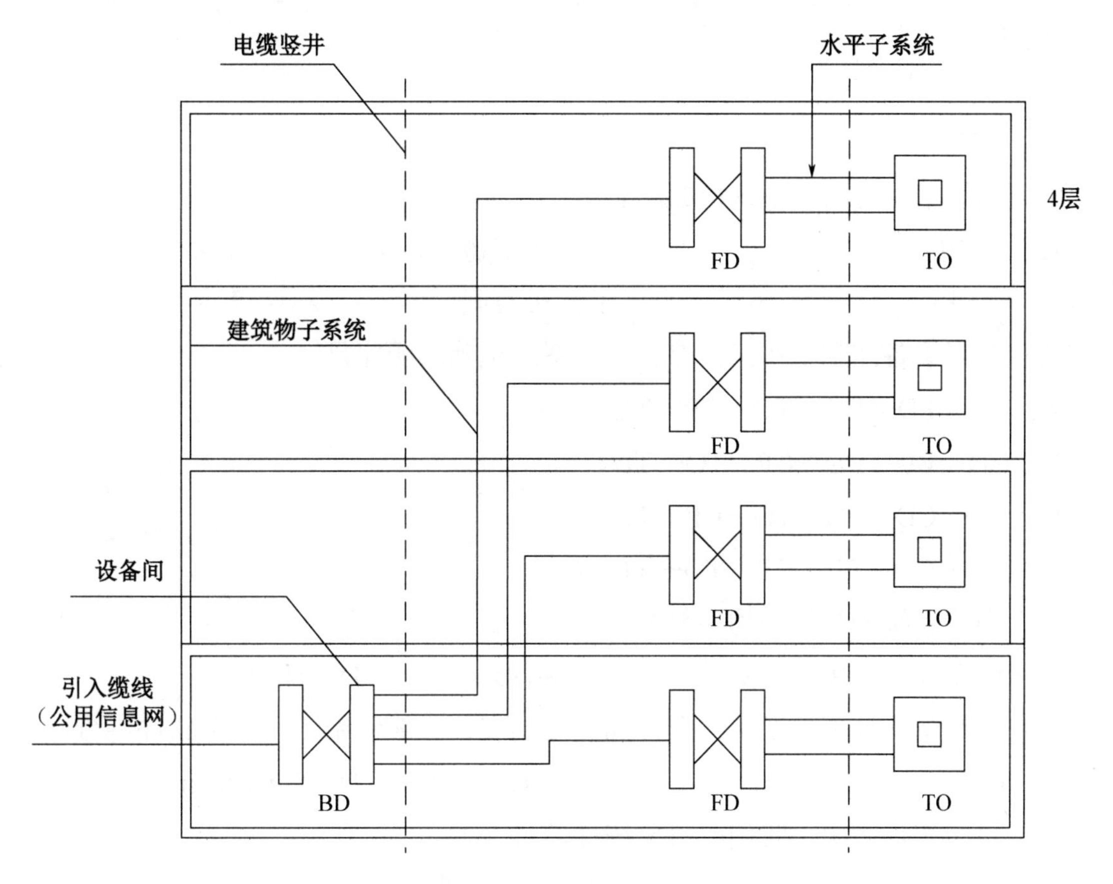

图 2-26　完整效果图

一、判断题

1．根据综合布线标准，FD 不可以经过主干缆线直接连至 CD。（　　）

2．目前，综合布线各子系统全部采用星形拓扑结构。（　　）

3．BD—TO 结构方式主要适用于建设规模很小，楼层层数不多，且其楼层平面面积不大的单幢智能建筑。（　　）

4．常用 Visio 绘制网络拓扑图、布线系统拓扑图、信息点分布图等。（　　）

5．使用 AutoCAD 时，将形状拖放到绘图中即可完成图形的绘制，非常简单方便。（　　）

二、填空题

1．综合布线工程中主要采用两种制图软件，（　　）和（　　）。

2．标准的 BD—FD 结构方式是（　　）配线点结构方式。

3．星形拓扑结构的网络属于（　　）控制型网络。

4．综合布线系统应为（　　）网络拓扑结构，应能支持语音、数据、图像、多媒体业务等信息的传递。

三、选择题

1．下列不属于综合布线系统构成的有（　　）。

A．工作区　　B．建筑物子系统

C．管理　　D．进线间

2．从建筑群设备间到工作区，综合布线系统正确的顺序是（　　）。

A．CD—FD—BD—TO—CP—TE

B．CD—BD—FD—CP—TO—TE

C．BD—CD—FD—TO—CP—TE

D．BD—CD—FD—CP—TO—TE

3．综合布线系统的拓扑结构一般为（　　）。

A．总线型　　B．星形　　C．树形　　D．环形

4．信息点数量统计表为了快速合计和方便制表，一般使用（　　）软件进行。

A．Excel　　B．Word　　C．Visio　　D．PowerPoint

5．在信息点统计表中，我们一般要统计信息点的（　　）。

A．数量和位置　　B．数量和路线

C．路线和拓扑结构　　D．距离 FD 的距离

四、绘图题

1 号教学楼共 7 层，设备间和配线间位于 4 层的某个房间，1～3 层为普通教学区，每层设有教室 8 间，每间教室有 4 个网络信息点。4～5 层为教师办公区，每层设有办公室 8 间，每间办公室有 10 个网络信息点和 1 个语音点。6～7 层为计算机实训机房，每层设置计算机实训室 4 间，每间计算机实训室设 50 个网络信息点。请画出 1 号教学楼综合布线结构图。

03

模块三 网络传输介质

学习任务一

认识双绞线电缆

学习目标：

熟悉双绞线电缆产品种类与用途，能正确选用双绞线电缆。

双绞线电缆又称对绞线电缆，在一般综合布线工程中俗称网线，是综合布线工程中最常用的传输介质，适用于家庭宽带、智能小区、商用写字楼、酒店、交通部门、宿舍网等多种场合。

项目一 双绞线电缆综述

一、双绞线电缆的物理结构

双绞线（Twisted Pair，TP）是指两根绝缘铜导线相互缠绕，每根铜导线的绝缘层上分别涂有不同的颜色，如果把一对或多对双绞线放在一个绝缘护套中就构成了双绞线电缆，如图 3-1 所示。两根平行的传输介质在传输信号的过程中有明显的天线效应，既可以发射传输的信号，也容易受外界干扰信号的影响。把两根绝缘的铜导线按一定密度互相绞合在一起，可显著降低天线效应，降低信号干扰的程度，每一根导线在传输中辐射出来的电波会被另一根线上发出的电波抵消。双绞线电缆的不同线对采用不同的扭绞节距（Twist Length），一般扭线越密其抗干扰能力就越强，绞合密度应根据数据传输速率来确定。

图 3-1　双绞线电缆

根据美国缆线标准（American Wire Gauge，AWG），缆线规格数字越大，导线越细。双绞线的绝缘铜导线线芯大小有 22、23 和 24 等规格，目前最常用的 6 类非屏蔽双绞线是 23AWG，直径约为 0.57mm，加上绝缘层的铜导线直径约为 1mm。典型的加上塑料外部护套的 6 类非屏蔽双绞线电缆直径约为 6.4mm。

二、双绞线电缆的认证

双绞线电缆的认证有欧洲公认安全认证、国际通信协调认证、欧盟绿色环保认证、UL 认证，电缆认证标志如图 3-2 所示。欧洲公认安全认证（CE 认证）是一种安全认证标志，被视为制造商打开并进入欧洲市场的护照。CE 代表欧洲统一（CONFORMITE EUROPPENE）。凡是贴有“CE”标志的产品均可在欧盟各成员国内销售，无须符合每个成员国的要求，从而实现了商品在欧盟成员国范围内的自由流通。UL 认证被视为制造商打开并进入美国市场的护照，出口到美国的产品都需要办理 UL 认证。

图 3-2　电缆认证标志

电缆的安全性与其阻燃性能密切相关。常用的电缆外护套材料有聚氯乙烯、低烟无卤阻燃聚烯烃和含氟聚合物。一般室内用电缆至少要达到单根阻燃的要求，在某些场合甚至要求达到成束阻燃要求。聚氯乙烯材料阻燃性能好，但由于材料中含有卤素，在燃烧过程中，释放的烟密度和毒性大。低烟无卤阻燃聚烯烃材料由于不含卤素，在燃烧过程中所释放的烟密度和毒性相对较小。含氟聚合物电缆护套，由于其优异的不易燃性，可应用于阻燃要求特别高的场合。双绞线电缆的护套具有多种颜色，不仅在安装维护时识别方便，而且布线管理灵活，如图 3-3 所示。

图 3-3　双绞线电缆的护套

双绞线电缆的包装规格有 50m、100m、150m、300m 和 305m 等，国产双绞线电缆以米为单位，进口电缆有使用英尺为单位的情况。包装有纸箱和木轴之分，如图 3-4 所示。

图 3-4　纸箱（左）和木轴（右）包装

项目二　电缆型号及产品标记表示方法

一、电缆型号表示方法

电缆型号由形式代号和规格代号两部分组成。电缆形式代号如图 3-5 所示，电缆形式代号及含义如表 3-1 所示。

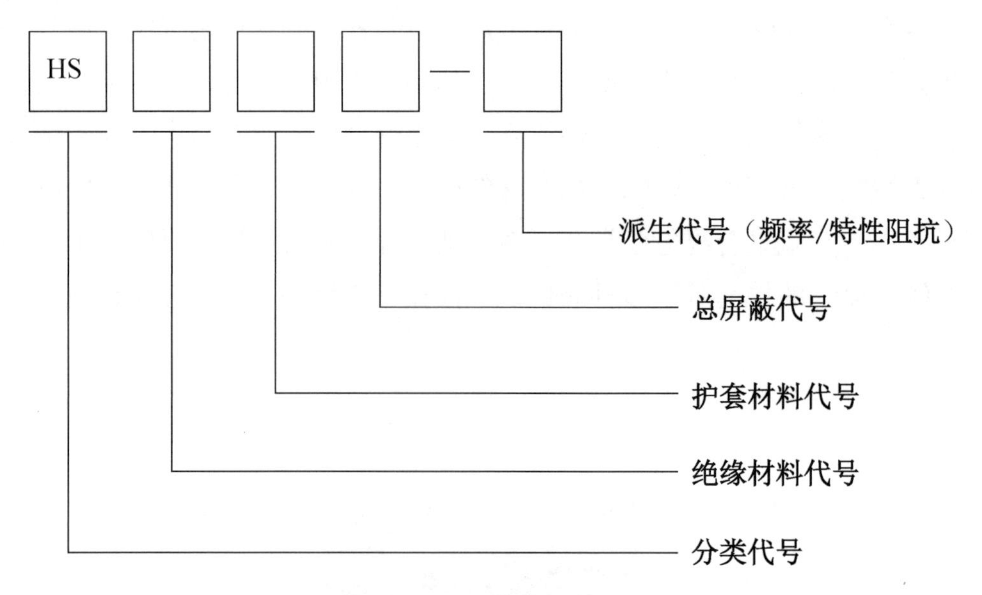

图 3-5　电缆形式代号

表 3-1 电缆形式代号及含义

分类		绝缘材料		护套材料		总屏蔽		最高传输频率		特性阻抗	
代号	含义	代号	含义	代号	含义	代号	含义	代号	含义	代号	含义
HS	数字通信用水平双绞线电缆	Y	实心聚烯烃	V	聚氯乙烯	省略	无	3	16MHz	省略	100Ω
								5	100MHz		
		YP	皮-泡-皮聚烯烃	Z	低烟无卤阻燃聚烯烃	P	有	5e	100MHz（双工）		
								6	250MHz		
		W	聚全氟乙丙烯共聚物	W	含氟聚合物			6A	500MHz		
								7	600MHz		
								7A	1000MHz		

电缆规格代号由电缆中的线对数量和导体直径来表示。常用的非屏蔽线对与屏蔽线对的规格代号如图 3-6 所示。

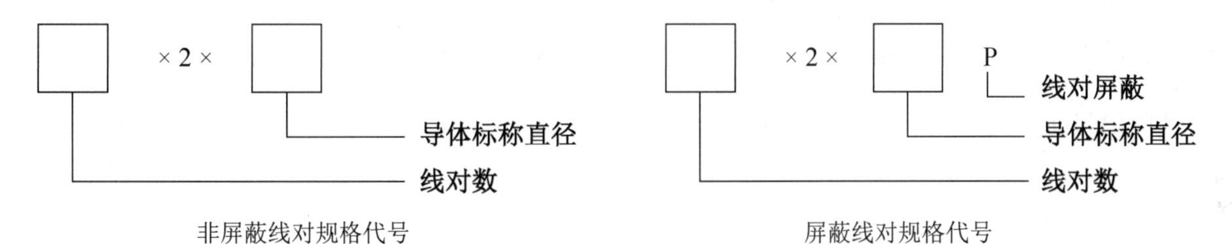

图 3-6 常用的非屏蔽线对与屏蔽线对的规格代号

非常规电缆规格代号如图 3-7 所示。

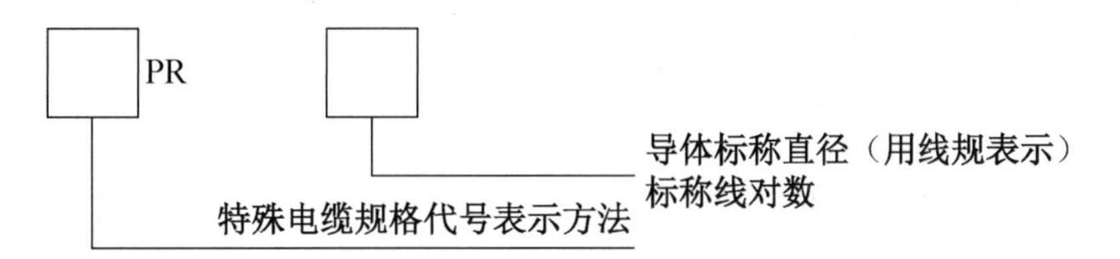

图 3-7 非常规电缆规格代号

二、电缆主要形式及使用场合

电缆主要形式及使用场合见表 3-2。

表 3-2 电缆主要形式及使用场合

绝缘形式		实心聚烯烃绝缘	皮-泡-皮聚烯烃绝缘	聚全氟乙丙烯共聚物绝缘
护套形式	聚氯乙烯护套	HSYV/HSYVP	HSYPV/HSYPVP	HSWV/HSWVP
	低烟无卤聚烯烃护套	HSYZ/HSYZP	HSYPZ/HSYPZP	—
	含氟聚合物护套	—	—	HSWW/HSWWP
使用场合		钢管或阻燃硬质 PVC 管内		各种场合均适用（包括吊顶、空调通风管道内以及夹层地板中）

三、产品标记表示方法

根据国家相关标准，双绞线电缆的外部护套上每隔 1m 会印刷上一些标识，如图 3-8 所示。标识内容一般包括双绞线的制造厂名或其代号、电缆型号、长度标识、生产日期等信息。通过认证的产品可以在电缆标识中标明认证的机构和安全等级。

图 3-8　双绞线电缆标识实例

通常使用的双绞线，不同生产商的产品标识可能不同。除上述标识信息外，可根据需要增加补充信息。以下是一条双绞线的记号，以此为例说明不同记号的含义：

PUTIAN TELEGE PT-09 HSYZ-5e4×2×0.50 ZC LSZH IEC60332-3-24 2019/10/04 2A13610 000010m

（1）PUTIAN TELEGE PT-09：该产品的生产商及其生产线编号。

（2）HSYZ-5e：形式代号，标识该缆线为非屏蔽超 5 类聚烯烃绝缘，低烟无卤护套电缆。

（3）4×2×0.50：规格代号，表示为 4 对 0.50mm 线径实心铜导体。

（4）ZC LSZH IEC60332-3-24：低烟无卤外护套材料，符合 IEC60332-3-24 标准中成束阻燃 C 类标准。

（5）2019/10/04：生产日期。

（6）2A13610：生产商内部追溯码。

（7）000010m：长度标识。

另一条双绞线的标识：

PUTIAN TELEGE PT-15 HSYVP-8 S/FTP 22AWG CM 75℃（UL）2020/12/05 3B1120 000830m

（1）PUTIAN TELEGE PT-015：该产品的生产商及其生产线编号。

（2）HSYVP-8：形式代号，标识该缆线为屏蔽 8 类聚烯烃绝缘，聚氯乙烯护套电缆。

（3）S/FTP：屏蔽方式补充说明，表示编织网整体屏蔽，铝箔线对屏蔽电缆。

（4）22AWG：铜芯线径规格为 22AWG。

（5）CM 75℃（UL）：该电缆通过 UL 认证，达到 CM 阻燃等级。

（6）2020/12/05：生产日期。

（7）3B1120：生产商内部追溯码。

（8）000830m：长度标识。

项目三 双绞线的分类

双绞线可以根据电缆结构、电气性能、线对数量、阻燃级别、外护套材料等方式进行分类。

一、根据电缆结构分类

双绞线根据电缆结构主要分为以下几类。

（1）U/UTP（Unshielded Twisted Pair，UTP）电缆：非屏蔽电缆，如图 3-1 所示。

（2）F/UTP 电缆：铝箔整体屏蔽电缆。

（3）U/FTP（Shielded Twisted Pair，STP）电缆：铝箔线对屏蔽电缆，如图 3-9 所示。

（4）SF/UTP 电缆：编织网和铝箔整体屏蔽电缆。

（5）S/FTP 电缆：编织网整体屏蔽，铝箔线对屏蔽电缆。

非屏蔽双绞线（UTP）无金属屏蔽层，直径小，重量轻，易弯曲，安装和维护成本较低，一般场合下均选用 UTP 作为网络传输介质。屏蔽双绞线（STP）在双绞线与外层绝缘封套之间有一个金属屏蔽层。屏蔽层可减少辐射，也可阻止外部电磁干扰的进入，使屏蔽双绞线比同类的非屏蔽双绞线具有更高的传输速率；但屏蔽双绞线价格相对较高，且安装时要比非屏蔽双绞线电缆困难。屏蔽系统造价相对较高，适用于高频率（比如 7 类以上布线系统）和信息安全要求较高的场合。

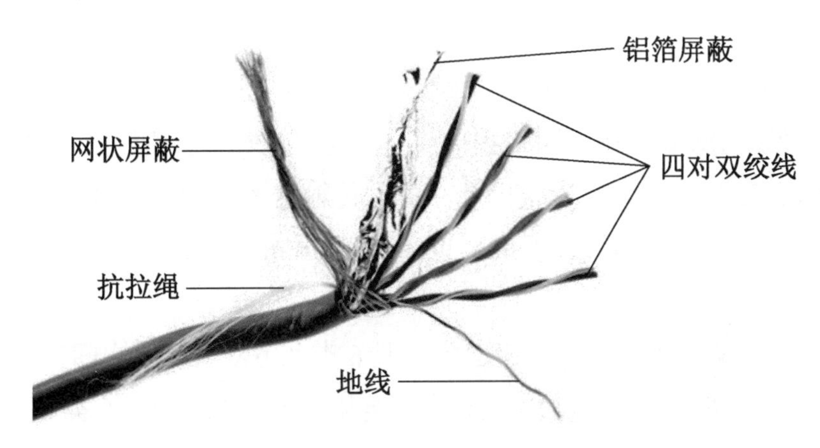

图 3-9　屏蔽双绞线

二、根据电气性能分类

根据电缆的电气性能分为 3 类（C 级）、5e 类（D 级）、6 类（E 级）、6A 类（EA 级）、7 类（F 级）、7A 类（FA 级）、8.1 类（Class Ⅰ级）和 8.2 类（Class Ⅱ级）。

1. 5 类和超 5 类双绞线

5 类（Category5，Cat5）双绞线是 ANSI/EIA/TIA-568A 和 ISO5 类/D 级标准中用于运行铜线分布式数据接口（Copper Distributed Data Interface，CDDI）网络和快速以太网的双绞线电缆。5 类双绞线的工作频率为 100MHz，传输速率为 100Mbps，可用于 10BASE-T 传统以太网，以及 100BASE-TX 和 100BASE-T4 快速以太网，也可应用于 IEEE 802.3b 标准的 1000BASE-T 和 TIA/EIA 1000BASE-TX 千兆以太网，但不能实现真正的千兆性能。

超 5 类（Category5e，Cat5e）双绞线是在 2001 年颁发的 ANSI/EIA/TIA-568B.1 标准和 ISO5 类/D 级标准中用于运行快速以太网的双绞缆线，是 5 类双绞线标准的改进。尽管超 5 类双绞线在近端的工作频率也为 100MHz，传输速率也是 100Mbps，但与 5 类双绞线相比，超 5 类双绞线在近端串扰（NEXT）、串扰总和（包括远端串扰 FEXT 和近端串扰 NEXT 两部分）、衰减（Attenuation）和信噪比（SNR）4 个主要指标上都有较大的改进。超 5 类双绞线在更好地满足 5 类双绞线所应用的传统以太网、快速以太网的网络环境的同时，也更好地支持了 IEEE 802.3b 标准的 1000BASE-T 千兆以太网。

2. 6 类和 6A 类双绞线

6 类（Category6，Cat6）双绞线是 ANSI/EIA/TIA-568B.2-1 和 ISO6 类/E 级标准中规定的一种双绞线电缆。它的工作频率为 250MHz，是超 5 类线带宽的 2 倍以上；最大传输速率可以达到 1000Mbps，是专为满足千兆以太网需求而开发的。当然，它也向下兼容以前标准的以太网、快速以太网，所以同时用于 10BASE-T、10BASE-TX、100BASE-TX、100BASE-T4、1000BASE-T 和 1000BASE-TX 以太网。同时也可小范围支持 10Gbps 的万兆以太网（单线段最长仅为 55m）。

6A 类（Augmented Category6，Cat6A）双绞线的改进版，是在 2008 年 2 月发布的 ANSI/EIA/TIA-568B.2-10 标准和 ISO6 类/E 级标准中规定的一种双绞线电缆。6A 类双绞线的工作频率可以达到 500MHz，2 倍于 6 类双绞线标准；最大传输速率可以达到 10Gbps，可以更好地支持 10GBASE-T 以太网，单段网线长度最长也达到了 100m。另外在串扰、衰减和信噪比等方面较 6 类双绞线有较大改进。

6 类和 6A 类双绞线有屏蔽和非屏蔽之分，但 6 类和 6A 双绞线中间都有一个十字轴，在制作网线时要剪掉。另外，相比于前面介绍的 5 类和超 5 类双绞线，6 类和 6A 类双绞线的线径要更粗、更硬，扛拉能力更强，主要是因为它里面有一根中心的十字轴，但这也给布线带来一定的难度。

3. 7 类和 7A 类双绞线

7 类（Category7，Cat7）双绞线是在 2002 年发布的 ISO/IEC11801 标准和 ISO7 类/F 级标准中的一种双绞线电缆，主要为了万兆以太网技术的广域网应用和发展。7 类双绞线的工作频率至少可达到 600MHz，是 6 类双绞线的 2 倍以上，超过 6A 类双绞线的 500MHz，传输速率同样可达 10Gbps。

4．8 类双绞线

8 类双绞线是最新一代的网线，是双层屏蔽（SFTP），带宽可达 2000MHz，传输速率高达 40Gbps，最大传输距离为 30m，一般用于短距离数据中心的服务器、交换机、配线架及其他设备的连接。

在 ISO/IEC-11801 标准里，根据通道级别将 8 类（Cat8）双绞线分为Ⅰ类和Ⅱ类，分别命名为 ClassⅠ和 ClassⅡ。TIA 568D 中也对 8 类双绞线的传输性能进行了定义，并命名为 Cat8.1（8.1 类）和 Cat8.2（8.2 类）。

其中 Cat8.1 双绞线屏蔽类型为 U/FTP 和 F/UTP，能向后兼容 Cat5e、Cat6、Cat6A 的 RJ-45 连接器接口；Cat8.2 双绞线屏蔽类型为 F/FTP 或 S/FTP，可向后兼容 TERA 或 GG45 连接器接口。

电缆布线系统的分级与类别如表 3-3 所示。

表 3-3　电缆布线系统的分级与类别

系统分级	系统产品类型	支持最高带宽	支持应用器件	
			电缆	连接硬件
A	—	100kHz	—	—
B	—	1MHz	—	—
C	3 类大对数	16MHz	3 类	3 类
D	5 类（屏蔽和非屏蔽）	100MHz	5 类	5 类
E	6 类（屏蔽和非屏蔽）	250MHz	6 类	6 类
EA	6A 类（屏蔽和非屏蔽）	500MHz	6A 类	6A 类
F	7 类（屏蔽）	600MHz	7 类	7 类
FA	7A 类（屏蔽）	1000MHz	7A 类	7A 类
G1	8.1 类	2000MHz	8.1 类	8.1 类
G2	8.2 类	2000MHz	8.2 类	8.2 类

注：5、6、6A、7、7A、8 类布线系统应能支持向下兼容的应用。

三、根据线对数量分类

根据线对数量分类可分为 2 对双绞线、4 对双绞线、25 对双绞线、50 对双绞线和 100 对双绞线。

在综合布线中最为常见的是 4 对双绞线电缆。25 对及以上的双绞线电缆称为大对数双绞线电缆，如图 3-10 所示。大对数电缆为成束的电缆结构，它同样采用颜色编码进行管理，每个线对束都有不同的颜色编码，同一束内的每个线对又有不同的颜色编码。它们的颜色顺序是：主色依次为白、红、黑、黄、紫；辅色依次为蓝、橙、绿、棕、灰。

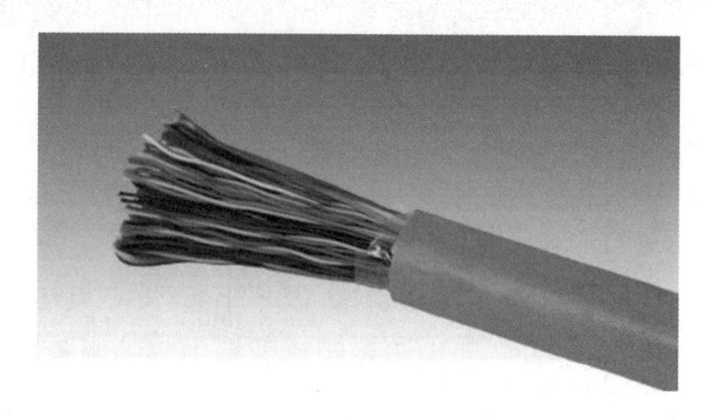

图 3-10　大对数双绞线电缆

四、根据阻燃级别分类

根据双绞线电缆阻燃级别分类可分为单根阻燃和成束阻燃。成束阻燃又可以分为：成束A类阻燃、成束B类阻燃、成束C类阻燃和成束D类阻燃。

五、根据外护套材料分类

外护套材料一般为聚氯乙烯、低烟无卤阻燃聚烯烃或含氟聚合物。聚氯乙烯材料由于含有卤素，在燃烧过程中释放的烟密度和毒性较大。低烟无卤阻燃聚烯烃材料由于不含卤素，在燃烧过程中释放的烟密度和毒性相对较小。

六、根据特性阻抗分类

根据特性阻抗分类，双绞线电缆可分为100Ω、120Ω及150Ω等几种，常用的是100Ω双绞线电缆。

七、其他分类

现在的双绞线电缆品种繁多，除一些标准产品外，还有在护套内加上防水层的室外双绞线电缆、扁平双绞线电缆和细径双绞线电缆，其中扁平双绞线电缆如图3-11所示。

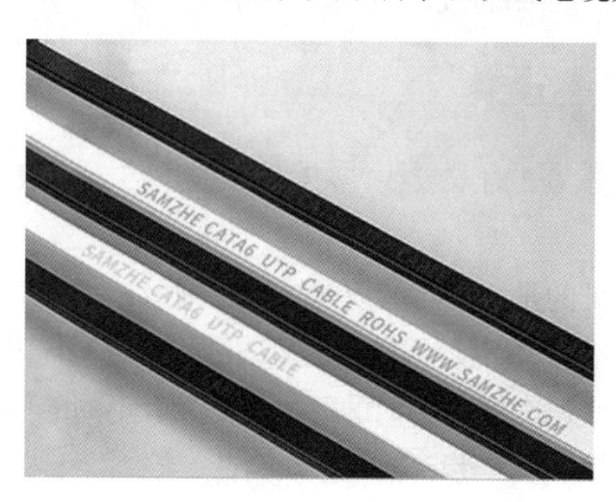

图 3-11　扁平双绞线电缆

学习任务二

认识光缆

学习目标：

熟悉光缆产品种类与用途，能正确选用光缆产品。

目前各种有线传输网中，光缆主要用来构建网络主干传输线路，有线网络实现 10Gbps 数据传输能力，光纤上桌面直连终端设备是目前正在推广的现代网络技术。所以，认识光缆本质，是构建网络现代化综合布线系统的必要技能。

光通信早在周朝就有烽火戏诸侯的应用先例，现代光通信的关键要素是必须有稳定的、低损耗的传输介质，必须要找到高强度的、可靠的光源。

项目一 光纤结构与分类

光纤是光导纤维的简称，也叫光介质传输线，是一种约束光并传导光的同轴多层圆柱实体介质光波导，如图 3-12 所示。光纤通信就是以光波为载波，以光导纤维为传输介质的现代通信技术，并利用光的全反射原理使光信号在光纤中不断向前传播，不在交界面泄漏光功率。

图 3-12 光纤

一、光纤的结构

光纤的结构一般自内向外为：纤芯、包层和涂覆层，如图 3-13 所示。

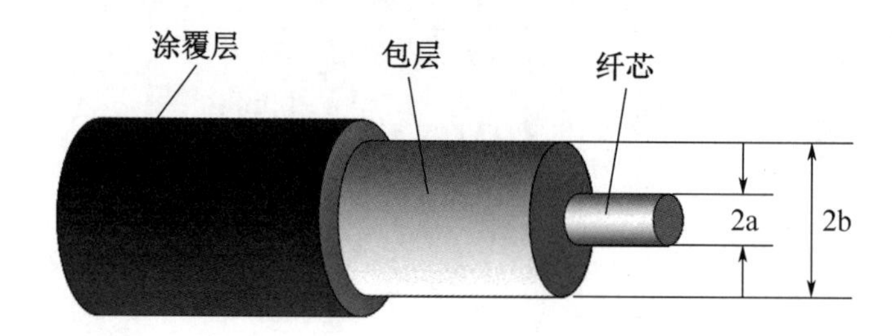

图 3-13　光纤的结构

纤芯：位于中心位置，主要材料是高纯度高折射率的石英玻璃纤维或塑料纤维，并有少量锗和氟等掺杂剂，用于提高纤芯的光折射率，是光传输的主要通道。纤芯的直径一般为 2～50μm。

包层：位于中间位置，主要材料是高纯度低折射率的玻璃封套，并有少量掺杂剂，用于降低包层的光折射率，满足全反射的条件，提供反射面和光隔离，约束光信号在纤芯中传输。包层的直径一般为 125μm。

涂覆层：位于外层位置，一般采用尼龙、聚乙烯或聚丙烯等材料。涂覆层是一层很薄的塑料封套，可起到保护作用。

光纤中信号传输的基本原理：利用光的全反射。发生全反射的条件是光从光密介质进入光疏介质时的入射角等于或大于临界角。光纤由纤芯与包层组成，纤芯的折射率比包层大，光传播时在纤芯与包层的界面上发生全反射。

二、光纤分类

1．按照使用材料分类

根据使用材料不同，光纤可分为玻璃光纤、全塑光纤和石英光纤。全塑光纤是用高度透明的聚苯乙烯或聚甲基丙烯酸甲酯制成的，它的特点是制造成本低廉，相对来说芯径较大，与光源的耦合效率高，耦合进光纤的光功率大，使用方便。但由于损耗较大，带宽较小，这种光纤只适用于短距离低速率通信，如短距离计算机网链路、船舶内通信等。

2．按传输模式分类

（1）单模光纤。

在同一波长下光纤中只传输一种模式（一束光线）的光纤称为单模光纤，单模光纤的纤芯直径较小，一般为 4～10μm。通常纤芯的折射率一般为均匀分布，由于单模光纤只传输基模，从而完全避免了模式色散，使传输带宽大大增加。因此它适用于大容量、长距离的光纤通信，单模光纤中的光线轨迹如图 3-14（a）所示。单模光纤的光源为大功率的激光光源，其波长通常为 1310nm 或 1550nm，它具有小于 10nm 的极窄光谱，价格昂贵。激光光源等级如表 3-4 所示。特别注意：不要用激光直接对着眼睛，容易造成伤害。

表 3-4　激光光源等级

等级	危害程度
Class I	无危险
Class IIa	观看时间小于 1000s 则安全
Class II	长期观看有危险
Class IIIa	直接观看有严重危害
Class IIIb	直接辐射对眼睛和皮肤有严重伤害
Class IV	直接观看或散射对眼睛和皮肤有严重伤害

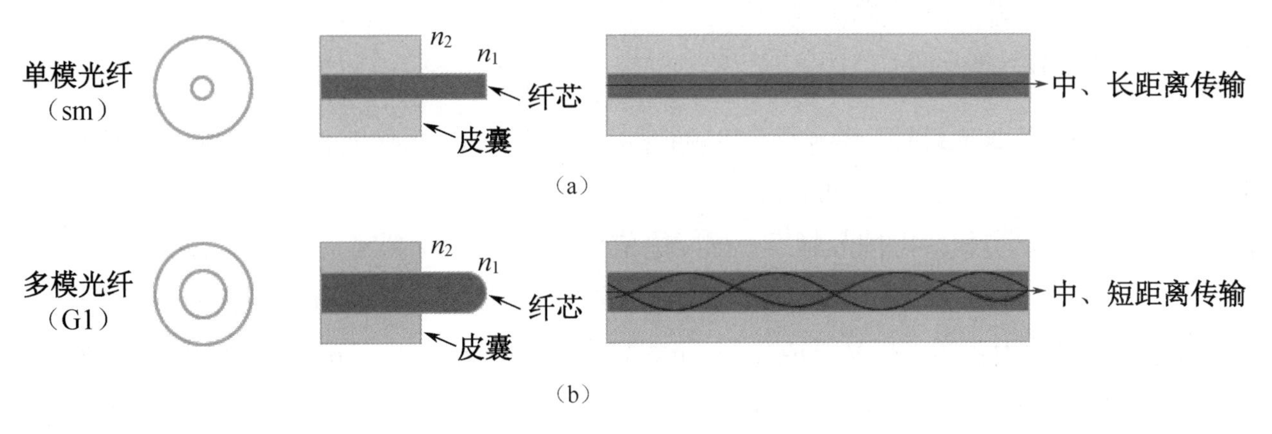

图 3-14　单模光纤和多模光纤

（2）多模光纤。

在一定的工作波长下，多模光纤是能传输多种模式的介质波导。多模光纤可以采用阶跃折射率分布，也可以采用渐变折射率分布，它的光波传输轨迹分别如图 3-14（b）所示。多模光纤的纤芯直径约为 50μm 或 62.5μm，模色散的存在使多模光纤的带宽变窄，但其制造、耦合及连接比单模光纤容易。为了减少模式色散，多模光纤大都采用渐变型。多模光纤的光源由低功率的发光二极管（LED）产生，其波长通常为 660nm、850nm 或 1310nm；LED 具有 50nm 的窄光谱，价格相对便宜。

3．按照光纤横截面折射率分类

（1）多模阶跃型光纤，如图 3-15（a）所示。

纤芯折射率沿半径方向保持一定，包层折射率沿半径方向也保持一定，而且纤芯和包层的折射率在边界处呈阶梯变化的光纤称为阶跃型光纤，又称为均匀光纤。

（2）多模渐变型光纤，如图 3-15（b）所示。

纤芯折射率随着半径加大而逐渐减小，而包层折射率是均匀的，这种光纤称为渐变型光纤，又称为非均匀光纤。

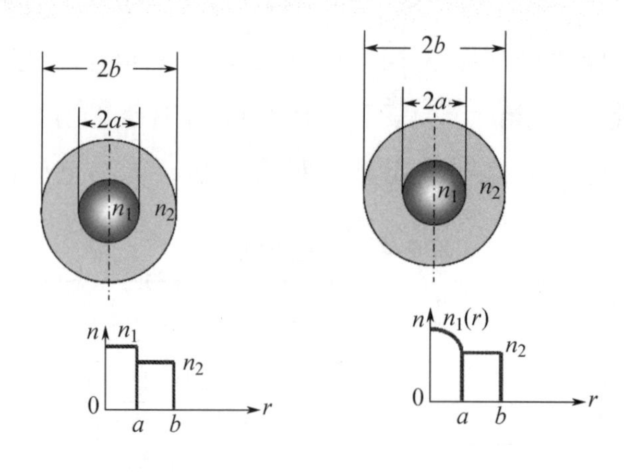

（a）多模阶跃型光纤　　（b）多模渐变型光纤

图 3-15　多模光纤

4．按照工作波长分类

一般分为短波长光纤（工作波长为 850nm）、长波长光纤（工作波长为 1310nm、1550nm）、超长波长光纤（工作波长为 2000nm 以上）。

为了使光纤具有统一的国际标准，国际电信联盟（ITU-T）制定了统一的光纤标准（G 标准）。按照 ITU-T 关于光纤的建议，可以将光纤分为 G.651 光纤（又称为渐变型多模光纤）、G.652 光纤（又称为普通单模光纤或 1.31μm 性能最佳单模光纤）、G.653 光纤（又称为色散位移光纤 DSF）、G.654 光纤（1550nm 性能最佳单模光纤）、G.655 光纤（又称为非零色散位移光纤，主要包括非零色散位移光纤 NZDSF 和大有效面积光纤 LEAF）。

5．按照 ITU-T 建议分类

多类型光纤如图 3-16 所示。

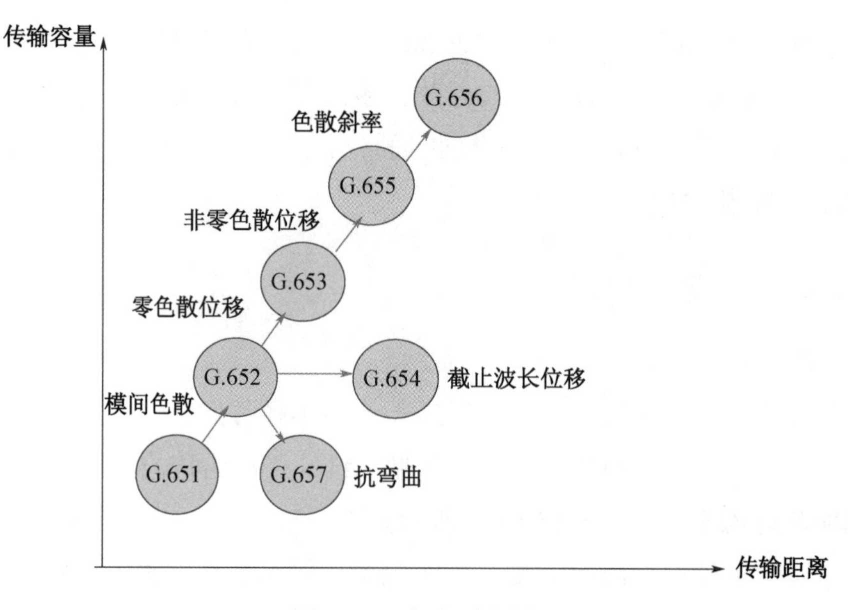

图 3-16　多类型光纤

（1）G.651 光纤。

G.651 光纤的工作波长有两种：850nm 和 1310nm。

（2）G.652 光纤。

G.652 光纤于 1988 年开始商用。其零色散波长在 1310nm 处，在波长为 1550nm 处衰减最小，但有较大的正色散。工作波长既可选用 1310nm，又可选用 1550nm。这种光纤是使用最为广泛的光纤。

（3）G.653 光纤。

G.653 光纤于 1985 年开始商用，通过改变光纤的结构参数、折射率分布形状来加大波导色散，从而将最小零色散点从 1310nm 位移到 1550nm，实现 1550nm 处最低衰减和零色散波长一致，并且在掺铒光纤放大器工作波长区域内。这种光纤非常适合于长距离、单信道、高速光纤通信系统，可在这种光纤上直接开通 20Gbps 系统不需要采取任何色散补偿措施。但是，该光纤在通道进行波分复用信号传输时，在 1550nm 附近低色散区存在有害的四波混频等光纤非线性效应，阻碍光纤放大器在 1550nm 窗口的应用，正是这个原因，G.653 光纤正在被 G.655 光纤所取代。

（4）G.654 光纤。

G.654 光纤具有极小的衰减（0.18dB/km），与 G.652 光纤比较，这种光纤的优点是在 1550nm 工作波长处衰减系数极小，其弯曲性能好。这种光纤主要应用在传输距离很长，且不能插入有源器件的无中继海底光纤通信系统中。这种光纤的缺点是制造困难，价格昂贵，因此很少使用。

（5）G.655 光纤。

G.655 光纤是在 1994 年专门为新一代光放大密集波分复用传输系统设计和制造的新型光纤，属于色散位移光纤，用于平衡四波混频等非线性效应。由于这种光纤利用低的色散抑制了四波混频等非线性效应，使其能用于高速率（10Gbps 以上）、大容量、密集波分复用的长距离光纤通信系统中。

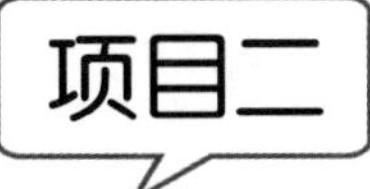

项目二 光缆及其性能

一、光缆的结构

光缆是为了使光纤在不同的环境或场所下使用，在光纤束外加上套塑、钢丝加强件、填充物、阻水带、外护套等形成缆，因此平常所说的光缆通信和光纤通信之间没有什么本质的区别，传输信号的介质都是光纤。

二、光缆的分类

光缆的分类如表 3-5 所示，下面介绍几种光缆结构。

表 3-5 光缆的分类

分类方法	光缆种类
按所使用光纤分类	单模光缆、多模光缆（阶跃型、渐变型）
按缆芯结构分类	层绞式光缆、中心束管式光缆、骨架式光缆、带状光缆等
按外护套结构分类	无铠装光缆、钢带铠装光缆、钢丝铠装光缆
按光缆材料有无金属分类	有金属光缆、无金属光缆
按维护方式分类	充油光缆、充气光缆
按敷设方式分类	直埋光缆、管道光缆、架空光缆、水底光缆
按适用范围分类	中继光缆、海底光缆、用户光缆、局内光缆

（1）层绞式结构光缆，如图 3-17 所示。

特点：沿袭了电缆结构方式，光纤放置在松套管中，光缆连接时有利于保护光纤。其制造设备与电缆通用，无须重新投入传统的生产工艺，生产稳定，工程配套设施多。

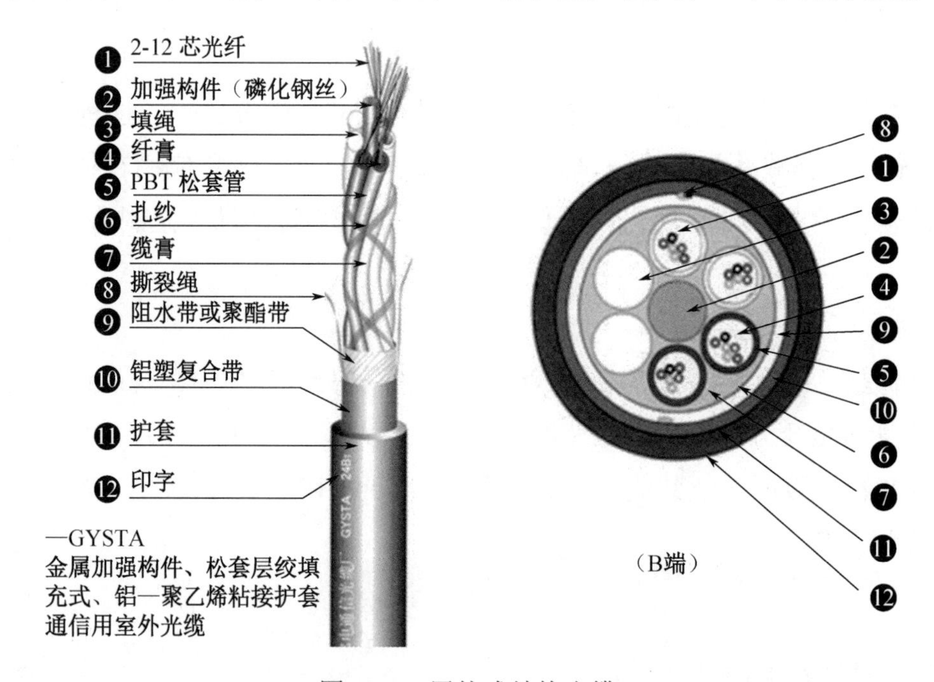

图 3-17 层绞式结构光缆

（2）中心束管式结构光缆，如图 3-18 所示。

特点：是专门为光纤而设计的结构，光纤位于光缆的中心，给光纤最强大的保护，耐侧压性强，有效防止雷击缆径小，盘长大，可节省接头，施工方便，易开剥，不易打结，一次接入所有光纤，无须二次开剥。

（3）骨架式结构光缆，如图 3-19 所示。

特点：光缆芯数大，重量大，在国内应用不多，在小芯带的带状光缆上有较多的应用。

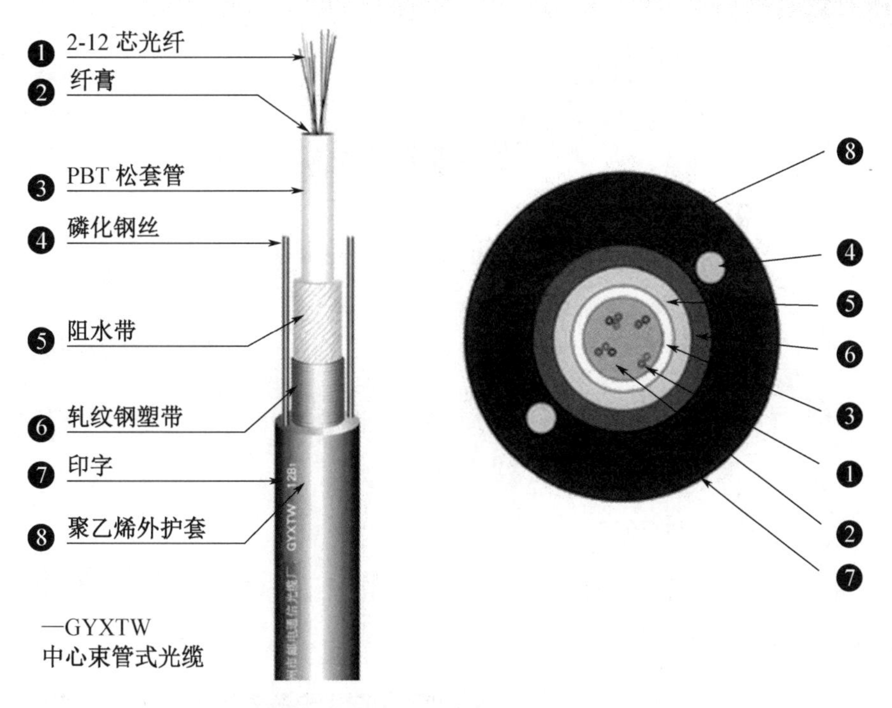

图 3-18　中心束管式结构光缆

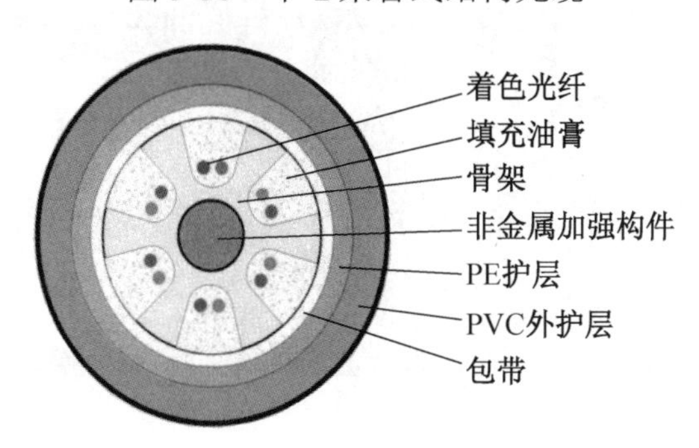

图 3-19　骨架式结构光缆

（4）带状光缆，如图 3-20 所示。

特点：容量大，施工效率高，一次可熔接 12 芯，需要带状光纤熔接机和特殊夹具。

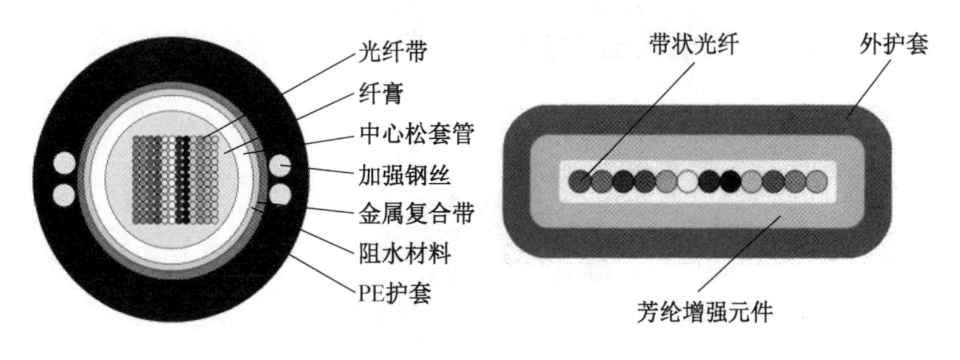

图 3-20　带状光缆

（5）皮线光缆，如图 3-21 所示。

皮线光缆是一种新型的入户光缆，俗称 8 字光缆，适用于室内及终端安装等经常需要弯曲光缆的情况，布线时可以根据现场的距离进行裁剪，并配合快速连接接头及光纤冷接子进行安装，现场施工不需要进行熔纤，大大提高了工程施工效率。

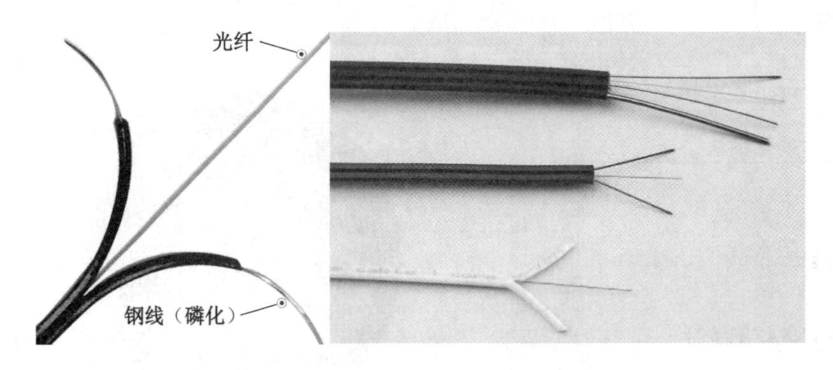

图 3-21　皮线光缆

（6）室内光缆，如图 3-22 所示。

室内光缆一般适用于室内，一般分为室内紧套和分支两种。因其在室内使用，所以不需要有防水的结构，且柔软度较好，弯曲性能高。

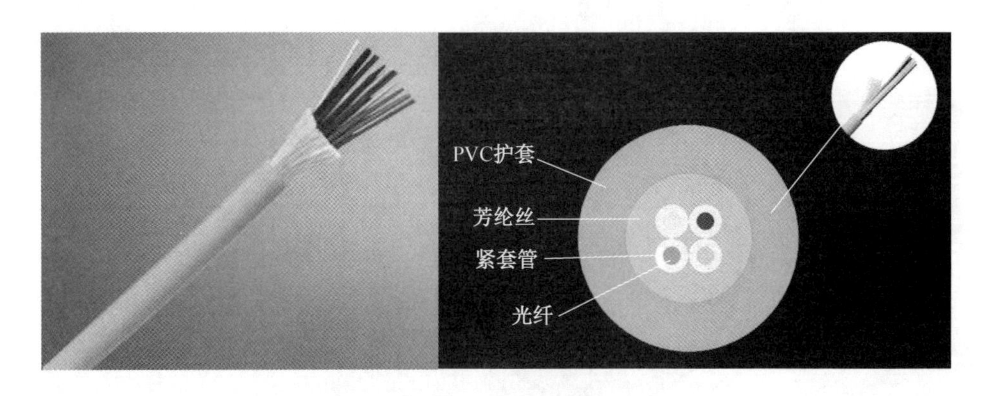

图 3-22　室内光缆

（7）特殊结构光缆，如图 3-23 所示。

主要用于电力杆塔架长途光缆。

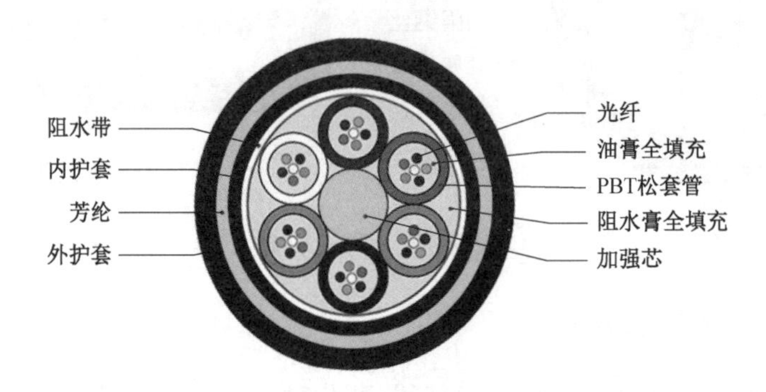

图 3-23　特殊结构光缆

光缆种类繁多，不同光缆之间的材质、结构、用途也有所差异，为了便于区分和使用，人们对光缆进行了统一编码。光缆型号一般由七部分组成，即分类、加强构件、结构特征代号、护层代号、铠装层代号、光纤芯数、光纤类型，如图 3-24 及表 3-6～表 3-11 所示。

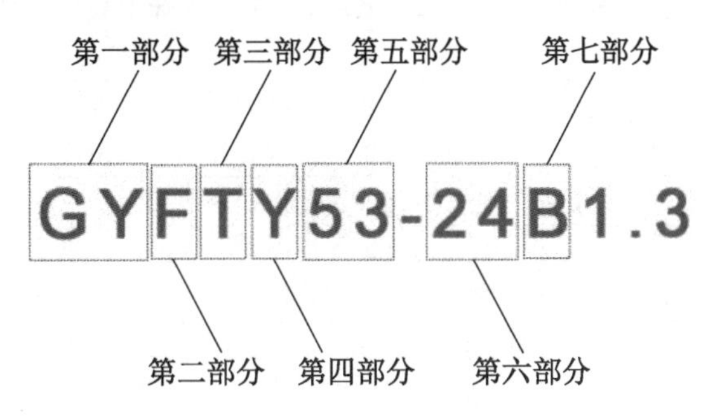

图 3-24　光缆型号

表 3-6　第一部分表示光纤的分类型号

GY	通信用室外（野外）光缆	外包装厚重，耐压、耐腐蚀、抗拉性强，适用于室外建筑物之间及远程网络之间的互联，传输距离较长
GJ	通信用室（局）内光缆	抗弯曲、耐火阻燃、柔软性好，适用于建筑物内的通信设备，传输距离较短
GH	通信用海底光缆	不需要挖坑道或用支架支撑，投资少、建设速度快，受自然环境和人类活动的干扰小，保密性好，安全稳定，多用于长距离国际传输
GT	通信用特殊光缆	有色散位移光纤、非零色散光纤、色散平坦光纤等类型，包括除其他分类外所有作特殊用途的光缆
GS	通信用设备内光缆	采用金属重型加强构件的材质及光纤松套被覆结构，适用于设备内布放
MG	煤矿用光缆	增设阻燃、防鼠特性，适用于煤矿、金矿、铁矿定矿山场合
GW	通信用无金属光缆	非金属材料制成，主要用于有强电磁影响和雷电多发等地区
GR	通信用软光缆	外径较小、柔软性好、易于弯曲，适用于室内或空间较小的场合，应用于光连接器、FTTH、传感等领域

表 3-7　第二部分表示加强构件（加强芯）的代号

无	金属加强构件	用金属、非金属、金属重型三种不同材料对光缆进行加强构件，增强光缆的抗拉强度，提高光缆的机械性能
F	非金属加强构件	
G	金属重型加强构件	

光缆的结构特征代号应表示出缆芯的主要类型和光缆的派生结构，当光缆形式有几个结构特征需要注明时，可用组合代号表示。

表 3-8 第三部分代表结构特征代号

D	光纤带结构	把光纤单元放入大套管中。体积小，空间利用率高，可容纳大量光纤，每个单元的接续可一次完成
无	层绞式结构	采用双向层绞技术，全截面阻水，光纤附加衰减近乎为零，环境性能优良。适用于长途通信、局间通信机对防潮、防鼠要求较高的场合
S	光纤松套被覆结构	多根光纤以自由状态填充在套管内，由多根光纤、纤膏、PBT 松套层构成，主要用于室外敷设
J	光纤紧套被覆结构	由光纤和表面的 PVC 紧套层构成，形成紧套纤，柔软、易剥离，一般用于室内光缆或特种光缆
X	中心管式结构	将松套管作为缆芯，光缆的加强构件在松套管的周围。直径小、重量轻、容易敷设
G	骨架式结构	能够取出所需光纤，与接入光缆进行对接，抗侧压性能好，可以很好地保护光纤
B	扁平结构	扁平光缆，纤芯采用软结构，确保电缆柔软性，相对厚度薄，体积小，连接简单，拆卸方便，适用于电器设备中的数据传输或动力传输
T	填充式结构	对光纤内部进行填充，保持光缆外形的圆整，起到防火、防水、抗压等作用
Z	阻燃结构	延缓火焰沿着光缆蔓延，使火灾不致扩大。成本较低，可以避免因光缆着火延燃造成的重大灾害，提高光缆线路的防火水平
C	自承式结构	光纤传输损耗小、色散低，为非金属结构、重量轻、敷设方便，抗电磁干扰强，具有优良的机械性能和环境性能，适用于高压输电线路

表 3-9 第四部分代表护层代号

L	铝	不同类型的光缆护层材料有所差异，能够保护缆芯，免受外界机械作用和环境条件的影响
G	钢	
Q	铅	
Y	聚乙烯护层	
W	夹带钢丝钢-聚乙烯黏结护层	
A	铝-聚乙烯黏结护层	
S	钢-聚乙烯黏结护层	
V	聚氯乙烯护套	
F	氟塑料	
U	聚氨酯	
E	聚酯弹性体	

表 3-10 第五部分代表铠装层代号

0	无铠装	在产品最外部加装一层金属保护，保护内部的效用层在运输和安装时不受损坏
2	双钢带	
3	细圆钢丝	
4	粗圆钢丝	
5	皱纹钢带	
6	双层圆钢丝	
23	绕包钢带铠装聚乙烯护套	
33	细钢丝绕包铠装聚乙烯护套	
53	皱纹钢带纵包铠装聚乙烯护套	
333	双层细钢丝绕包铠装聚乙烯护套	
44	双层粗圆钢丝	

第六部分表示光纤芯数，表示芯数的数字有 2、4、6、8、12、24、36、48、72、96、144 等。

表 3-11　第七部分表示光纤类型

A	多模光纤	可传输多种模式，色散、损耗较大，适用于中短距离和小容量的光纤通信系统
B	单模光纤	色散小，只能传输一种模式，适用于远距离传输

学习任务三

认识综合布线系统的常用连接器件

学习目标：

熟悉双绞线连接件产品种类与用途；

熟悉光缆连接件产品种类与用途；

能正确选用双绞线电缆及连接件产品；

能正确选用光缆及连接件产品；

综合布线要组成一个信息传输通道，除了传输介质，还需要连接器件的配合，才能支持语音、数据、传感器、图像和视频等的传输。主要连接器件有信息插座、配线架、机柜和跳线等。

项目一　双绞线连接器件

一、RJ 连接器插头

RJ 连接器包含插头和插座。RJ 连接器插头俗称水晶头，用于制作双绞线跳线，连接信息插座、网卡、配线架和网络设备。RJ 连接器常用的型号有 RJ-11 和 RJ-45。

（1）RJ-11 连接器插头，如图 3-25 所示。

在综合布线系统中，电话信息插座要求安装为 8P8C 结构的数据信息模块，该信息模块可通过适配 RJ-11 连接器的跳线来连接电话机，用于语音通信。

图 3-25　RJ-11 连接器插头

（2）RJ-45 连接器插头，如图 3-26 所示。

根据端接的双绞线的类型，有不同类型的 RJ-45 插头，如 5 类/5e 类 RJ-45 插头、6 类 RJ-45 插头、非屏蔽 RJ-45 插头和屏蔽的 RJ-45 插头。

为了保证屏蔽布线系统的完整性，必须使用屏蔽结构的 RJ-45 连接器，其也带有与屏蔽双绞线一样的金属屏蔽层，其外观与非屏蔽的 RJ-45 连接器有着明显的区别。

随着技术的发展，水晶头也有了长足的进步，不仅满足操作方便、接线牢固，而且性能也应满足相应的系统要求。6 类以上的水晶头为了满足性能要求，一般做成分体式结构，带有入线槽或者隔离支架，隔离支架有 4 上 4 下和 6 上 2 下两种芯线排布方式，如图 3-27、图 3-28 所示。还有从技术上保证线芯到位的穿孔式水晶头，如图 3-29 所示。

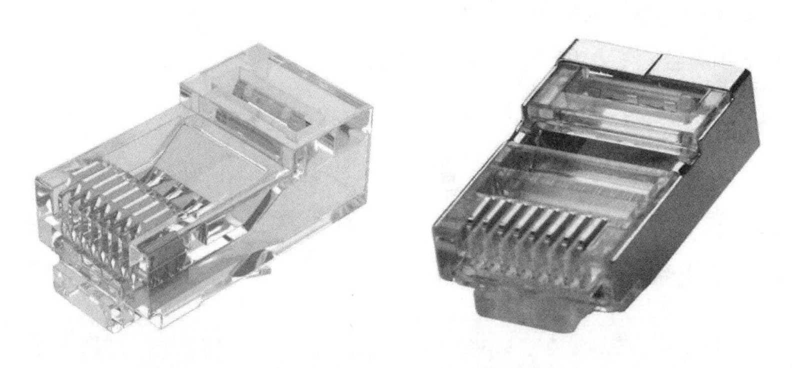

图 3-26　RJ-45 连接器插头

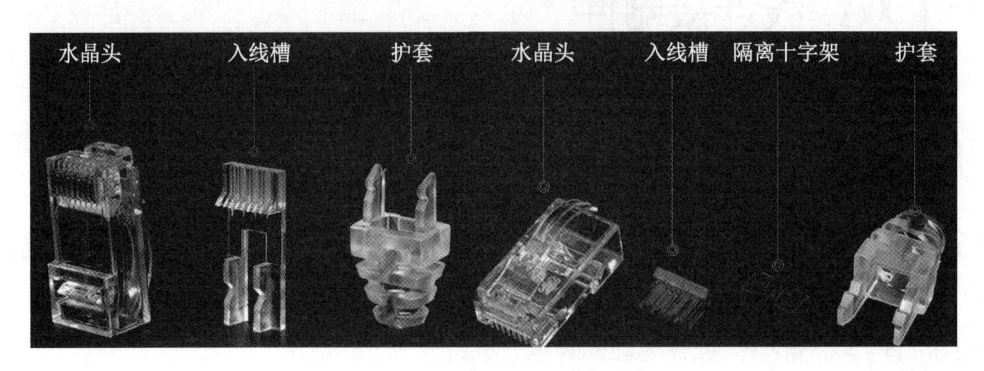

图 3-27　多件套水晶头

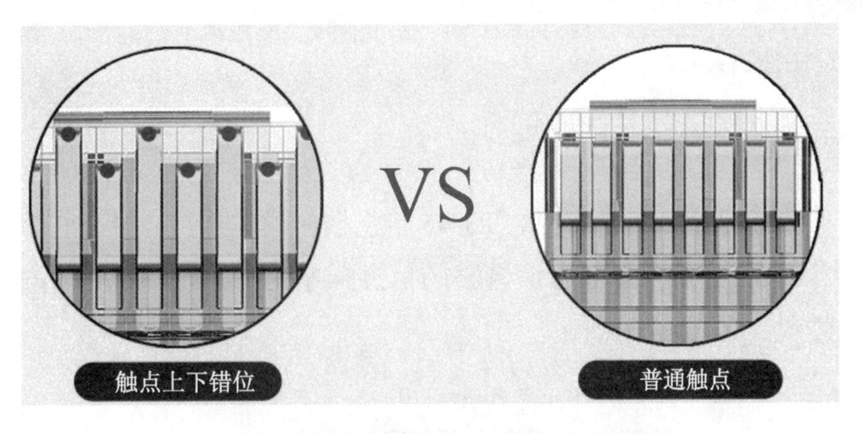

图 3-28　超 5 类水晶头和 6 类水晶头的区别

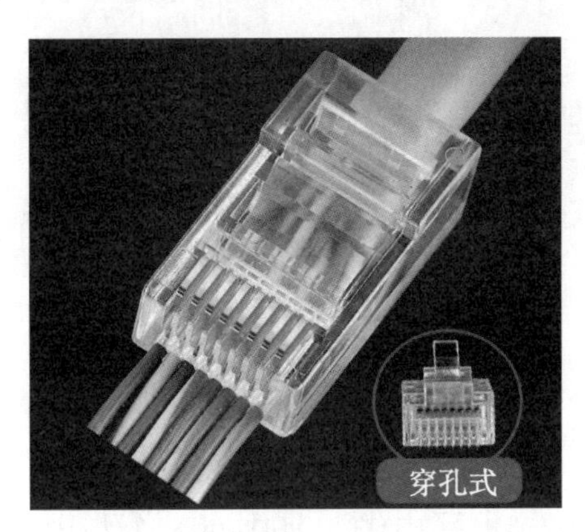

图 3-29　穿孔式水晶头

二、铜缆跳线

铜缆跳线如图 3-30 所示。它由相应性能的多股软线和插头制作而成，尾部有注塑式尾套，确保电缆和插头连接可靠，经过测试，性能符合相应的要求。

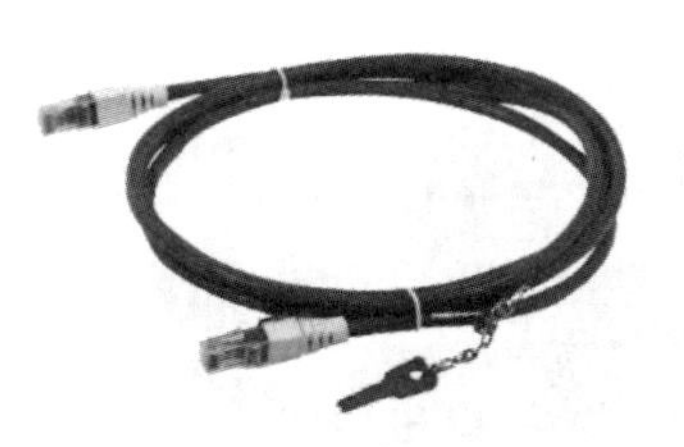

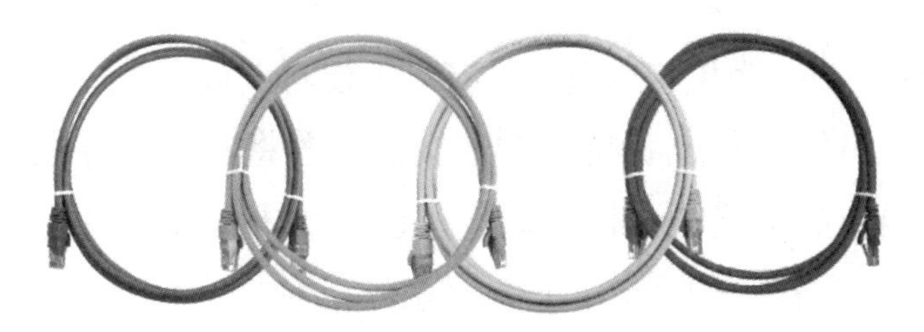

图 3-30　铜缆跳线

三、信息插座模块

1. RJ-11 信息插座模块

信息插座一般要求采用 8P8C 结构的 RJ-45 信息插座模块连接。但有些综合布线工程，为了节约成本，对于无须变更的语音通信链路的信息插座也有采用 RJ-11 信息插座模块连接（4P4C 结构）的情况，如图 3-31 所示。

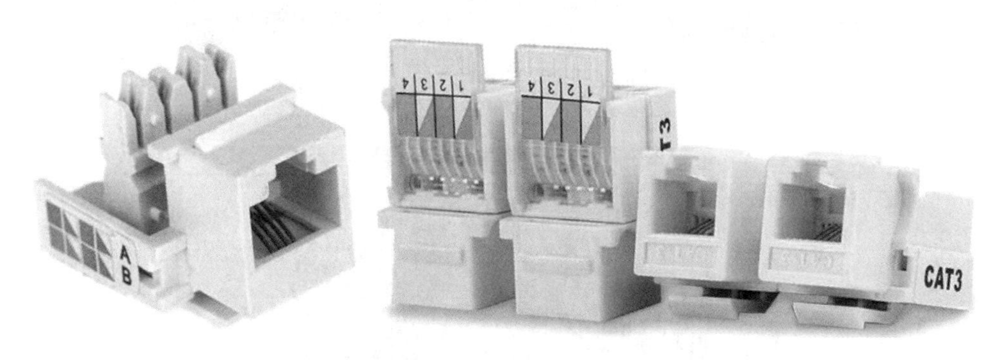

图 3-31　RJ-11 信息插座模块

2. RJ-45 信息插座模块

RJ-45 信息插座模块用于端接水平电缆，其中有 8 个与电缆导线连接的接线。RJ-45 连接器插头插入该模块后，与那些触点物理连接在一起。该模块与插头的 8 根针状金属片存在弹性连接，且有锁定装置，一旦插入连接，很难直接拔出，必须解锁后才能顺利拔出，如图 3-32 所示。

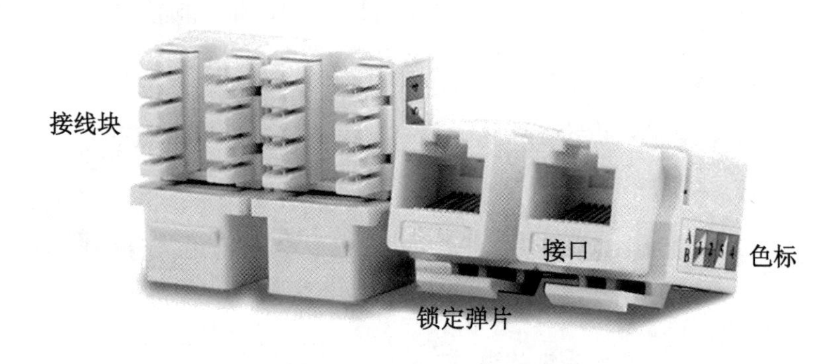

图 3-32　RJ-45 信息插座模块

RJ-45 信息插座模块用绝缘位移式连接（IDC）技术设计而成。连接器上有与单根电缆导线相连的接线块，通过打线工具或者特殊的连接器帽盖将双绞线导线压接到接线块里。双绞线电缆在与信息插座模块的接线块连接时，应按色标要求的顺序进行卡接。

特别注意，色标没有统一的标准，不同厂家的信息插座模块（简称信息模块），的接线结构不一样，如图 3-33 所示。

不同厂商的信息模块不仅色标不一样，外观也有很大的差别，匹配的面板也是不一样的。

（1）接线位置不同。一般有两种，一是在信息模块的背部，二是在信息模块的尾部，如

图 3-34 所示。

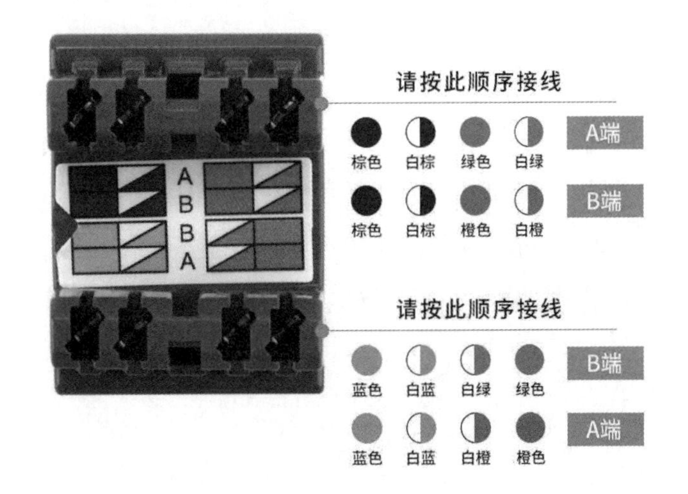

图 3-33 模块色标

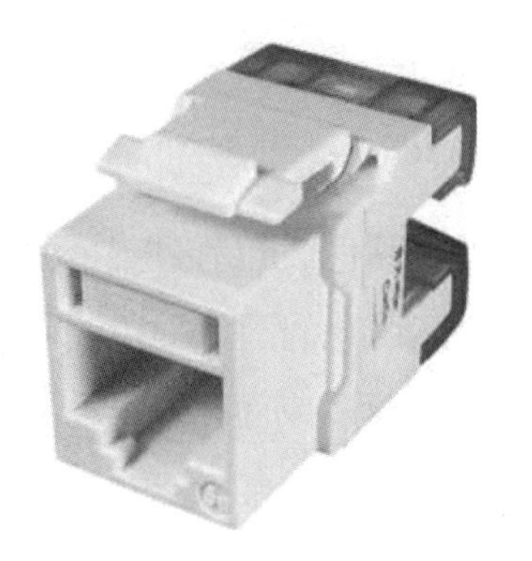

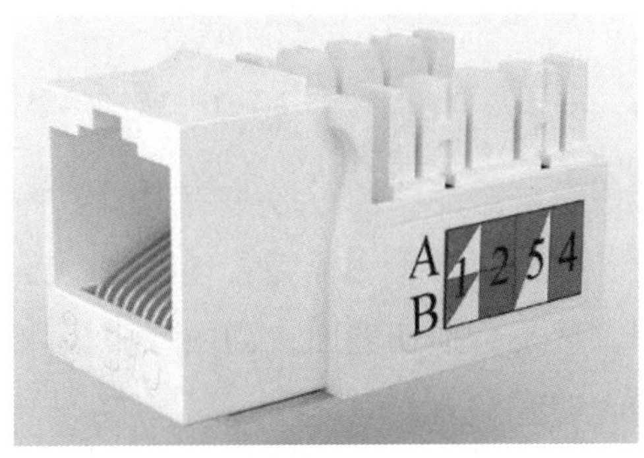

图 3-34 上部端接模块和尾部端接模块

（2）端接方式不同。分为打线式信息模块和免打线式信息模块。打线式信息模块需要用专门的打线工具将双绞线电缆压接到信息模块的接线块里，才能很好地把双绞线与信息模块连接起来。免打线式信息模块不用专门的打线工具，只要将双绞线按色标放进相应的槽位，进行压接即可。打线式信息模块需用打线工具，免打线式信息模块在安装中更方便，更节省时间；有些免打线式信息模块已经可以连工具都不用，用旋转等方式就可以轻松安装，现在这种产品已成为主流。信息模块的技术演进如图 3-35 所示。

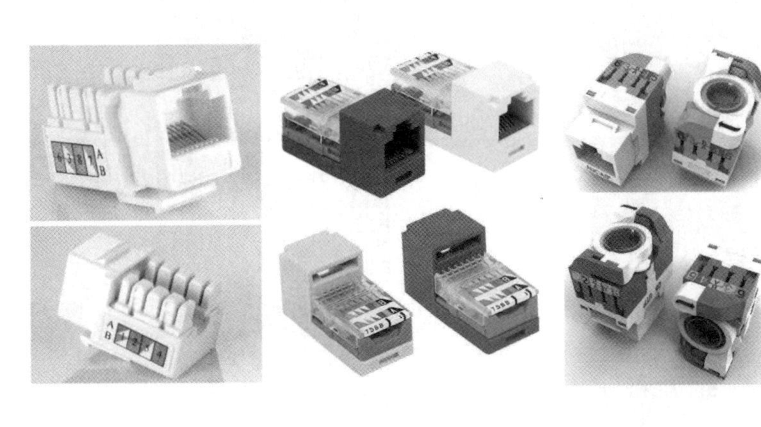

图 3-35 信息模块的技术演进

四、信息插座面板和底盒

1．信息插座面板

常用信息插座面板分为单口面板和双口面板，如图 3-36 所示。例如，外形尺寸符合国家标准的 86 型面板、120 型面板。86 型面板的宽度和长度都是 86mm，通常采用高强度塑料材料制成，适合安装在墙面，具有防尘功能。120 型面板的宽度和长度都是 120mm，通常采用铜等金属材料制成，适合安装在地面，具有防尘、防水功能。

单口面板

双口面板

图 3-36　常用信息插座面板

面板装配彩色模块后能够通过透明防尘门了解模块的颜色，以在工作区通过模块的颜色来区分不同网段；面板带有透明标签管理区域，方便端口信息管理；面板下部具有拆卸口，便于面框的拆卸，且不会损伤墙面；当面板中模块的数量较多或者采用屏蔽模块时，建议选用深度大于 60mm 的底盒。

2．信息插座底盒

常用信息插座底盒分为明装底盒和暗装底盒，如图 3-37 所示。明装底盒通常采用高强度塑料材料制成；而暗装底盒有用塑料材料制成的，也有用金属材料制成的。暗装底盒只能安装在墙面或者装饰隔断内，安装面板后就隐蔽起来了。施工中不允许把暗装底盒明装在墙面上。暗装塑料底盒一般在土建工程施工时安装，直接与穿线管端头连接固定在建筑物墙内或者立柱内。智能化设备大多需要深度大的底盒配套安装，如图 3-38 所示。

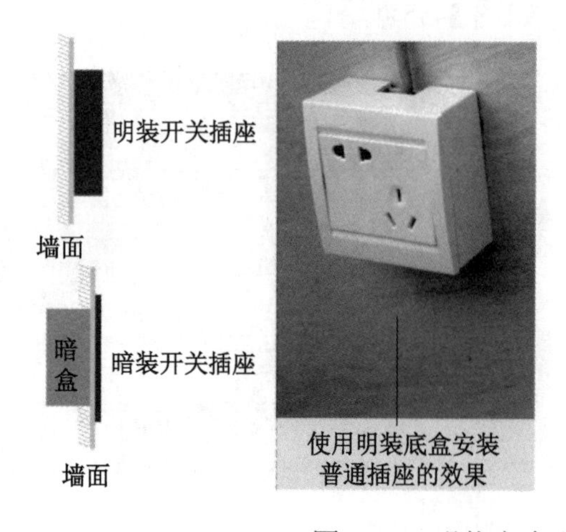

图 3-37　明装底盒和安装底盒

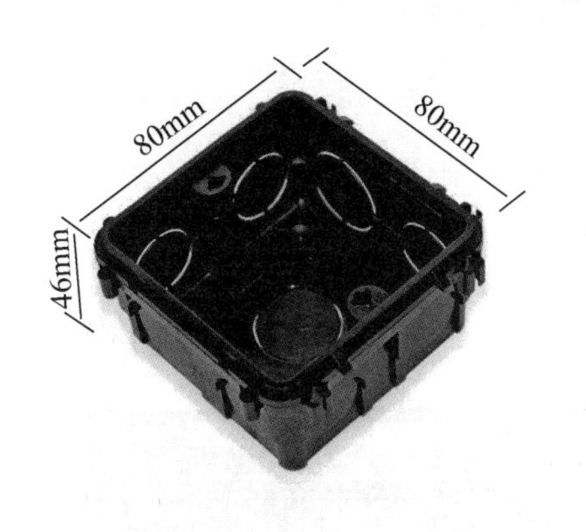

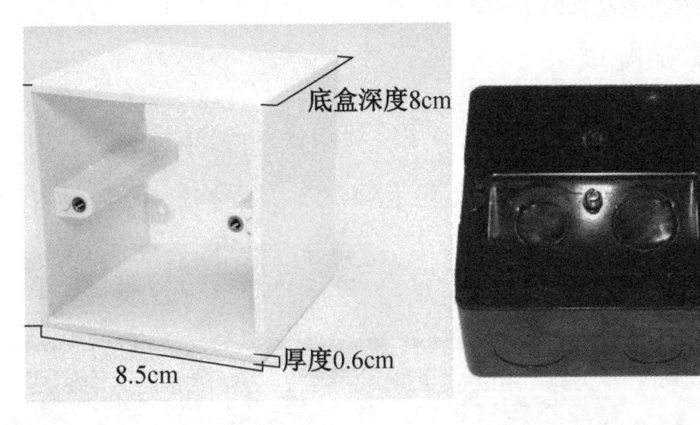

图 3-38　加深底盒

3．金属面板

当需要在地面安装信息插座时，盖板必须具有防水、抗压和防尘功能，一般选用 120 系列金属面板，配套的底盒宜选用金属底盒，如图 3-39 所示。一般金属底盒比较大，常见规格为长 100mm、宽 100mm，中间有 2 个固定面板的螺丝孔，5 个面都预留有进出线孔，方面进出线。地面金属底盒安装后一般应低于地面 10～20mm，注意这里的地面是指装修后的地面。

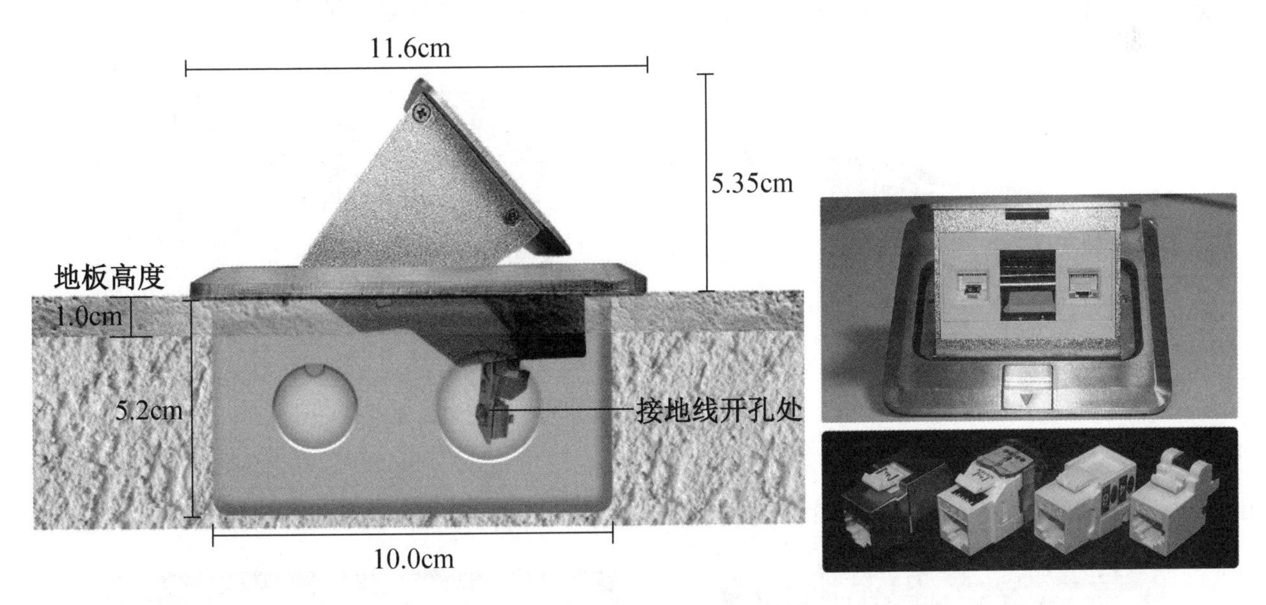

图 3-39　金属底盒和金属面板

五、配线架

配线架是电缆或光缆进行端接和连接的装置，在配线架上可进行互连或交接操作。配线架是管理子系统中最重要的组件，是实现干线和配线两个子系统交叉连接的枢纽，一般放置在管理区和设备间的机柜中。配线架通常安装在机柜内。通过安装附件，配线架可以全线满足 UTP、STP、同轴电缆、光纤、音视频的需要。

在网络工程中常用的配线架有双绞线配线架和光纤配线架。按安装位置分有建筑群配线架 CD、建筑物配线架 BD、楼层配线架 FD，按功能分有数据配线架和 110 语音配线架。

1. 数据配线架

配线架前端为 RJ-45 接口，用于连接数据跳线。配线架后端连接布线电缆。数据配线架端口数有 6 口、12 口、24 口和 48 口等规格，配线架结构图如图 3-40 所示。

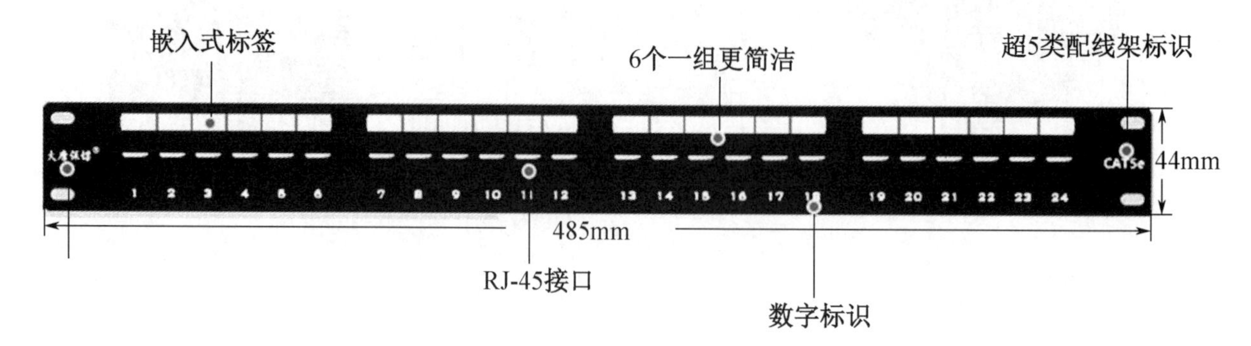

图 3-40　配线架结构图

数据配线架有固定式配线架和模块式配线架两种结构。固定式配线架如图 3-41 所示，在出厂的时候已经安装好了卡接模块，安装缆线时只需要把线对一根根按线序打入。模块式配线架如图 3-42 所示，支持前端或后端安装和拆卸，方便用户安装维护。

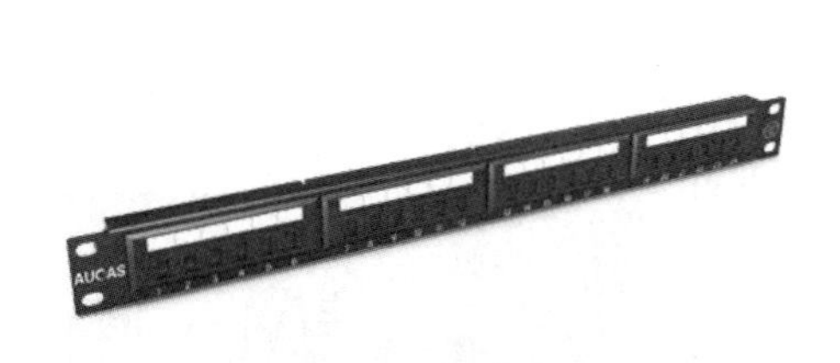

图 3-41　固定式配线架

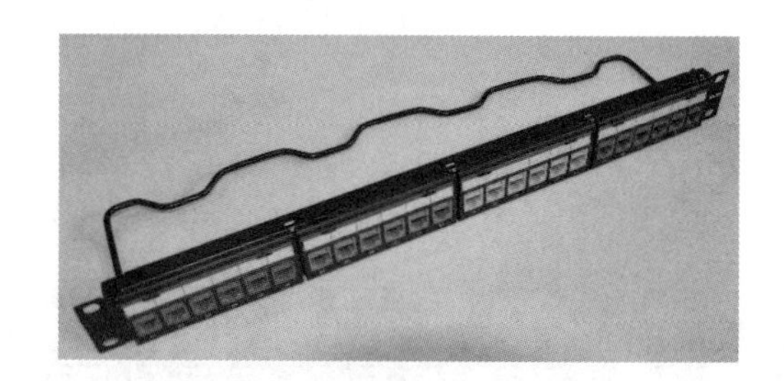

图 3-42　模块式配线架

角型配线架如图 3-43 所示，它可以提高机柜的空间。一般配线架是平面型，跳线要进行水平理线，所以水平理线器要占据一定机柜空间；角形配线架方便从两侧理线，不需要过多的水平理线器，比较节省机柜空间，进而也降低了一部分成本。

图 3-43　角型配线架

在屏蔽布线系统中，应当选用屏蔽配线架（见图 3-44），以确保屏蔽布线的完整性。

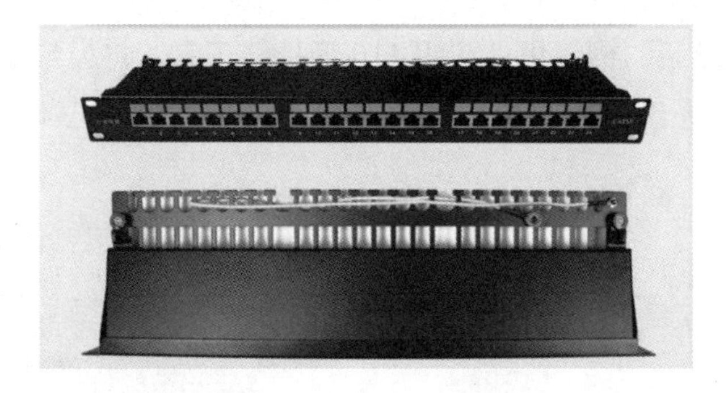

图 3-44　屏蔽配线架

2．110 型配线架

110 型连接管理系统的基本部件是 110 型配线架、连接块、跳线和标签。110 型配线架有 25 对、50 对、100 对、300 对多种规格。

（1）110A 型配线架。

110A 型配线架如图 3-45 所示，可以应用于所有场合，特别是大型电话应用场合，通常直接安装在二级交接间、配线间或设备间墙壁上。

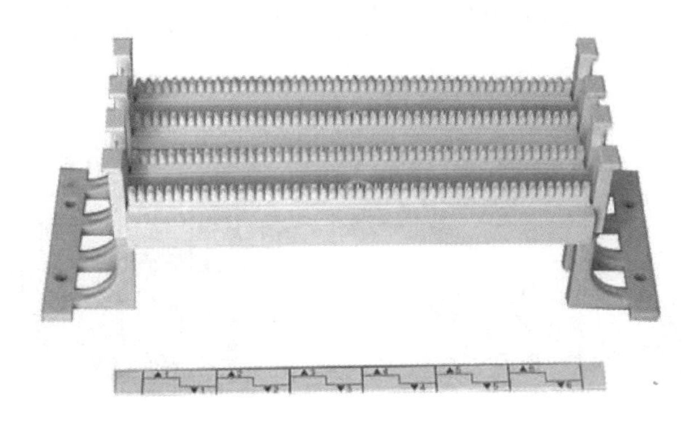

图 3-45　110A 型配线架

（2）110 型配线架。

110 型配线架如图 3-46 所示，适用于标准布线机柜安装。

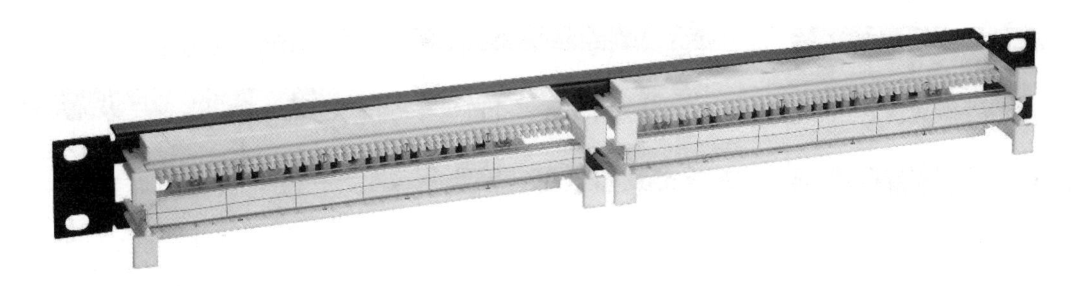

图 3-46　110 型配线架

当 110 型配线架安装密度较高时，为方便走线，可在 110 型配线架之间间隔安装过线槽。110 型配线架基座上装有若干齿形条，沿配线架正面从左到右均有色标，以区别各条输入线。将这些线放入齿形条的槽缝里，利用 110 型接线工具，将齿形条内的线“冲压”到 110 型接线排上。110 型配线系统中用的接线排通常有 4 对线和 5 对线两种规格，如图 3-47 所示。

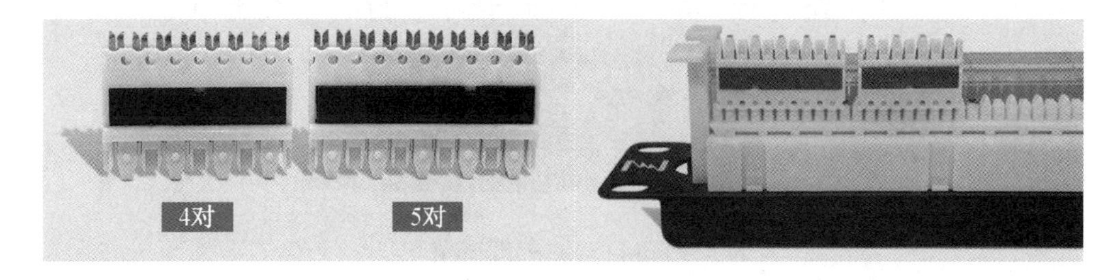

图 3-47　配线架接线排

3. 电子配线架

在网络管理的日常维护中常常遇到一些问题，如：配线架上的标签不见了，维护日记看不清楚了，不知道这条链路有没有改动过，拔出了几条跳线，不记得接线方式了等。

智能布线管理系统可以轻松管理复杂的网络、提升网络安全性、优化网络使用率、提高运维效率、降低运维成本。

智能布线管理系统由智能布线管理系统软件、管理主机、数据采集卡、各种类型配线架及各种规格的智能跳线组成，如图 3-48 所示。

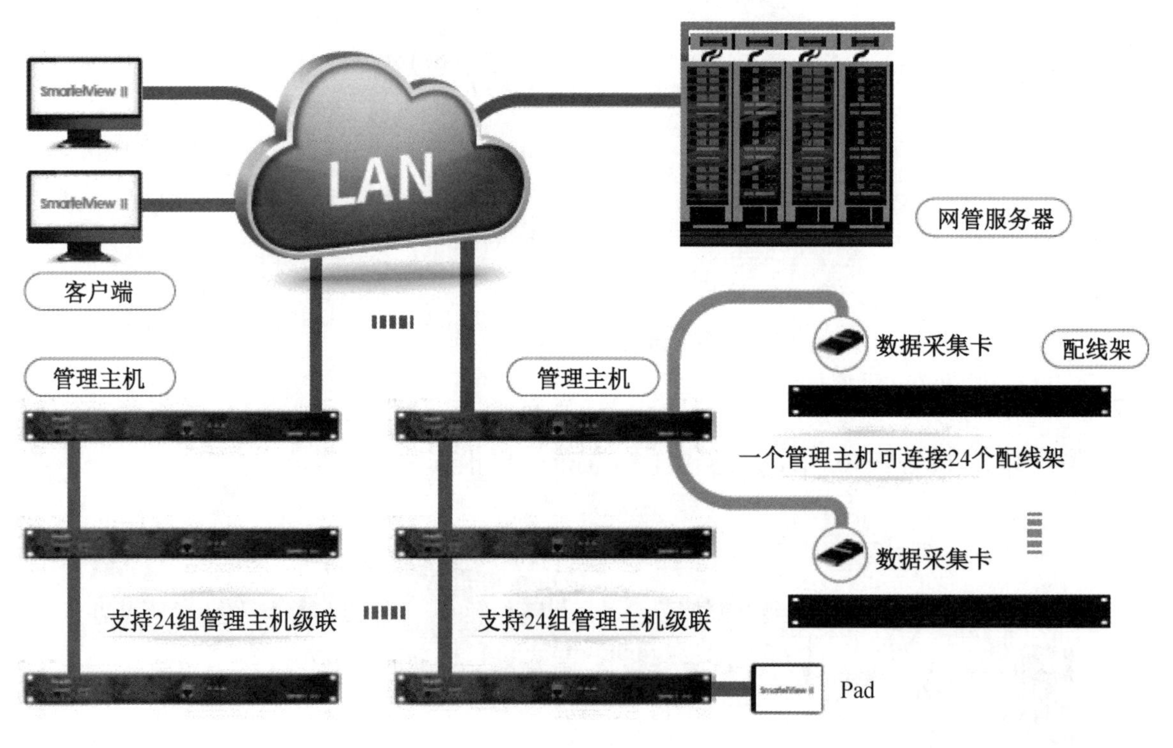

图 3-48　智能布线管理系统

（1）管理主机（Management Host）。

管理主机负责与数据采集卡和网管服务器的双向通信，从数据采集卡采集和分析数据，提供各种业务指示和告警指示，并向网管软件提供实时数据，也向数据采集卡传送各种控制命令。

（2）数据采集卡（Data Acquisition Card）。

数据采集卡是用于采集和管理配线架的装置，具有插拔式结构，通过高密度接插件插入配线架。数据采集卡自动识别和读取配线架类型和配线架端口跳线上的 ID，完成与管理主机的通信，并对配线架进行管理。数据采集卡适用于 SmartelView II 系列各种类型的铜缆光缆电子配线架。

（3）铜缆电子配线架（Copper Cable Electronic Distribution Frame）。

铜缆电子配线架是一款 1U24 端口的模块式配线架，分屏蔽和非屏蔽两种，可支持单配线架和双配线架的网络拓扑。配线架每个端口都有 ID 读写装置，系统根据从端口上读取的智能跳线的 ID 信息，实现对配线架的智能化管理。每个端口提供额外两个触点用于端口 ID 扫描。端口上方都有 LED 指示灯，提供可视化的监控和维护。配线架上带有多色指示灯的按键，可实现自检和链路查询，显示配线架的运行状态，并有蜂鸣器给出提示音。

（4）光纤电子配线架（Optical Fiber Electronic Distribution Frame）。

光纤电子配线架采用模块化设计，最多可插入 4 个光模块插盒，可容纳 96 芯 LC 型适配器。可支持单配线架和双配线架的网络拓扑，配线架每个端口都有 ID 读写装置，系统根据从端口上读取的智能跳线的 ID 信息，实现对配线架的智能化管理。

（5）智能铜缆跳线（Smart Copper Cable Jumper）。

智能铜缆跳线分为直连跳线和交连跳线，支持 6 类和 6A 类数据传输性能，智能铜缆跳线内置 eID 芯片，采用创新性的 RJ-45 插头，插头带有金片传导，插入配线架可实时读取跳线信息。该产品采用高性能的多股缆线和先进的制造工艺，采用整体塑模成型，尾部有弯曲张力疏导结构，满足长期重复使用的要求。

（6）智能光跳线（Intelligent Optical Jumper）。

智能光跳线分为直连跳线和交连跳线，支持单模和多模 10G/40G/100G 的应用。智能光跳线内置 eID 芯片，采用创新性的一缆双芯结构，插头带有金片传导，可实时读取跳线信息。尾部有弯曲张力疏导结构，满足长期重复使用的要求。

（7）智能管理软件（Intelligent Management Software）。

该软件采用图形化显示，交互友好。可方便实现位置管理、链路管理、安全管理、工单管理、资产管理 5 大管理目标，并支持远程管理。

① 安全管理。

智能管理软件可实现用户登录管理、人员密码管理、软件版本管理以及数据备份管理。

② 链路管理。

实时监测链路状态，记录链路和端口变化状态，以图形显示。

③ 位置管理。

使用多级目录树显示设备位置，以图形显示设备、交换机及端口的连接关系与运行状态。

④ 工单管理。

可多种方式建立工单（Excel 表导入，图形化方式）；支持手持终端对工单的管理；工单可离线执行。

⑤ 资产管理。

进行有形网络资产的记录、变化和分配；实时记录资产数量、明细、分布、资产利用率；用户定制化生成相应的报表，以图形化显示和导出；进行故障定位告警，其示意图如图 3-49 所示。

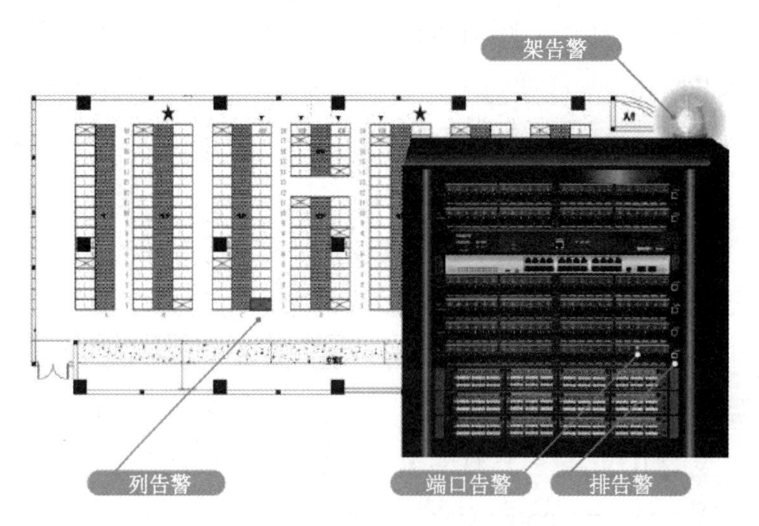

图 3-49 故障定位告警示意图

项目二 光纤连接器件

一、光纤光缆的配线连接设备

光纤配线设备是光缆与光通信设备之间的配线连接设备，用于光纤通信系统中光缆的端接和分配，可方便地实现光纤线路的熔接、跳线、分配和调度。

光纤配线设备有机架式光纤配线架、挂墙式光缆终端盒和光纤配线箱等类型。

1. 光纤配线架

光纤配线架如图 3-50 所示，它的作用是在管理子系统中将光缆进行连接，通常在主配线间和各分配线间进行，是光纤线路端接和交连的地方，它把光纤线路末端直接连到端接设备，并利用短的互连光纤把两条线路交连起来。所有的光纤配线架均可安装在标准框架上，也可直接挂在设备间或配线间的墙壁上。用户可根据功能和容量选择连接器。

光纤配线架适用于外线光缆与光通信设备的连接，是具有光缆的固定、分纤缓冲、熔接、接地保护以及光纤的分配、组合、调度等功能的现代通信设备。

2. 光缆交接箱

光缆交接箱是室外光缆接入网中主干光缆与配线光缆节点处实现室外光纤配线的设备，如图 3-51 所示。它可以实现光纤的直通、盘储及光纤的熔接、调度功能，有室外落地、架空两种安装方式。

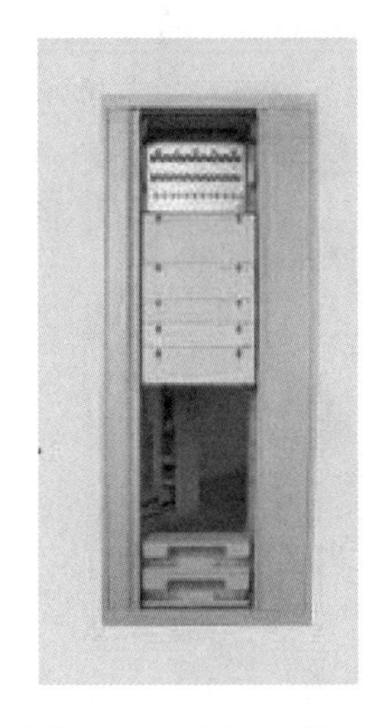

图 3-50 光纤配线架

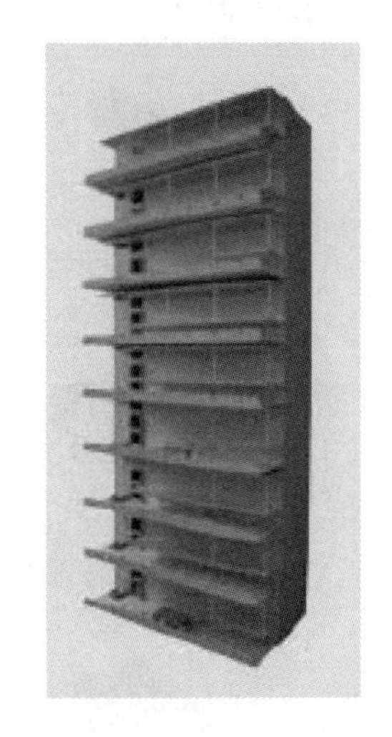

图 3-51 光缆交接箱

二、光纤连接器

1. 光纤连接器的一般结构

光纤连接器一般采用高精密组件（由 2 个插针和 1 个耦合管组成）实现光纤的对准连接。两个插针在对其表面进行抛光处理后，在耦合管中实现对准。插针的外组件采用金属或非金属的材料制作。插针的对接端必须进行研磨处理，另一端通常采用弯曲限制构件来支撑光纤或光纤软缆以释放应力。

2. 光纤连接器种类

光纤连接器按连接头结构分类有 FC、SC、ST、LC、D4、DIN、MU、MT；按光纤端面形状分类有 FC、PC（包括 SPC 或 UPC）和 APC；按光纤芯数分类还有单芯、多芯（如 MT-RJ 型光纤连接器）。光纤连接器有时又称为光纤适配器，常见的光纤适配器如图 3-52 所示。

3. 光纤连接器的性能

光纤连接器要考虑的，首先是光学性能，除了插入损耗、回波损耗，还要考虑光纤连接器的互换性、重复性、抗拉强度、温度和插拔次数等。

（1）插入损耗。

插入损耗是指光纤中的光信号通过活动连接之后，其输入光功率的比率的分贝数，表达式为：

$$A_C = -10\lg P_o / P_i$$

其中，A_C为连接插入损耗（dB），P_i为输入端的光功率，P_o为输出端的光功率。

对多模光纤连接器输入的光功率应当经过稳模器，滤去高次模，使光纤中的模式为稳态太分布，插入损耗越小越好。

图 3-52　常见的光纤适配器

（2）回波损耗。

回波损耗又称为后向反射损耗，它是指光纤连接处后向反射光对输入光的比率的分贝数，表达式为：

$$A_r = -10\lg P_r / P_o$$

其中，A_r为回波损耗（dB），P_o为输入光功率，P_r为后向反射光光功率。回波损耗越大越好，以减小反射光对光源和系统的影响。

（3）重复性。

重复性是指光纤（缆）活动连接器多次插拔后，其插入损耗的变化，用 dB 表示。

（4）互换性。

互换性是指连接器各部件互换时，其插入损耗的变化，也用 dB 表示。

三、光纤跳线和尾纤

光纤跳线是两端带有光纤连接器的光纤软线，又称为互连光缆，有单芯和双芯、多模和单模之分。光纤跳线主要用于光纤配线架到交换设备或光纤信息插座到计算机的跳接，根据需要，跳线两端的连接器可以是同类型的，也可以是不同类型的，其长度在 5m 以内。

光纤尾纤一端是光纤，另一端连光纤连接器，用于与综合布线的主干光缆和水平光缆相接，有单芯和双芯两种。一条光纤跳线剪断后，就形成两条光纤尾纤。

光纤跳线与尾纤如图 3-53 所示。

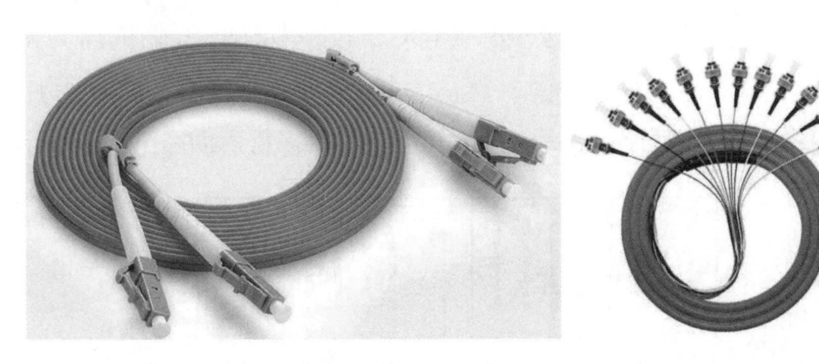

图 3-53　光纤跳线与尾纤

四、光纤插座

和双绞线的综合布线一样，从光纤到桌面时，需要在工作区安装光纤信息插座（简称光纤插座）。光纤插座就是一个带光纤适配器的光纤面板，如图 3-54 所示。光纤插座和光纤配线架的连接结构一样，光缆敷设至底盒后，光缆与一条光纤尾纤熔接，尾纤的连接器插入光纤面板上的光纤适配器的一端，光纤适配器的另一端用光纤跳线连接计算机。

LC光纤插座

SC光纤插座

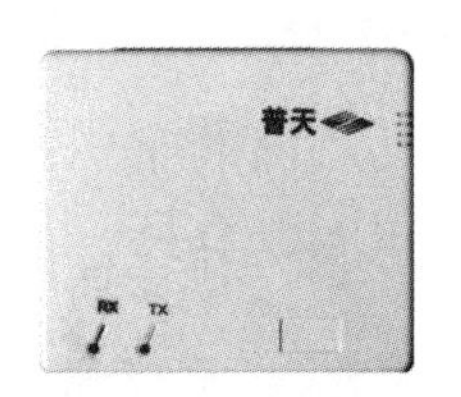

ST光纤插座

图 3-54　光纤插座

技能实训 2　网络跳线制作

（一）实训目的

1．熟悉工作区子系统组成要件。
2．掌握按标准端接 RJ-45 水晶头的方法和步骤，会压接跳线和使用跳线。
3．会使用综合布线的常用工具并掌握其操作技巧。

（二）实训材料、设备和工具

材料：20～50cm Cat5e UTP 双绞线电缆。

设备和工具：压线钳、卷尺、测线仪、剪刀。

（三）知识准备

（1）工作区子系统由 RJ-45 信息插座、RJ-45 水晶头跳线、终端设备组成（链路分析时不包括终端）。连接原理：终端设备通过端接标准（T568A、T568B）与网络相同的跳线、模块（I/O）及水平干线子系统实现网络之间的信息交换。

（2）RJ-45头的电气连接原理。绝缘位移（IDC）技术利用压线钳的压力使RJ-45头中的"8P8C"触点刀片首先压破线芯绝缘护套，然后直接切入铜线芯中，实现刀片与线芯的电气连接。每个RJ-45头中有8个刀片，每个刀片与1个线芯连接，如图3-55所示。

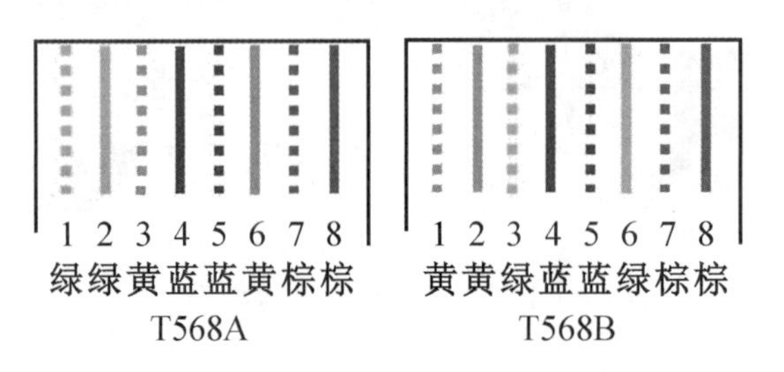

图3-55　RJ-45水晶头T568A/T568B标准端接图

（四）实训步骤

1．超5类跳线制作

（1）用压线钳剥线刀口将双绞线一端剥去30mm的护套皮，注意不得伤及线芯导线，如图3-56、图3-57所示。

注意：护套之内的牵引抗拉线一定要剪掉，如图3-58所示。

（2）成扇形顺序开绞裸露出来的橙、蓝、绿、棕4个线对导线，如图3-59所示。

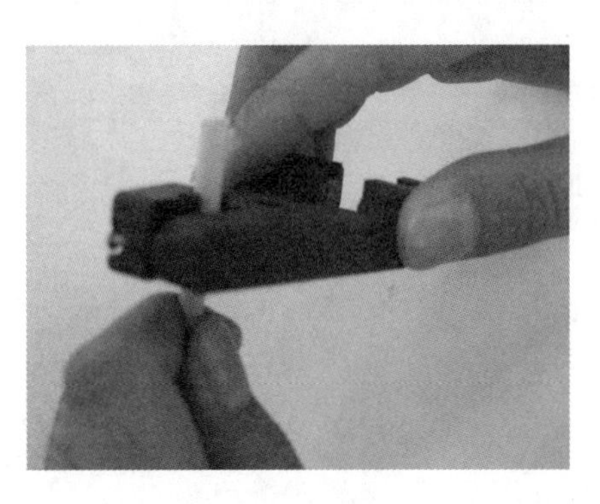

图3-56　剥线

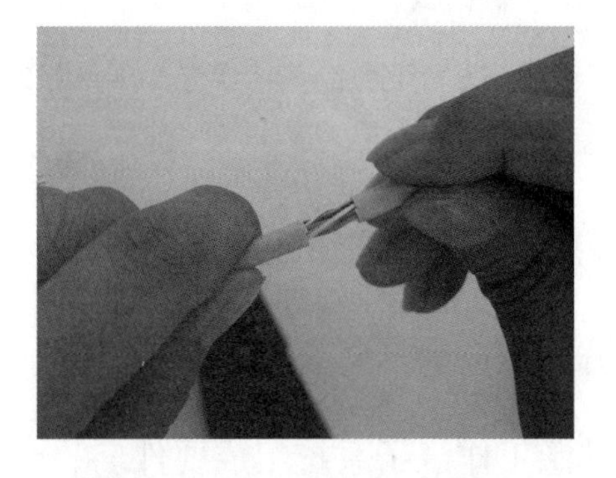

图3-57　拔出剥去的护套皮

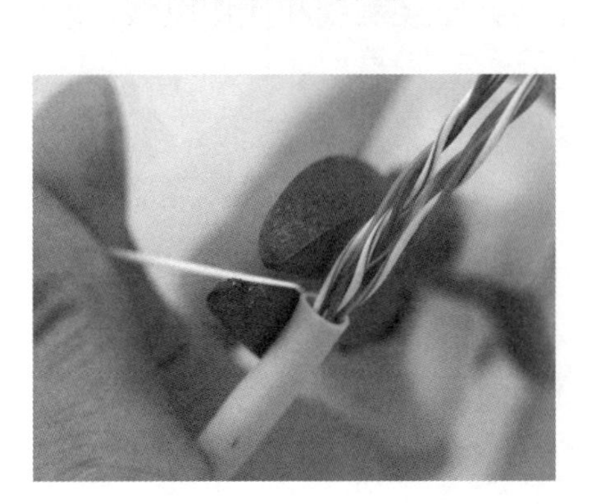

图3-58　剪掉牵引抗拉线

图3-59　开绞前的线对导线

（3）按 T568B 标准将 8 根导线排序，如图 3-60 所示。

（4）用手指按压拉拽，尽力使排序后的 8 根导线并列平直，紧密靠拢、平整直齐，如图 3-61 和图 3-62 所示。用压线钳剪刀平齐剪切，使裸导线预留为 14mm，如图 3-63 所示。

（5）确认 13mm 的 8 根导线色序齐排符合 T568B 标准，如图 3-64 所示。将水晶头正面前转，用右手将（从左到右）线序齐整的 8 根导线同时插入水晶头中，并一直插到顶，如图 3-65、图 3-66 所示。

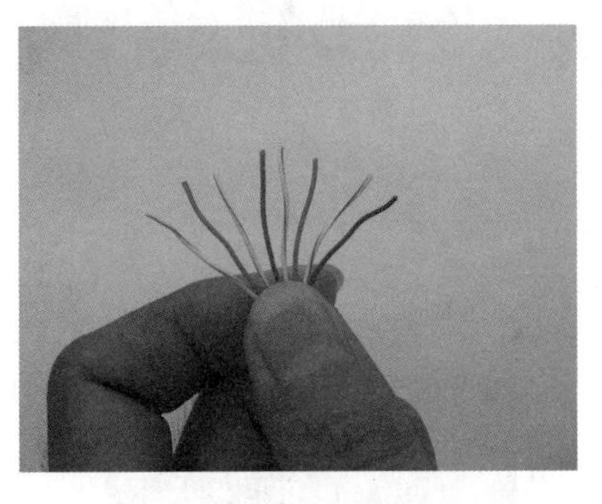

图 3-60　解开线芯、排序

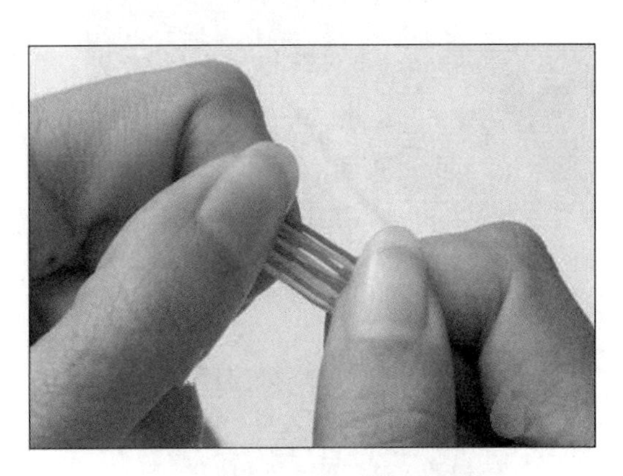

图 3-61　捋平

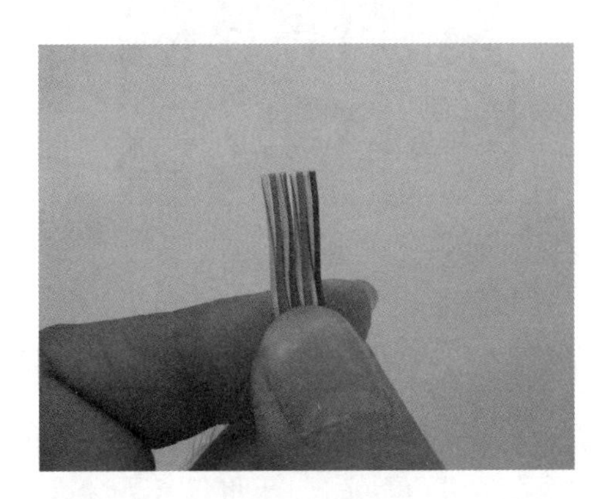

图 3-62　排齐

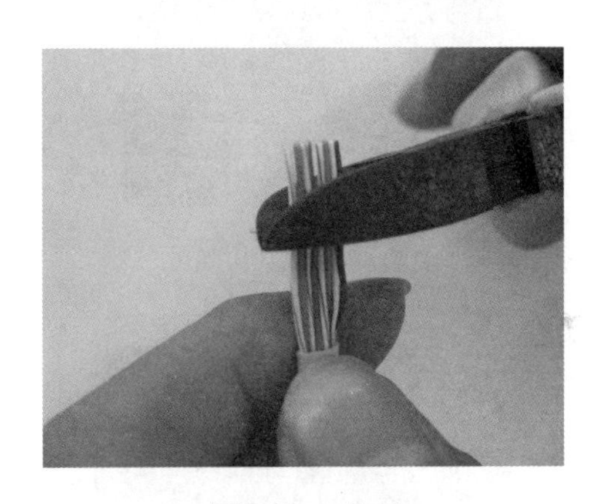

图 3-63　剪平

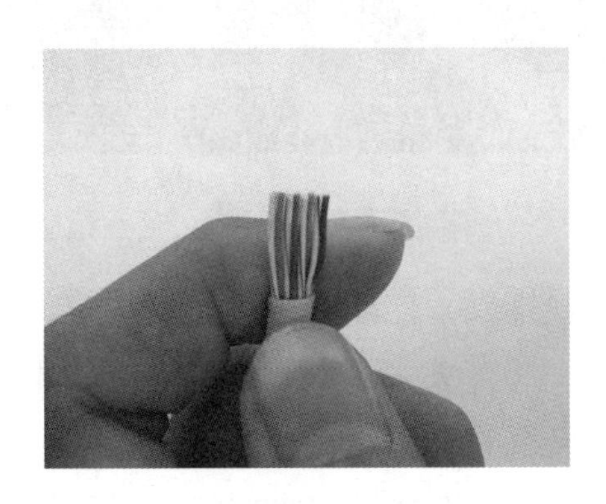

图 3-64　确认

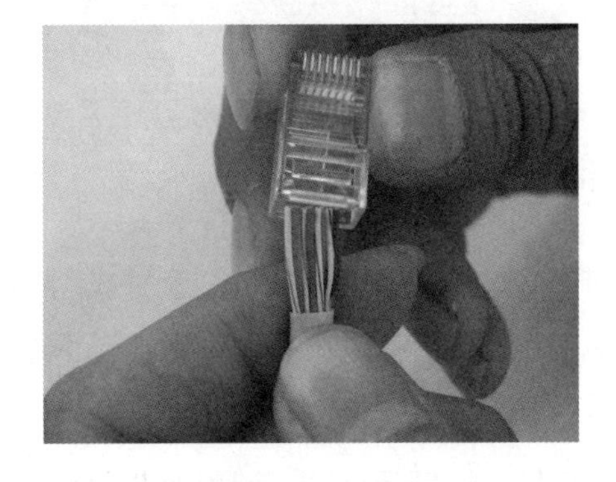

图 3-65　插入

（6）再次确认已插入水晶头中的线对排序，如图 3-67、图 3-68、图 3-69 所示。准确无误后，用压线钳压口压接水晶头，如图 3-70 所示。

（7）重复上述步骤，将双绞线另一端压接上水晶头。

（8）用缆线测试仪测试压接好水晶头的跳线，分别将两水晶头插入测试仪端口中，打开测试仪，测试缆线是否准确，如图3-71所示。

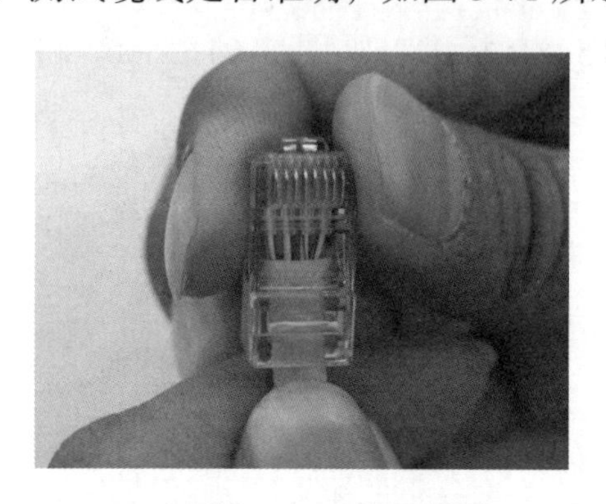

图3-66　一插到顶

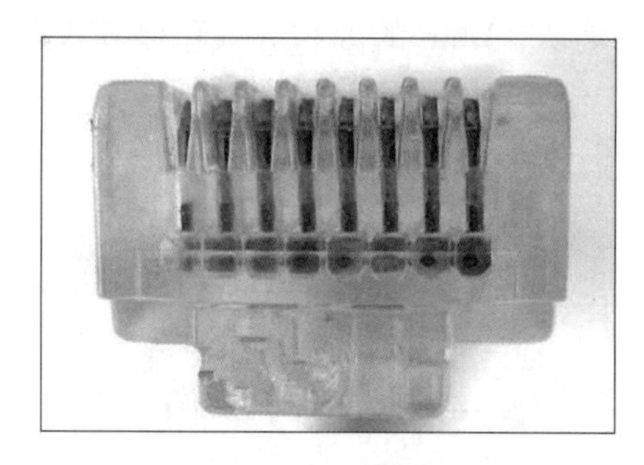

图3-67　检查排序

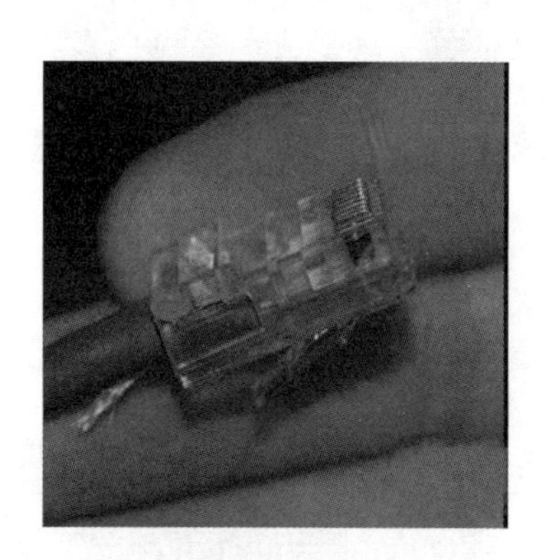

图3-68　线芯位置

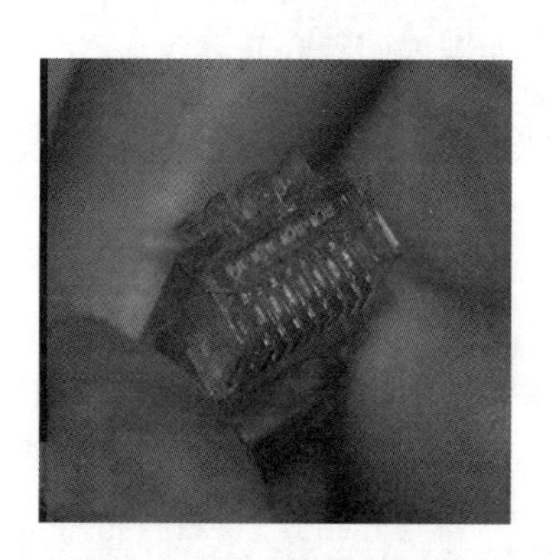

图3-69　确认线芯位置

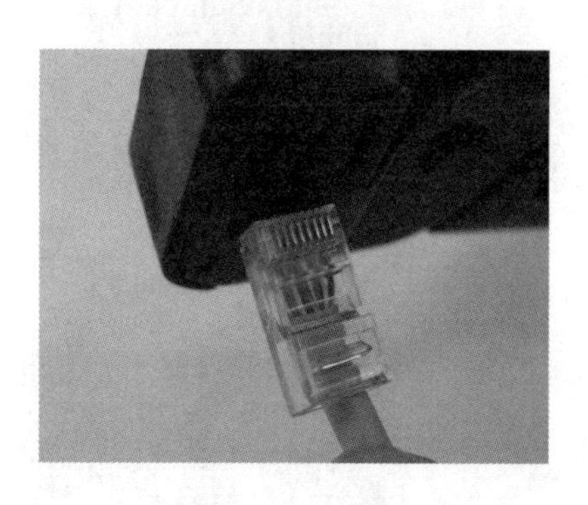

图3-70　压接

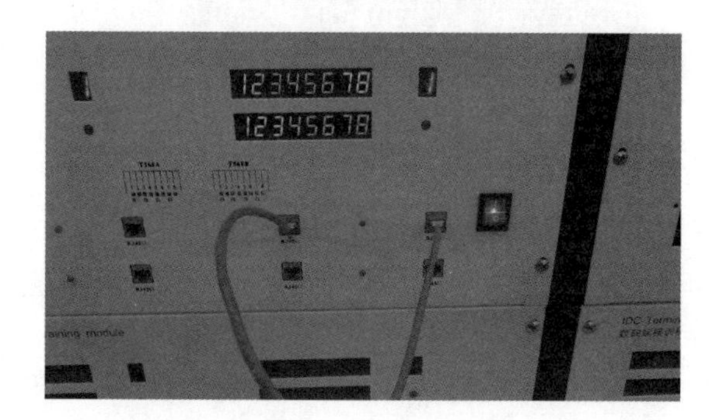

图3-71　测试

知识拓展：很多人以为做直连网线时将两端线顺排成一样即可，这是错误的。这既不是568A也不是568B。这种做法3和6信号线未绞在一起，失去了双绞线的屏蔽作用。虽然在传输距离近时能正常使用不容易被发现，当传输距离远时会出现丢包，或者导致局域网速度变慢，很多人会怀疑网卡质量和网线质量不佳，往往不会想到是网线有问题。

2. 6类跳线制作

（1）用双绞线剥线钳将双绞线外皮剥去2～3cm，并用剪刀把双绞线中间的十字架剪除，如图 3-72、图 3-73 所示。

注意：避免在剥线或剪除十字架时剪伤或割断双绞线线芯，否则需重复步骤（1）。

图 3-72 剪除十字架

图 3-73 剪平

（2）分开每一个线对（开绞），并将线芯按照 T568B 或 T568A 标准排序，将线芯捋直拉平。

注意：4 个线对之间尽量不要交叉，方便于插线和保证水晶头美观。

（3）用压线钳、剪刀、斜口钳等锋利工具将捋直后的双绞线线芯按 45° 斜角剪切（方便插入接线端子），长度适中。

（4）将剪好的双绞线线芯插入接线端子（接线端子卡口朝上），确保插到线芯并完全穿过接线端子，然后把多余的线芯用剪刀平齐剪切，如图 3-74 所示。

（5）用拇指和中指捏住水晶头并用食指抵住，水晶头的方向是金属引脚朝上、弹片朝下。另一只手捏住接线端子（卡口朝上），缓缓地插入水晶头凹槽，确保插到水晶头顶部，如图 3-75 所示。

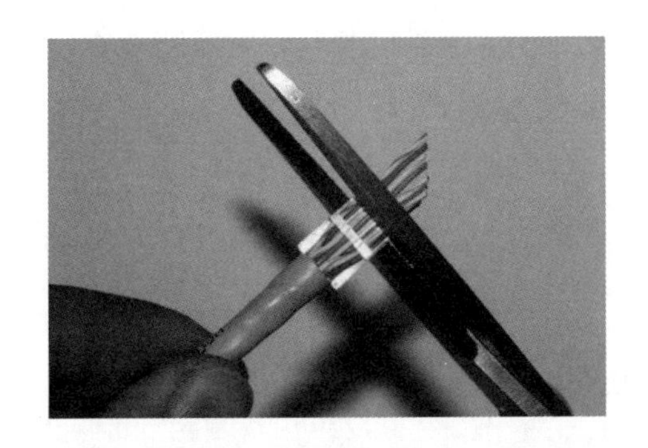

图 3-74 插入接线端子、剪去多余线芯

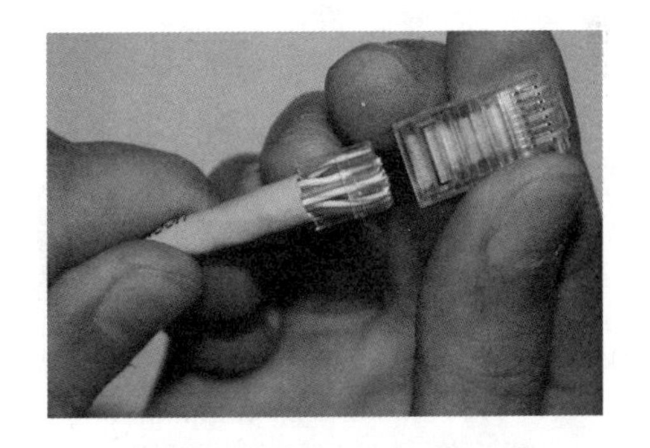

图 3-75 插入水晶头凹槽

（6）再次检查水晶头双绞线的线序是否正确，检查线芯是否到水晶头顶部（为减少水晶头的用量，步骤 1～步骤 5 可重复练习，熟练后再进行下一步）。

（五）作业

1．请画出 T568A 标准端接 8 芯导线色谱顺序。

2．请简述 RJ-45 水晶头压接线的原理。

3．请简述网络跳线制作的注意事项。

技能实训3　模块端接

（一）目的

1．了解打线模块端接原理和端接技巧。

2．了解 EIA/TIA568A、568B 双绞线端接标准的应用。

3．了解双绞线的色谱、剥线技巧、预留长度和压接顺序。

（二）材料和工具

材料：双绞线、打线模块、信息模块。

工具：剥线刀、压线钳、1 对打线刀、斜口钳（偏口钳）。

（三）内容和步骤

1．信息模块端接原理

根据线序和模块刀口位置分别拆开双绞线，把线芯按照线序逐一放到对应的模块刀口，用压线钳快速压紧，在压接过程中利用压线钳前端的小刀片裁剪掉多余的线头，盖好防尘罩。在进行信息模块和 5 对连接块端接时，必须按照端接顺序和位置把每对对绞线拆开并且端接到对应的位置，每对绞线拆开绞绕的长度越少越好，特别在 6 类、7 类系统端接时非常重要，直接影响永久链路的测试结果和传输速率。信息模块端接原理如图 3-76 所示。

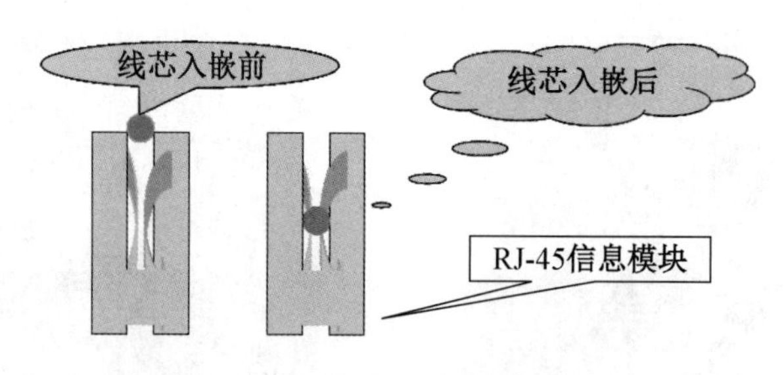

图 3-76　信息模块端接原理

2．模块端接的步骤

（1）将双绞线穿过底盒，用剥线刀将双绞线穿过一端剥去 30mm 的护套皮，不得伤及线芯导线。

（2）成扇形开绞裸露出来的绿、橙、蓝、棕 4 个线对导线。

（3）用手指按压拉直 8 根导线，对照 T568B 标准按模块线序分别将各色码导线分开成扇形，如图 3-77 所示。

（4）将成扇形的 8 根导线正对模块嵌入口，分别将各色码导线按模块线序用手按压入齿槽，如图 3-78 所示。

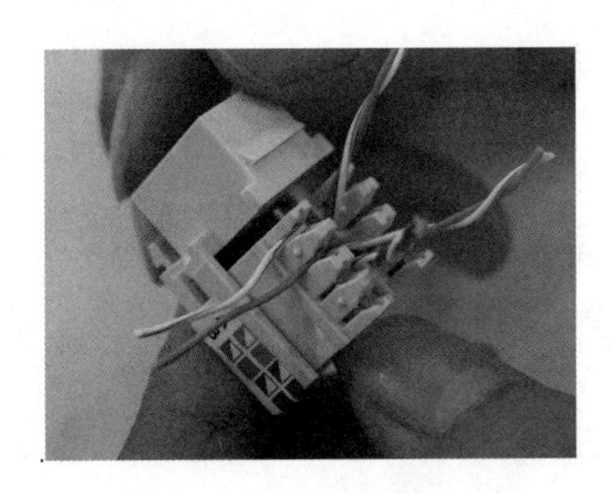

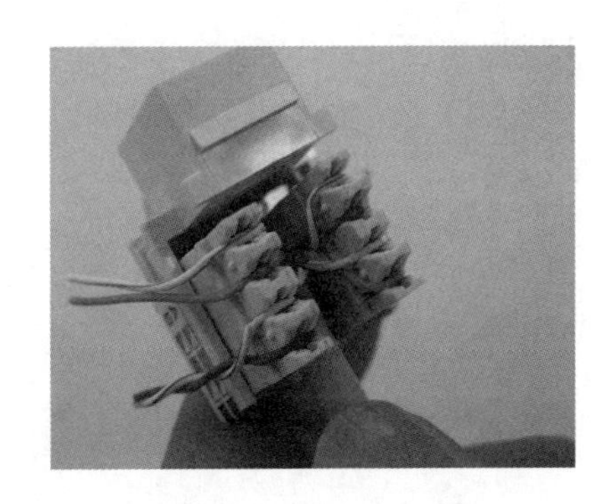

图 3-77　对照色标　　　　图 3-78　按压入齿槽

（5）戴上手掌保护器，安置好模块，用打线钳分别将 8 根导线打入模块齿槽口中，如图 3-79、图 3-80 所示。

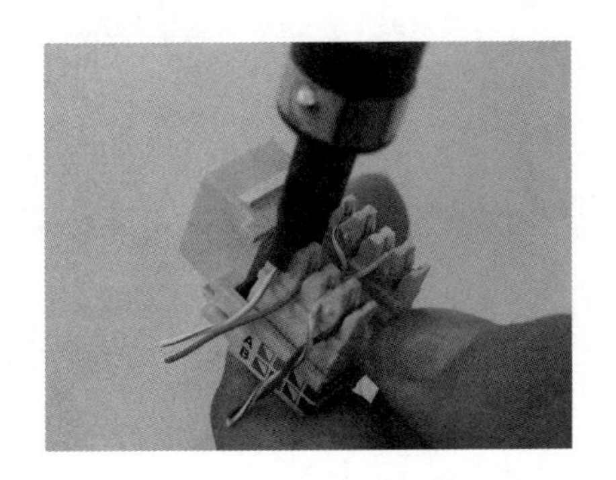

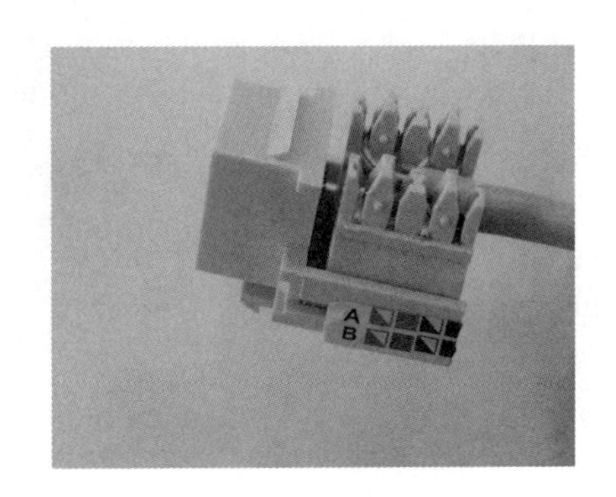

图 3-79　压接　　　　图 3-80　效果图

（6）将打好线的模块（测试后）嵌入底盒，顺序安装面板，如图 3-81 所示。

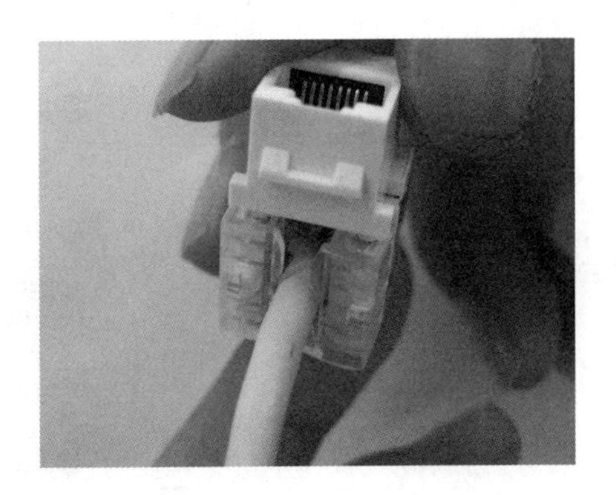

图 3-81　嵌入底盒

3. 免打信息模块端接步骤

（1）用剥线刀将双绞线塑料外皮剥去 2～3cm。

（2）按信息模块扣锁端接帽上标定的 B 标（或 A 标）线序打开双绞线。

（3）捋平、捋直缆线，如图 3-82 所示。斜口剪齐导线，以便于插入。

（4）缆线按标示线序方向插入至扣锁端接帽，如图 3-83 所示，注意开绞长度（至信息模块底座卡接点）不能超过13mm。

图3-82　缆线整理

图3-83　插入至扣锁端接帽

（5）将多余导线拉直并弯至反面，从反面顶端处剪平导线，如图3-84所示。剪平效果图如图3-85所示。

图3-84　剪掉多余导线

图3-85　剪平效果图

（6）用压线钳的硬塑套用钳子压接至模块底座，如图3-86所示。模块端接完成后的效果如图3-87所示。

图3-86　压接

图3-87　成品效果

4．屏蔽模块端接步骤

（1）剥线35mm左右，屏蔽铝箔，编织网向后翻起来紧贴缆线外皮，4对双绞线拆开30mm左右长度，如图3-88、图3-89所示。

图 3-88　剥线

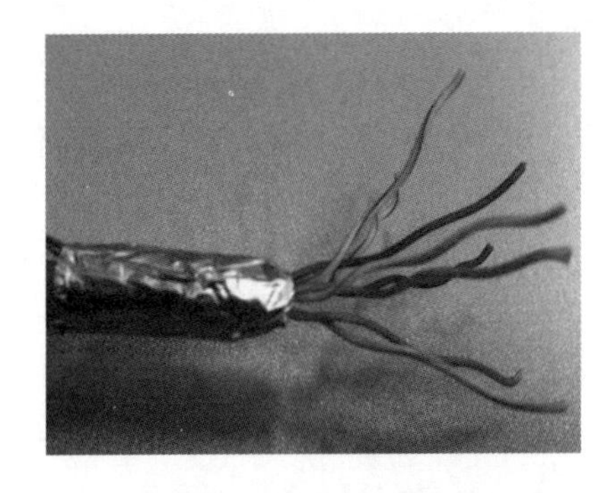

图 3-89　编织网后翻

（2）把拆开的 8 根线按照模块侧面的打线色标 T568B 颜色对应打线，如图 3-90 所示。

（3）剪掉多余的线头，用配件包里的扎带扎好接地头，以保证接地头与缆线屏蔽层紧密接触，如图 3-91 所示。

图 3-90　按色标压接、打线

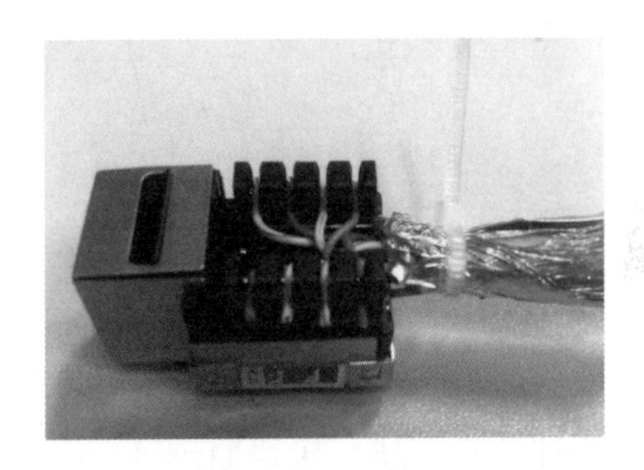

图 3-91　剪掉线头并扎好接地头

（4）盖好防尘盖，剪掉多余的扎带头，如图 3-92 所示。

（5）盖上屏蔽壳，扣好屏蔽壳卡口，打线完成，如图 3-93 所示。

图 3-92　盖上防尘盖

图 3-93　盖上屏蔽盖壳

（四）实训报告

1. 写出 RJ-45 信息模块端接原理和端接技巧。
2. 归纳和总结实训体会。

（五）作业

1. 请将你手中的模块按生产厂色标，在下图括号内填写 A、B 两标准端接线序。

A 标准

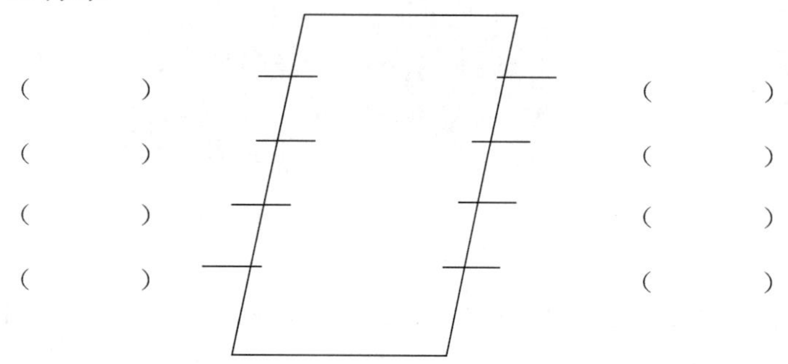

B 标准

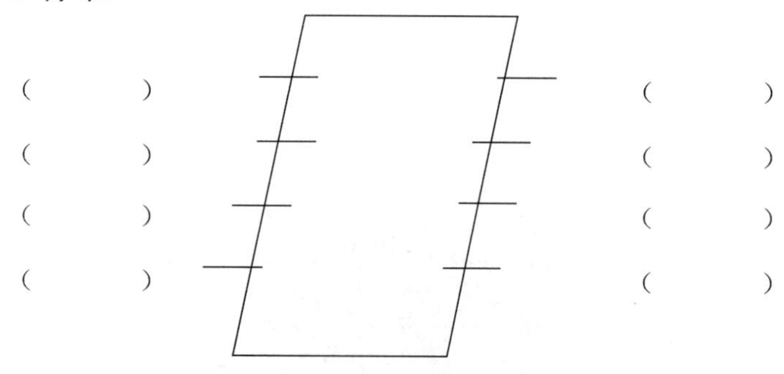

2. 请简述信息模块打接线原理。

3. 信息模块打接的注意事项有哪些？

一、判断题

1. 水晶头在标准中的正式名称是 RJ-45 连接器。（ ）
2. 俗称的双绞线在 GB 50311—2007 标准中被称为对绞线。（ ）
3. UTP 是屏蔽双绞线的缩写。（ ）
4. STP 是非屏蔽双绞线的缩写。（ ）
5. 用一根 4 对双绞线电缆可以同时传输语音和数据信号。（ ）
6. 5 类双绞线可以用于千兆以太网。（ ）
7. 直通跳线一般用于相同类型设备之间的互连。（ ）
8. 交叉跳线一般用于不同类型设备之间的互连。（ ）
9. 7 类双绞线所支持的最高传输带宽是 600MHz。（ ）
10. 6 类双绞线电缆是目前综合布线工程使用数量最多的电缆。（ ）
11. SC 光纤接头和 ST 光纤接头可以互换使用。（ ）

12．光纤尾纤一端带连接器件，另一端不带连接器件。（ ）

13．免打模块不需要使用打线工具。（ ）

14．单模光缆一般用于远距离的光纤传输系统。（ ）

15．多模光缆的传输距离一般要比单模光缆长。（ ）

16．单模光缆采用激光器作为光源。（ ）

17．多模光纤采用发光二极管作为光源。（ ）

18．线槽有塑料和金属两种材质。（ ）

19．RJ-45 信息插座是 8 针结构。（ ）

20．双绞线电缆不仅可以用于数据通信，也可以用语音通信。（ ）

二、填空题

1．常用底盒分为明装底盒和________。

2．墙面安装的插座一般为 86 型，插座为正方形，长和宽均为___mm。

3．大对数电缆线芯颜色由蓝、橙、绿、棕、灰和____________组成。

4．根据折射率的分布，光纤可分为__________光纤和__________光纤。

5．目前在综合布线工程中常使用的传输介质有__________和__________等。

6．双绞线电缆不同线对具有__________的扭绞长度。

7．单模光纤采用固体________作为光源，多模光纤则采用________作为光源。

8．典型的光纤结构自内向外为________、________和________。

三、选择题

1．安装在墙上的信息插座，其位置宜高出地面（ ）mm。

A．100　　B．200　　C．300　　D．400

2．信息模块端接一般用（ ）。

A．打线钳　　B．老虎钳　　C．剥线钳　　D．手压接

3．下列不属于光纤连接器类型的是（ ）。

A．FC　　B．SC　　C．ST　　D．SB

4．下列不属于有线传输的通信介质的是（ ）。

A．双绞线　　B．铜轴电缆　　C．光缆　　D．同轴电缆

5．ANSI/EIA/TIA568B 中规定，双绞线的线序是（ ）。

A．白橙、橙、白绿、蓝、白蓝、绿、白棕、棕

B．白橙、橙、白绿、绿、白蓝、蓝、白棕、棕

C．白绿、绿、白橙、蓝、白蓝、橙、白棕、棕

D．白橙、蓝、白绿、绿、白蓝、橙、白棕、棕

6．水晶头可以分为（　　）和（　　）。

A．RJ-11 和 RJ-45　　B．RJ-11 和 RJ-44

C．RJ-33 和 RJ-45　　D．RJ-44 和 RJ-45

7．双绞线线对由两条具有绝缘保护层的铜芯线按一定的密度互相缠绕在一起组成，其缠绕目的是（　　）。

A．降低成本　　B．降低电磁干扰

C．提高传输速度　　D．提高缆线机械强度

8．AWG 代表的是（　　）。

A．中国缆线标准　　B．美国缆线标准

C．北美缆线标准　　D．日本缆线标准

9．光缆最大的优势是（　　）。

A．抗干扰　　B．高带宽

C．低损耗　　D．为未来留有余量

10．具有体积小、高频宽、不易受干扰等特性的传输介质是（　　）。

A．双绞线　　B．同轴电缆

C．光纤　　D．微波

四、简答题

1．根据老师讲课的内容，查阅网上的信息，浏览各大购物网站，简述如何鉴别网线的真假？

2．简述 T568A 和 T568B 标准规定的线序分别是什么？

04

综合布线系统设计 模块四

学习任务一

工作区布线技术

学习目标：

了解工作区设计技术要求和等级，掌握设计步骤，学会确定设计方案，掌握信息插座安装和跳线制作方法。

项目一 工作区设计

工作区是需要设置终端设备（TE）的独立区域，包括由配线子系统的信息插座模块（I/O）延伸到终端设备处的连接缆线及适配器，工作区的布线一般是非永久性的，根据终端使用需要可随时变更。

一、工作区面积与信息点数量配置

进行工作区设计时，首先要根据建筑物的类型、性质及用途确定工作区的面积，具体规定见表4-1。

表4-1 工作区的面积划分表

建筑物的类型及功能	工作区的面积（m^2）
网管中心、呼叫中心、信息中心等座席较为密集的场地	3～5
办公区	5～10
会议、会展	10～60
商场、生产机房、娱乐场所	20～60
体育场馆、候机室、公共设施区	20～100
工业生产区	60～200

每个独立的工作区内至少有1个信息终端设备，通常是1台计算机或1部电话机。要根据建筑物房间用途和分布情况，按照通信（语音与数据）信息终端设备位置需求，实地划分工作区，确定信息点的数量，工作区信息点数量配置见表4-2。

表 4-2　工作区信息点数量配置

建筑物功能区	信息点数量（每个工作区）			备注
	电话（语音）	数据	光纤（双工端口）	
办公区（基本配置）	1 个	1 个	—	—
办公区（重要高配置）	1 个	2 个	1 个	对数据信息有较大要求
出租或大客户区域	2 个或 2 个以上	2 个或 2 个以上	1 个或 1 个以上	指整个区域的配置量
办公区（政务工程）	2～5 个	3～5 个	1 个或 1 个以上	涉及内、外网络时

根据表 4-2，还可将工作区设计分为三个等级，即基本设计、增强设计和综合设计。

1. 基本设计

每个工作区内有 1 个信息插座，有 1 条 UTP4 对双绞线电缆连接信息插座与终端设备，完全采用 110A 交叉连接硬件，并与未来附加设备兼容，干线电缆至少有 2 对双绞线。

2. 增强设计

每个工作区有 2 个或 2 个以上信息插座，均对应连接配线子系统 1 条 UTP 4 对双绞线电缆，采用 110A 交叉连接硬件，并与未来附加设备兼容；电缆至少有 8 对双绞线，有 2 个信息插座，灵活方便、功能齐全，每个信息插座都可以实现语音和数据信息的高速传输，便于管理与维护。

3. 综合设计

每个工作区所在的建筑物、建筑群干线或配线子系统均配置 62.5/125μm 的光缆。电缆中应有 2 对以上双绞线，有 2 个以上信息插座，灵活方便、功能齐全，每个信息插座都可实现语音和数据信息传输。

二、工作区设计标准（GB 50311—2016）

1. 适配器配置

（1）设备的连接插座应与连接电缆的插头匹配，不同的插座与插头之间应加装适配器。

（2）在连接使用信号的数模转换、光电转换、数据传输速率转换等相应装置的连接，应采用适配器。

（3）对于网络规程的兼容，采用协议转换适配器。

（4）各种不同的终端设备或适配器均应安装在工作区的适当位置，安装时应考虑现场的电源位置与接地方式。

2. 硬件配置与安装

（1）每个工作区接插软线和布放适配器应做到合理、美观。

（2）每个工作区内安装在墙壁上的信息插座应距离地面 300mm 以上，做到横平竖直、安装牢固，如图 4-1 所示。

（3）每个工作区内信息插座与终端设备的距离应保持在 5m 以内。

（4）每个工作区应配置不少于 2 个单相交流 220V/10A 电源插座盒，工作区的电源插座应选用带保护接地的单相电源插座，保护地线与零线应严格分开，终端设备与网线应尽量远离空调、电风扇。

（5）电源线与通信电缆之间的距离应保持在 100mm 以上，电源插座与信息插座之间的距离应不小于 200mm。

（6）终端网卡的类型接口与缆线类型接口应保持一致。

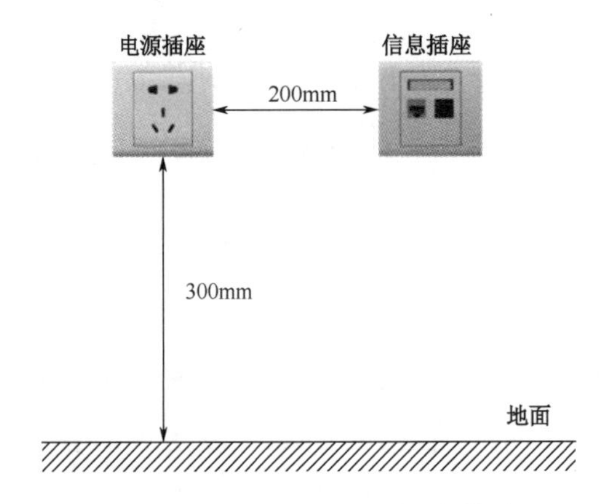

图 4-1　信息插座与电源插座的布局

三、工作区设计步骤

（1）确定工作区（房间）面积、用途、位置、数量和设计等级。

（2）确定每个工作区的信息点数量。

（3）查询建筑物中所有工作区，得到信息点总数量。

（4）估算所有工作区 RJ 信息插头（水晶头）、RJ 信息插座模块（信息模块）、底盒、面板的需求量。

信息模块的需求量估算公式为 $m_{信息模块}=n+n\times3\%$。式中，$m_{信息模块}$表示信息模块的需求量；n 表示信息点的总量；$n\times3\%$表示富余量。

压接跳线 RJ 信息插头（水晶头）需求量估算公式为 $m_{信息插头}=n\times4+n\times4\times5\%$。式中，$m_{信息插头}$表示 RJ 水晶头的需求量；$n$ 表示信息点的总量；$n\times4\times5\%$表示富余量。

技能实训 4　确定学校教学楼工作区与信息点数量

进程一：确定房间性质与用途，现场调查学校教学楼二楼房间的性质与用途，记录在表 4-3 中。

表 4-3 记录表

楼层编号	房间编号									
	性质与用途									

进程二：确定各楼层工作区的类型和数量，将相关信息填在表 4-4 中。

表 4-4 工作区与信息点记录表

楼层编号	工作区数量（个）	信息点数量（个）	双口RJ-45/11 信息模块需求量（个）	RJ-45/11 水晶头需求量（个）	双口面板需求量（个）	底盒需求量（个）	BNC 需求量（个）	细同轴电缆终端头需求量（个）	备注
合计									
依据表中数据，说明各楼层综合布线系统设计等级。									

项目二 大开间办公室布线

一、大开间办公室布线设计原则

1. 综合性

大开间办公室布线应满足各种不同信号的传输需求，将所有语言、数据、图像、监控设备的布线组合在一套标准的布线系统中，设备与信息出口之间只需一根标准的连接线通过标准的接口进行连接。

2．可靠性

办公室布线系统使用的产品必须通过国际认证，布线标准、缆线的安装和测试必须遵循国内现行的布线规范和测试规范。

3．灵活性

每个办公室内的信息点和布线应满足用户当前需求，也要为用户未来的信息传输服务留有空间；数据、语音的电、光缆布线应是一套完整的系统。

4．合理性

办公室强弱电的布线走线应严格按照规范进行，尽可能降低缆线之间的干扰；缆线须暗敷，不得已采用明敷时，应尽可能做到横平竖直、外形美观；应保证终端设备使用便利。

5．有线和无线优势互补

根据具体建筑物环境、办公要求和使用网络时间长短等情况，综合考虑采用有线布线还是无线布线；一般来说，应将有线布线和无线布线结合起来。

二、大开间办公室布线技术

1．通道分段双绞线电缆长度

大开间办公室通常采用开放式综合布线，通常用分隔板将办公室分成若干个工作区，如图 4-2 所示。采用多用户信息插座（MUTO）时，每个多用户信息插座应能支持 12 个工作区所需的 8 位模块通用插座，并应包含备用量。

图 4-2　大开间办公室工作区

大开间工作区综合布线采用双绞线电缆时，各段电缆长度限值应符合表 4-5 的规定，其中 C、W 取值按下列公式进行计算：

$$C=(102-H)/(1+D)$$

$$W=C-T$$

式中，C 为工作区设备电缆、电信间跳线及设备电缆的总长度；H 为水平电缆的长度，$(H+C)\leqslant$ 100m；T 为电信间内跳线和设备电缆的长度；W 为工作区设备电缆的长度；D 为调整系数，对 24 号线规取为 0.2，对 26 号线规取为 0.5。

表 4-5　各段电缆长度限值

电缆总长度 H（m）	24 号线规（AWG）		26 号线规（AWG）	
	W（m）	C（m）	W（m）	C（m）
90	5	10	4	8
85	9	14	7	11
80	13	18	11	15
75	17	22	14	18
70	22	27	17	21

设置集合点（CP）时，配线设备应安装在距离 FD 不小于 15m 的墙面或其他固定结构上，CP 配线设备容量应满足 12 个工作区信息插座的需求。CP 是配线电缆的转接点，不设跳线，也不接有源设备，CP 引出电缆必须接于工作区的信息插座或多用户信息插座上。若集合点引出的 CP 缆线是光缆，则光缆应终接于工作区的光纤连接器。多用户信息插座和集合点的配线箱体应安装于墙体或柱子等固定结构上。

2．多网统一布线

采用 6 类双绞线电缆综合布线，语音、数据、视频监控应统筹设计，为楼宇智能化应用打好基础。在 100m 距离上，可用两对线进行双向视频传送，力求在一条电缆上同时传输视频和语音信号。办公区应预留 1～2 个 RJ-45 信息插座或光纤信息端口，以供后续扩展使用。

3．信息插座及其安装位置

信息插座的安装位置有地面、墙面及隔板三种。

（1）地面插座只适用于大楼一层办公室，安装于地面的金属底盒应当密封、防水、防尘并带有升降功能。建议根据工作区房间的功能和用途确定位置后，做预埋处理。

（2）安装在墙面时，沿大开间办公室四周的墙面每隔一定距离均匀地安装 RJ-45 埋入式插座。

（3）隔板处安装和墙面安装相同，有时要在一块隔板两面都安装信息插座和电源插座，信息插座和电源插座不能处于同一位置（正、反两面），注意错开安装。

4 口信息插座：含有两个网络接口布线、两个语音点（一个内线、一个外线），数据、语音布线能够互换或共享，并预留有光纤接口。办公室合适的位置还需布置视频监控点和灭火系统探头点。布线信息插座数量在满足现有所有终端设备办公的情况下应有 10%～20%的冗余。

多用户插座：类似于多功能或多介质用户面板，信息插座可以是铜介质，也可以是光介质。多用户插座的安装同普通的综合布线工作区信息插座一样，在墙内暗埋安装底盒，从楼层配线架引铜缆或光纤至底盒。

区域布线箱：针对大开间办公室的需求，可专设区域布线箱，有源区域布线箱内一般设计有交换机等有源设备。楼层配线架须满足一定备份量的电、光缆至布线箱的网络设备，通过交换设备分出满足工作区信息点使用量的缆线，再通过配线架的管理功能将双绞线敷设到位。语音部分沿用原有 110 跳线架方式。无源设备由电信间配线架引出满足用户使用量的电、光缆至区域布线箱，进行管理交接后，引至工作区。

4．大开间办公室电缆和光缆走线

大开间办公室中如果有地面密集信息出口，可先在地面垫层中预埋金属线槽或线槽地板。如果是一楼，建议开地槽布线；二楼以上建议在隔板上敷设金属线槽。主干线槽从弱电竖井引出，沿走廊靠墙缘引向设有信息点的办公室，再用支架槽引向房间内的信息点出线口。强电线路可以与弱电线路平等配置，分隔于不同线槽中。

5．配线设备与网络设备

为便于管理，大开间办公室须设置配线管理设备。根据面积，可选择中间配线箱、配线柜两种方式。信息点较少的区域，可以选择中间配线箱墙面暗装或明装，或选择卡接式配线架，以求支持各类基本数据、语音信息传输。

信息点较多时，可选择 6～12U 配线柜置于墙角，配线柜内布置数据、语音交换机来扩展端口，用 6 类或超 5 类 RJ-45 配线架和 110 打线式配线架，必要时可采用电子配线架，电子配线架的连接如图 4-3 所示。有条件时，可选择智能光纤配线箱与光交换机。

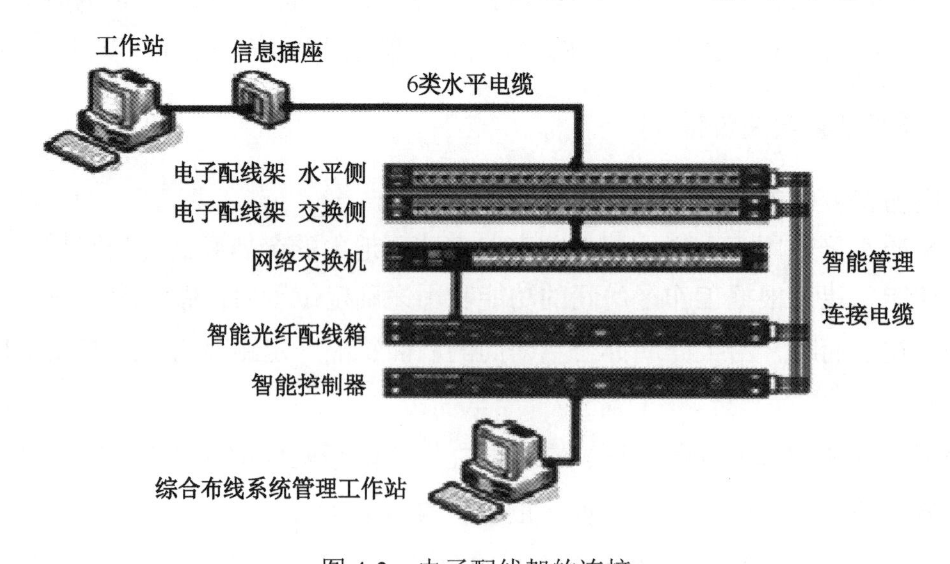

图 4-3　电子配线架的连接

学习任务二

配线子系统布线技术

学习目标：

了解配线子系统设计技术要求，掌握配线设计步骤，学会设计配线方案。

项目一 配线子系统设计

配线子系统是综合布线系统中工程量最大、范围最广、最难施工的一个子系统。配线子系统设计，以其连接工作区信息点数量为依据，从电信间开始考虑传输缆线类别、长度和设备配置及管槽路由。电信间、配线缆线、信息点之间既相对独立又密切相关，在设计中必须统一规划。

一、电信间设计标准（GB 50311—2016）

（1）电信间数量应按所服务楼层面积及工作区信息点的密度与数量确定。

（2）同楼层信息点数量不大于 400 个时，宜设置 1 个电信间；当楼层信息点数量大于 400 个时，宜设置 2 个及以上电信间。

（3）楼层信息点数量较少，且水平缆线长度在 90m 范围内，可多个楼层合设 1 个电信间。

（4）当有信息安全等特殊要求时，应将所有涉密的信息通信网络设备和布线系统设备等进行空间物理隔离或独立安放在专用的电信间内，并应设置独立的涉密机柜及布线管槽。

（5）电信间内的信息通信网络系统设备及布线系统设备宜与弱电系统布线设备分设在不同的机柜内。当各设备容量配置较少时，也可在同一机柜内做空间物理隔离后安装。

（6）各电信间竖向缆线管槽及对应的竖井宜上下对齐。

（7）电信间内不应设置与安装的设备无关的水管、风管及低压配电缆线管槽与竖井。

（8）电信间的使用面积不应小于 5m^2，当电信间内需设置其他通信设施和弱电系统设备箱柜或弱电竖井时，应增加使用面积。

（9）电信间室内温度应保持在 10～35℃，相对湿度应保持在 20%～80%。当房间内安装有源设备时，应采取满足信息通信设备运行要求的对应措施。

（10）电信间应采用外开防火门，房门的防火等级应根据建筑物的等级和类别设定。房门的高度应不小于 2m，净宽应不小于 0.9m。

（11）电信间内梁下净高应不小于 2.5m。

（12）电信间的水泥地面应高出本层地面不小于 100mm 或设置防水门槛。室内地面应布有防潮、防尘、防静电等措施。

（13）电信间应设置不少于 2 个单相交流 220V/10A 电源插座盒，每个电源插座的配电线路均应装设保护器。设备供电电源应另行配置。

二、配线技术要求

从电信间 FD 布放到工作区 TO 的配线电缆，易受到外界电磁干扰（EMI），同时其电信号（电磁变化）也会对外界电子设备造成干扰。特别是布线通道内同时安装电信电缆和电源电缆时，电缆敷设要符合相关技术要求。

1．屏蔽布线系统

屏蔽布线系统的选用原则如下。

（1）当综合布线区域内存在的电磁干扰场强高于 3V/m 时，宜采用屏蔽布线系统。

（2）用户对电磁兼容性有电磁干扰和防信息泄露等较高的要求时，或有网络安全保密的需要时，宜采用屏蔽布线系统。

（3）安装现场条件无法满足双绞线电缆的间距要求时，宜采用屏蔽布线系统。

（4）当布线环境温度影响到非屏蔽布线系统的传输距离时，宜采用屏蔽布线系统。

屏蔽布线系统应选用相互适应的屏蔽电缆和连接器件，采用的电缆、连接器件、跳线、设备电缆都应是屏蔽的，并应保持信道屏蔽层的连续性与导通性。

传输信息的电缆既是 EMI 发生器，也是 EMI 接收器。作为 EMI 发生器时，它是辐射电磁信号的噪声源，灵敏的收音机、电视机、计算机、通信系统和数据系统等会通过它们的天线、互连线接收这种电磁噪声。同时电缆本身也能敏感地接收邻近电磁场源所发射的电磁噪声。为了较好地抑制电缆中的 EMI 噪声，必须考虑以下几点。

① 减少感应的电压和信号辐射。

② 确保在规定范围内的线路不受外界产生的 EMI 的影响。

③ 屏蔽通信与电源电缆并线时无须分隔，非屏蔽通信电缆与电源电缆之间必须保证分隔，间隔距离不小于 100mm。

④ 每一楼层的电缆从 FD 到工作区 TO，须隐藏在天花板、线槽或地板内。如果暴露在外，要保证电缆排列整齐，使电缆在屋角内、天花板内和护壁接合处走线。

2．光缆及设备配置

（1）光纤选择。

① 用户接入点至楼层光缆配线箱（分线箱）之间的室内用户光缆采用 G.652 光纤。

② 楼层光缆配线箱（分线箱）至用户单元信息配线箱之间的室内用户光缆采用 G.657 光纤。

（2）室内外光缆选择。

① 室内光缆宜采用干式、非延燃外护层结构的光缆。

② 室外管道至室内的光缆宜采用干式、防潮层、非延燃外护层结构的光缆。

（3）光纤连接器件宜采用 SC 和 LC 型。

（4）用户接入点应采用机柜或共用光缆配线箱，配置应符合下列规定。

① 机柜宜采用 600mm 或 800mm 宽的 19 英寸标准机柜。

② 共用光缆配线箱箱体应满足不少于 144 芯光纤的终接。

（5）用户单元信息配线箱配置。

① 配线箱应根据用户单元区域内的信息点数量、引入缆线类型、缆线数量、业务功能需求选用。

② 配线箱箱体尺寸应充分满足各种信息通信设备摆放、配线模块安装、光缆终接与盘留、跳线连接、电源设备和接地端子板安装及业务应用发展的需要。

③ 配线箱的选用和安装位置应满足室内用户无线信号覆盖的需求。

④ 当超过 50V 的交流电压接入箱体内电源插座时，应采取强弱电安全隔离措施。

⑤ 配线箱内应设置接地端子板，并应与楼层局部等电位端子板连接。

3. 设备与配线电缆连接方式

电话交换系统中缆线与配线设备间的连接方式如图 4-4 所示。

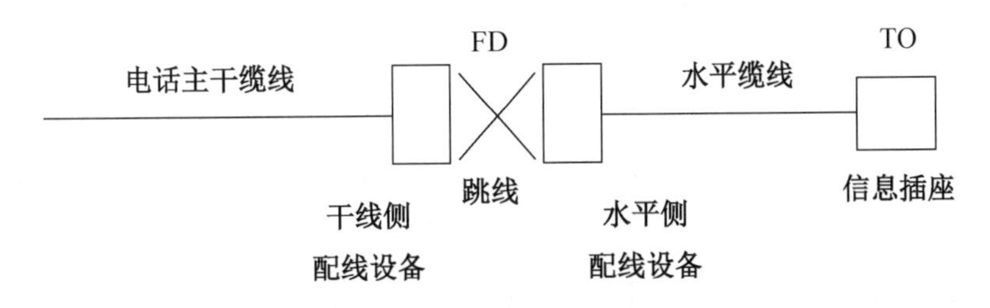

图 4-4　电话交换系统中缆线与配线设备间的连接方式

数据传输网络设备经跳线连接方式如图 4-5 所示。

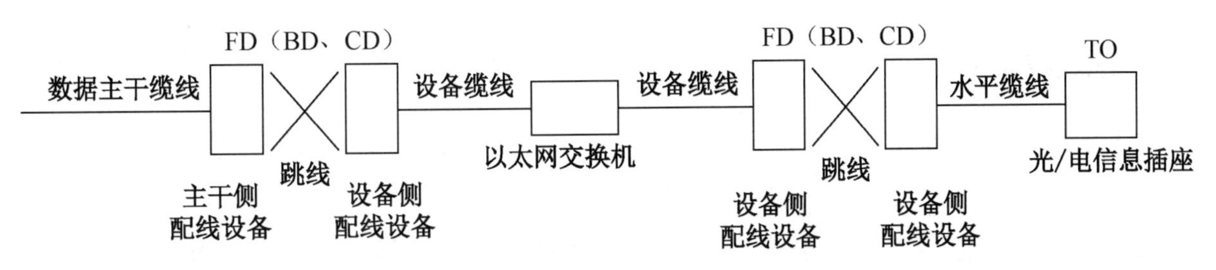

图 4-5　数据传输网络设备经跳线连接方式

数据系统互连方式如图 4-6 所示。

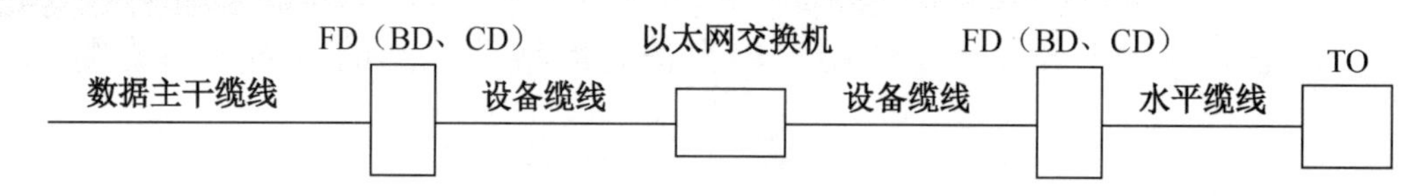

图 4-6　数据系统互连方式

三、配线子系统缆线与设备配置

配线子系统缆线与设备配置主要是电信间选用 FD 的容量时，根据该楼层目前用户信息点的需要和今后可能发展的数量来决定的。此外，还应考虑为设备预留适当空间，以便今后扩建时安装连接部件。

以信息点（I/O）数量及位置为参照，同时考虑终端设备将来可能产生的移动、修改、重新安排，以及一次性建设和分期建设的可能性。通信引出端的配置与综合布线系统的类型等级、传输速率和采用的缆线有关，布线系统等级与类别见表 4-6。

表 4-6　布线系统等级与类别

业务种类		配线子系统		干线子系统		建筑群子系统	
		等级	类别	等级	类别	等级	类别
语音		D/E	5/6（4 对）	C/D	3/5（大对数）	C	3（室外大对数）
数据	电缆	D、E、EA、F、FA	5、6、6A、7、7A（4 对）	E、EA、F、FA	6、6A、7、7A（4 对）	—	—
	光纤	OF-300 OF-500 OF-2000	OM1、OM2、OM3、OM4 多模光缆；OS1、OS2 单模光缆及相应等级连接器件	OF-300 OF-500 OF-2000	OM1、OM2、OM3、OM4 多模光缆；OS1、OS2 单模光缆及相应等级连接器件	OF-300 OF-500 OF-2000	OS1 、OS2 单模光缆及相应等级连接器件
其他应用注		可采用 5/6/6A 类 4 对双绞线电缆和 OM1/OM2/OM3/OM4 多模、OS1/OS2 单模光缆及相应等级连接器件					

注：建筑物其他弱电子系统采用网络端口传送数字信息时的应用。

目前，依据 GB 50311—2016，从电信间至每个工作区的水平光缆按 2 芯光缆配置；至用户群或大客户使用的工作区域时，水平光缆按 1 根 4 芯或 2 根 2 芯光缆配置。在配线子系统中，配线容量按信息点数量确定，至少要考虑 25‰的备用量。

1. 配线模块选择

（1）多线对端子配线模块可以选用 4 对或 5 对卡接模块，每个卡接模块对应卡接 1 根 4 对双绞线电缆。

（2）25 对端子配线模块可卡接 1 根 25 对大对数电缆或 6 根 4 对双绞线电缆。

（3）回线式配线模块（8 回线或 10 回线）可卡接 2 根 4 对双绞线电缆或 8/10 回线。

（4）RJ-45 配线模块（由 24 或 48 个 8 位模块通用插座组成）每个 RJ-45 信息插座应可卡

接 1 根 4 对双绞线电缆。

（5）光纤连接器件每个单工端口应支持 1 芯光纤的连接，双工端口则应支持 2 芯光纤的连接。

2．配线设备跳线配置

（1）语音传输跳线宜按每根 1 对或 2 对双绞线电缆容量配置，跳线两端连接插头采用 RJ-11/RJ-45 型。

（2）数据跳线按每根 4 对双绞线电缆配置，跳线两端连接插头采用 RJ-45 型。

（3）光纤跳线按每根 1 芯或 2 芯光纤配置，光跳线连接器件用 ST 型、SC 型或 LC 型。

四、配线子系统缆线长度

配线子系统的网络拓扑结构为星形结构，即以电信间配线架（FD）为主节点，各个通信引出端（TO）为分节点，二者之间采取独立的线路相互连接，形成以 FD 为中心向外辐射的星形线路网。

根据 GB 50311—2016，配线子系统中各部分长度限制如下。

1．双绞线电缆信道（见图 4-7）

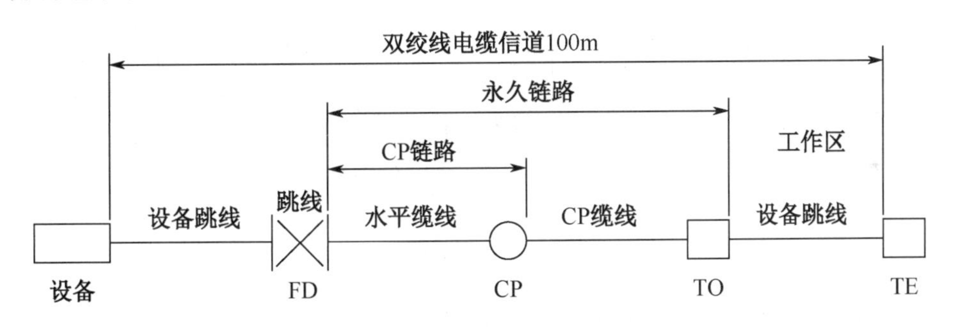

图 4-7　双绞线电缆信道

（1）配线子系统双绞线电缆信道的最大长度应不大于 100m，即 90m 配线电缆（永久链路）与两根 5m 跳线的长度；而且整个信道由 4 个连接器件连接，90m 永久链路缆线由 3 个连接器件连接。

（2）工作区设备缆线、FD 配线设备的跳线和设备缆线长度之和应不大于 10m，当大于 10m 时，90m 配线电缆长度应适当减少。

（3）楼层配线设备（FD）跳线、设备缆线及工作区设备缆线各自的长度应不大于 5m。当配线布线中拥有一个集合点（CP）时，CP 与 FD 的距离应不小于 15m，且集合点至信息插座的最小长度应不小于 5m。

（4）配线子系统信道长度计算方法见表 4-7。

表 4-7　配线子系统信道长度计算方法

连接模型	等级		
	D	E 或 EA	F 或 FA
FD 互连—TO	H=109−FX	H=107−3−FX	H=107−2−FX
FD 交叉—TO	H=107−FX	H=105−3−FX	H=106−3−FX
FD 互连—CP—TO	H=107−FX−CY	H=105−3−FX−CY	H=106−3−FX−CY
FD 交叉—CP—TO	H=105−FX−CY	H=105−3−FX−CY	H=105−3−FX−CY

对表 4-7 进行以下说明。

① 计算公式中，H 为水平缆线的最大长度（m）；F 为楼层配线设备（FD）缆线和跳线及工作区设备缆线总长度（m）；C 为集合点（CP）缆线的长度（m）；X 为设备缆线和跳线的插入损耗（dB/m）与水平缆线的插入损耗（dB/m）之比；Y 为集合点（CP）缆线的插入损耗（dB/m）与水平缆线的插入损耗（dB/m）之比；2 和 3 为余量，以适应插入损耗值的偏离。

② 水平电缆的应用长度会受到工作环境温度的影响。当工作环境温度超过 20℃时，屏蔽电缆长度按每摄氏度减少 0.2%计算，对非屏蔽电缆长度则按每摄氏度减少 0.4%（20～40℃）和每摄氏度减少 0.6%（40～60℃）计算。

2．光纤信道（见图 4-8）

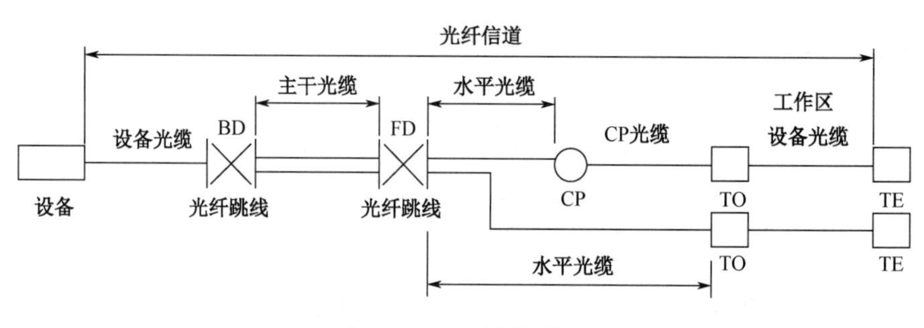

图 4-8　光纤信道

（1）光纤信道分为 OF-300、OF-500 和 OF-2000 三个等级，各等级光纤信道支持的应用长度不应小于 300m、500m 和 2000m。

（2）水平光缆和主干光缆可在电信间的光配线设备（FD）处经光纤跳线连接构成信道，也可在电信间处经接续（熔接或机械连接）互通构成光纤信道。另外，电信间还可只作为主干光缆或水平光缆的路径场所。

五、配线子系统缆线用量估算

估算配线子系统的缆线用量时，必须考虑缆线的布线方法和走向，确认电信间 FD 到信息插座 I/O 所有连接中的最远与最近距离，并预留端接容差。

双绞线电缆用量的估算公式为：

$$C=[0.55\times(L+S)+6]\times n$$

式中，L 为本楼层离 FD 最远的信息点距离；S 为本楼层离 FD 最近的信息点距离；n 为本楼层的信息点总数；0.55 为备用系数；6 为端接容差。

市面上常见的是 305m 的包装形式，即每箱双绞线电缆的长度为 305m。在订购双绞线电缆时，一般以箱为单位订购，305m 为一个整段，在配线布线时要求保证缆线的连续性，所以要考虑整段的分割问题。

项目二 配线子系统缆线布放

通常应根据建筑物的用途和建筑结构来设计配线子系统缆线布放形式，要求做到布线规范、便于施工、工程造价低、隐蔽、美观和扩展方便等。在实际设计中，往往会存在一些矛盾，考虑布线规范的同时可能影响建筑物的美观，考虑缆线长度的同时可能增加布线施工的难度。对于结构复杂的建筑物一般要设计多套布线方案，通过对比分析后，选取一个最佳方案。

一、在天花板吊顶内敷设缆线

在天花板吊顶内敷设缆线的方法有分区布线法、内部布线法和电缆槽道布线法 3 种。

1. 分区布线法

将天花板内的空间分成若干个小区，敷设大容量电缆。从转接点利用管道穿放或直接敷设到每个分区中心，由分区中心分出电缆经过墙壁或立柱引向通信引出端。也可在中心设置适配器，将大容量电缆分成若干根小电缆再引到通信引出端。

2. 内部布线法

内部布线法是指从电信间 FD 将电缆经天花板直接敷设到信息插座，如图 4-9 所示。

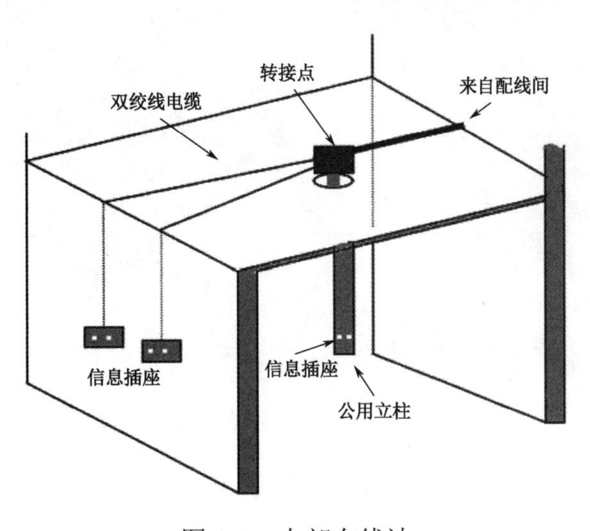

图 4-9 内部布线法

3. 电缆槽道布线法

电缆槽道布线法是利用敞开式槽道吊挂在天花板内进行布线的方式。这是用得最多的天花板吊顶内敷设缆线的方式。可选用金属线槽，也可选用阻燃、高强度的 PVC 槽。

这 3 种方法都要求有一定的操作空间，便于施工和维护。天花板（或吊顶）上的适当位置应设置检查口，以便日后维护与检修。

二、在地板下敷设缆线

在地板下敷设缆线的布线方法在智能建筑中应用比较广泛，尤其是新建和扩建的房屋建筑。

1. 地板下预埋管路布线法

地板下预埋管路布线法是强弱电缆统一布置的敷设方法，采用金属导管和金属线槽。

2. 地面线槽布线法

地面线槽布线法是在地板表面预设线槽（在地板垫层中），同时埋设地面通信引出端，因此地面垫层较厚，一般为 7cm 以上。线槽有 50mm×25mm 和 70mm×25mm（厚×宽）两种规格。为了布线方便，还设有分线盒或过线盒，以便连接，如图 4-10 所示。

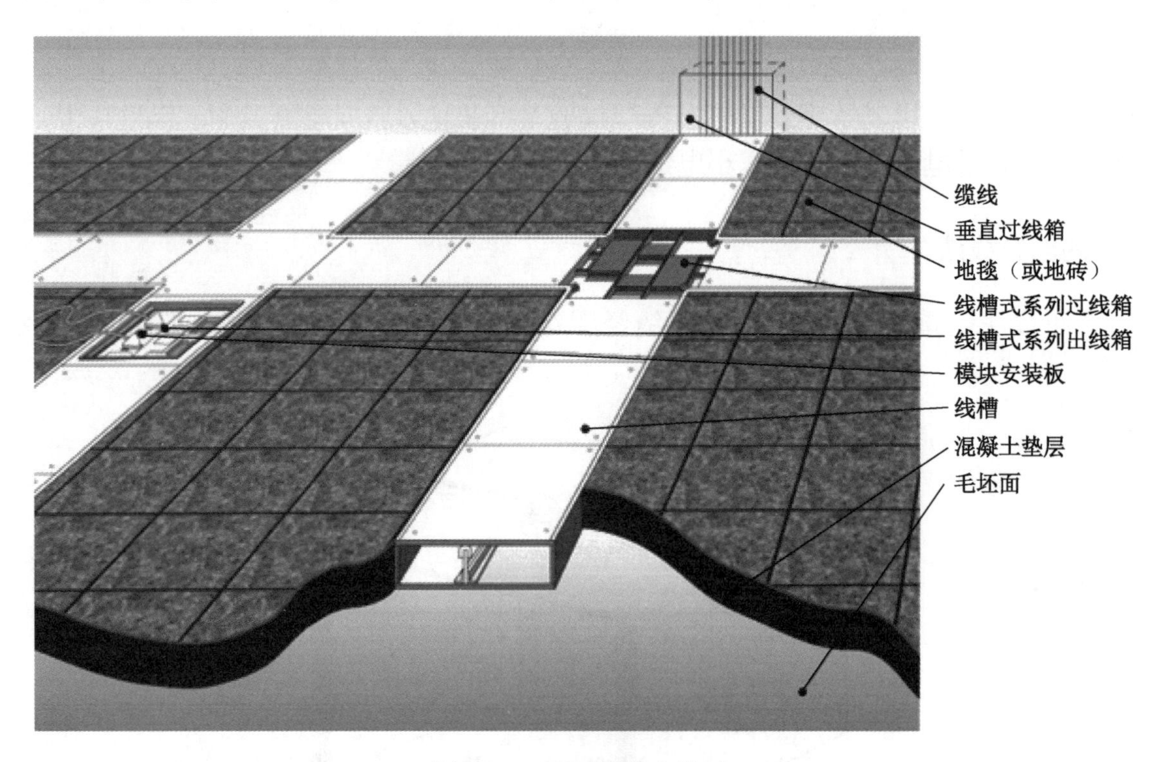

图 4-10　地面线槽布线法

3．蜂窝状地板布线法

蜂窝状地板布线法的地板结构较复杂，一般采用钢铁或混凝土制成构件，其中导管和布线槽均为事先设计，一般用于电力、通信两个系统交替使用的场合。

4．高架地板布线法

高架地板为活动地板，由许多方块面板组成，放置在钢制支架上，每块面板均能活动，便于安装和检修缆线，高架地板布线法如图 4-11 所示。

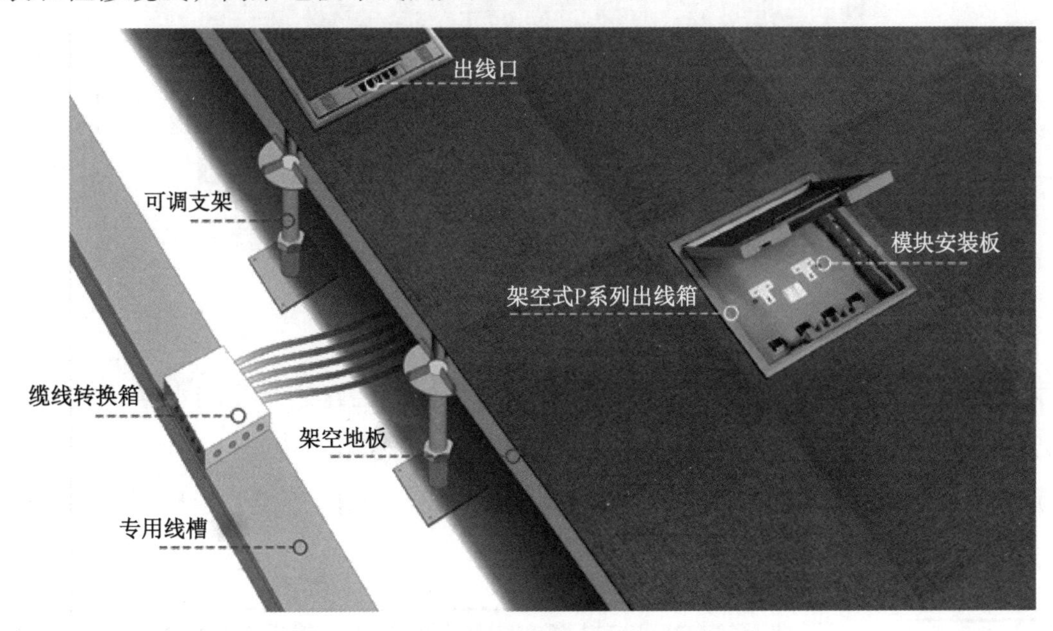

图 4-11　高架地板布线法

5．地板下管道布线法

地板下管道布线法以接线间为起始点，向用户终端设备的位置用金属管进行辐射式敷设。如有足够数量的通信引出端，则能满足较多用户终端设备的需要。

三、走廊槽式桥架

对于既没有天花板吊顶又没有预埋管槽的已建建筑物，配线子系统布线通常采用走廊槽式桥架和墙面线槽相结合的方式。当布放的缆线较多时，走廊使用槽式桥架，进入房间后采用墙面线槽。

走廊槽式桥架将线槽用吊杆或托臂架设在走廊的上方，如图 4-12 所示。一般采用镀锌和镀彩两种金属线槽，镀彩线槽抗氧化性能好，镀锌材料相对便宜，常见的规格有 50mm×25mm、100mm×50mm、200mm×100mm 等，厚度有 0.8mm、1mm、1.2mm、1.5mm、2mm 等。槽径越大，要求厚度越大。50mm×25mm 的厚度一般要求为 0.8～1mm，100mm×50mm 的厚度一般要求为 1.2～1.5mm，200mm×100mm 的厚度一般要求为 1.2～1.5mm。也可根据缆线数量，向厂家定做特型线槽。

图 4-12　走廊槽式桥架

四、墙面线槽

墙面线槽适用于既没有天花板吊顶又没有预埋管槽的已建建筑物的水平布线，如图 4-13 所示。墙面线槽的规格有 24mm×14mm、39mm×19mm、59mm×22mm、100mm×30mm 等，可根据缆线的数量选择合适的线槽。这种方式主要用于房间内布线，当楼层信息点较少时也用于走廊布线。

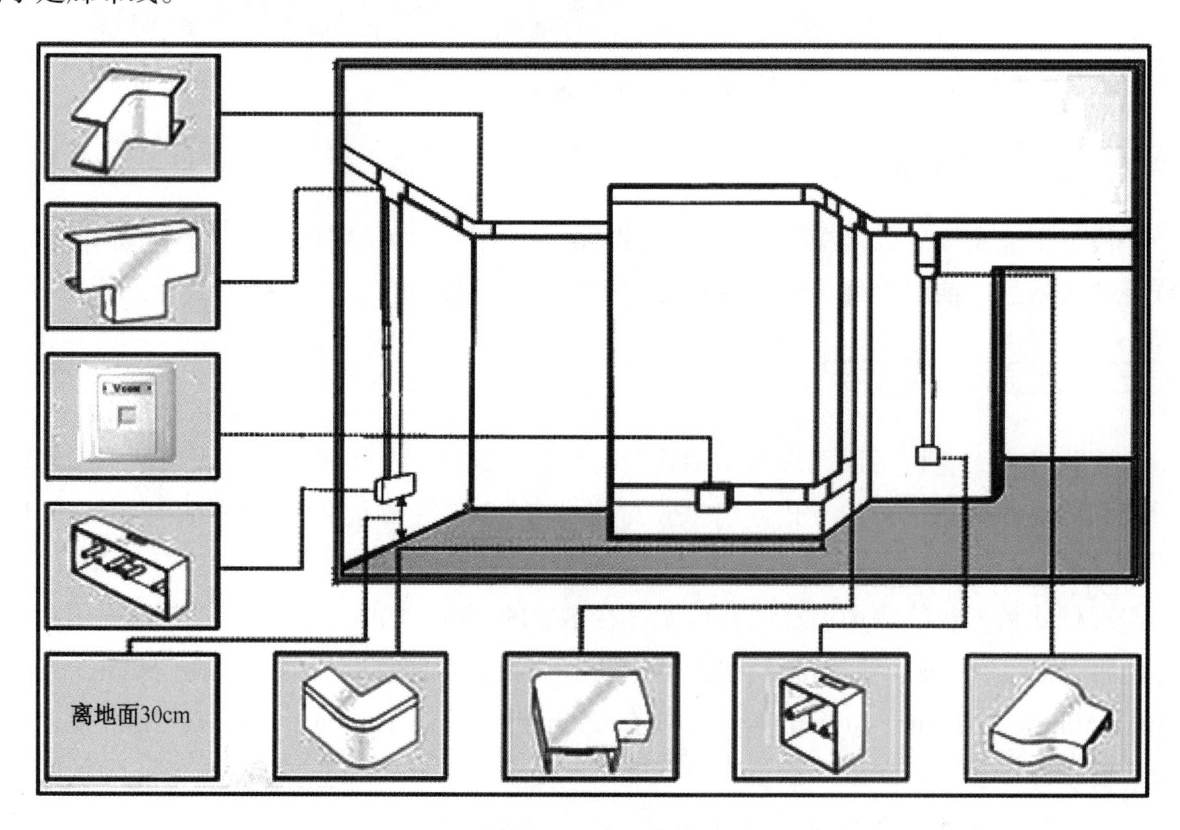

图 4-13　墙面线槽

护壁板管道布线方式是墙面布线方式的一种，如图 4-14 所示。它采用沿建筑物护壁板敷设的金属管道，通常用于墙上装有较多信息插座的楼层区域。电缆管道前面的盖板是活动的，可以移走。信息插座可装在沿管道的任何位置上。

图 4-14　护壁板管道布线方式

除上述几种布线方式外，有时还采用地板导管布线方式、模制管道布线方式，如图 4-15 和图 4-16 所示。

图 4-15　地板导管布线方式

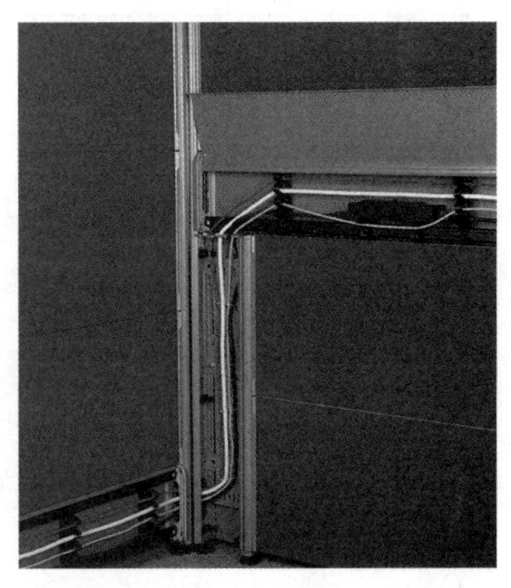

图 4-16　模制管道布线方式

技能实训 5　估算学校教学楼配线子系统缆线用量并进行缆线与设备配置设计

进程一：估算缆线用量

依据学校教学楼综合布线工作区及信息点记录表，估算整栋大楼配线子系统缆线用量。

（1）现场测量楼层 FD 到信息点最远距离 L 与最近距离 S。

（2）根据估算公式计算结果。

进程二：完成缆线与设备配置设计

教学楼二楼要求设置 200 个信息点，且语音与数据各占 50%，请完成该层 100 个语音点和 100 个数据点缆线与设备配置设计。

缆线配置：

（1）FD 配线子系统数据按 100 根 4 对双绞线电缆或 1 根 8 芯单模光缆配置。

（2）FD 配线子系统语音按 100 根 4 对双绞线电缆配置。

设备配置：

语音与数据均配置 5 个 24 端口。

（1）写出上述配置推算过程。

（2）推算语音与数据模块数量。

（3）估算语音与数据缆线用量。

技能实训 6　熟悉配线子系统管槽路由

进程一：实地调研教学楼配线子系统管槽路由

进程二：请填写表 4-8

表 4-8　教学楼配线子系统管槽路由选择

层数	管规格型号	槽规格型号	路由选择	管槽路由走线选择理由
1 层				
2 层				
3 层				
4 层				
5 层				
6 层				
7 层				

学习任务三

干线子系统布线技术

学习目标：

了解干线子系统布线技术要求，掌握设计步骤，学会确定设计方案。

建筑物内部连接电信间配线架（FD）与设备间主配线架（BD）的信息传输电缆共同组成了干线子系统。干线子系统提供建筑物内信息传输的主要路由，是建筑物综合布线的主动脉、内外通信的中枢。干线子系统的设计，既要满足用户当前业务需要，又要适应用户未来的发展需求。

项目一 干线子系统设计

干线子系统路由位置的选择，应力求干线电缆最短、路由最安全，同时要便于施工，符合网络结构需要，满足用户信息点和配缆线分布的需要。通常其路由选在所连接区域的中间，使楼层管路和配线子系统布线的平均长度适中，有利于保证信息传输质量并减少管线设施的费用。

一、干线子系统缆线选择

设计大楼干线子系统时，应明确语音网与数据网的共享关系并能支持应用的最高速率，确定缆线的传输速率和种类。

在干线子系统中，数据网宜采用多模或单模光缆，每个主交换间中数据网主干光缆芯数一般应不少于 6 芯。

采用双绞线电缆时，根据应用环境可选用非屏蔽双绞线电缆或屏蔽双绞线电缆。全程传输距离在 100m 之内宜采用 5e 类或 6 类双绞线，特性阻抗宜选用 100Ω 双绞线。

根据各层信息点数量及楼宇（用户）类别，综合确定楼内主干缆线芯对数，语音按需求线对总数的 10‰预留备用，数据按 4 个 Hub（或 SW）设置 1 个备份端口配主干电缆、光缆。

GB 50311—2016 标准中的有关规定如下。

（1）干线子系统所需要的双绞线电缆根数、大对数电缆总对数及光缆光纤总芯数，应满足工程的实际需求与缆线的规格，并应留有备份容量。

（2）干线子系统主干缆线宜设置电缆或光缆备份及电缆与光缆互为备份的路由。

（3）当电话交换机和计算机设备设置在建筑物内不同的设备间时，宜采用不同的主干缆线来分别满足语音和数据的需要。

（4）在建筑物若干设备间之间、设备间与进线间之间、同一层或各层电信间之间宜设置干线路由。

（5）主干电缆和光缆所需的容量要求及配置应符合下列规定。

① 对语音业务，大对数主干电缆的对数应按每 1 个电话 8 位模块通用插座配置 1 对线，并应在总需求线对的基础上预留不小于 10%的备用线对。

② 对数据业务，应按每 1 台以太网交换机设置 1 个主干端口和 1 个备份端口配置。当主干端口为电接口时，应按 4 对线对容量配置；当主干端口为光端口时，应按 1 芯或 2 芯光纤容量配置。

③ 当工作区至电信间的水平光缆须延伸至设备间的光配线设备时，主干光缆的容量应包括所延伸的水平光缆光纤的容量。

④ 建筑物配线设备处各类设备缆线和跳线的配置应符合 GB 50311—2016 标准第 5.2.10 条的规定。

（6）设备间配线设备所需的容量要求及配置应符合下列规定。

① 主干缆线侧的配线设备容量应与主干缆线的容量相一致。

② 设备侧的配线设备容量应与设备应用的光、电主干端口容量相一致，或与干线侧配线设备容量相同。

③ 外线侧的配线设备容量应满足引入缆线的容量需求。

（7）干线子系统信道应包括主干缆线、跳线和设备缆线，如图 4-17 所示。

图 4-17　干线子系统信道

干线电缆或光缆布线的交接应不多于 2 次。电信间配线架（FD）和建筑群配线架（CD）之间只应通过 1 个建筑物设备间主配线架（BD）。当综合布线只用一级干线进行配线时，放置干线配线架的二级交接间可并入电信间中。

干线子系统的缆线不一定是垂直布置的。在某些特定环境如低矮而又宽阔的单层平面大型厂房中，干线子系统的缆线就是平面布置的，同样起着连接各 FD 的作用。

二、缆线长度

建筑群配线架（CD）到楼层配线架（FD）间的缆线应不超过 2000m，连接建筑物配线架（BD）与楼层配线架（FD）的缆线应不超过 500m。

设备间主配线架（BD）设在建筑物的中部附近，超出上述缆线长度限制时，要重新进行缆线选择，使每个区域满足相应的传输距离要求。

（1）采用单模光缆，建筑群配线架（CD）到楼层配线架（FD）的最大距离可以延伸到 3000m。

（2）采用 5 类双绞线电缆时，传输速率超过 100Mbps 的高速应用系统，布线长度不宜超过 90m，否则应选用单模或多模光缆。

（3）在建筑群配线架（CD）和建筑物配线架（BD）上，接插软线和跳线长度不宜超过 20m，超过 20m 的长度应从允许的主干缆线最大长度中减去。

例如，62.5/125μm 多模光纤的信息传输速率为 100Mbps 时，传输距离为 2km。这种光纤通道传输千兆位以太网（1000BASE—SX）信息，采用 8B/10B 编码技术，并使用损耗最小的短波长（850nm）光端机，传输距离缩短为 275m。8.3/125μm 单模光纤通道传输千兆位以太网（1000BASE—LX）信息，使用长波长（1310nm）光端机，传输距离为 3km。

工业环境下，中间配线设备处双绞线电缆跳线与设备缆线长度见表 4-9。

表 4-9 双绞线电缆跳线与设备缆线长度

连接模型	最小长度（m）	最大长度（m）
ID—TO	15	90
工作区设备缆线	1	5
配线区跳线	2	—
配线区设备缆线	2	5
跳线、设备缆线总长度	—	10

电信设备（如用户交换机）直接连接到建筑群配线架或建筑物配线架的设备电缆、设备光缆，长度不宜超过 30m。如果使用的设备电缆、设备光缆超过 30m，则干线电缆和干线光缆的长度应相应减少。

延伸业务（如通过天线接收）可以从远离配线架的地方进入建筑群或建筑物。这些延伸业务引入点到连接这些业务的配线架间的距离，应包括在干线布线的距离之内。如果有延伸业务接口，则与延伸业务接口位置有关的特殊要求也会影响这个距离。应记录所用缆线的型号和长度，必要时还应提交延伸业务提供者的信息。

三、干线子系统设计过程

1. 设计步骤

（1）确定每层楼的干线要求。

（2）总结整座楼的干线要求。

（3）确定从楼层配线架（FD）到设备间主配线架（BD）的干线电缆路由。

（4）确定干线接线方式。

（5）估算干线电缆的用量。

（6）确定敷设时附加横向电缆的支撑结构。

2. 缆线敷设方式

干线子系统宜选择在大楼内有竖井或电缆孔的封闭型通道里布放。封闭型通道是指一连串上下对齐的楼层配线间，穿过楼层配线间的地板层敷设主干缆线。建筑物通风道或电梯通道不能用于敷设主干缆线。

（1）电缆孔敷设方式。

干线通道中所用的电缆孔是很小的管道，通常用直径为 10cm 的金属管做成，如图 4-18 所示。它们嵌在混凝土地板中，这是在浇注混凝土地板时嵌入的，比地板表面高出 2.5～10cm。电缆往往绑在钢绳上，钢绳固定在墙上已铆好的金属条上。当各电信间 FD 上下都对齐时，一般采用电缆孔敷设方式。

（2）电缆井敷设方式。

电缆井敷设方式常用于干线通道。在每层楼板上开出一些方孔，使电缆可以穿过这些方孔并伸到相邻的楼层，如图 4-19 所示。电缆井的大小根据所用电缆的数量、规格而定。与电缆孔敷设方式一样，电缆也是绑在地板三脚架上或箍在支撑用的钢绳上，钢绳用墙上的金属条或地板三脚架固定住。也可以在离电缆井很近的墙上设置立式金属架，这样可以支撑很多电缆。电缆井使用起来非常灵活，可以让粗细不同的各种电缆以任何组合方式通过。

图 4-18　电缆孔敷设方式

图 4-19　电缆井敷设方式

技能实训 7　熟悉干线子系统路由

进程一：实地调研教学楼干线子系统路由

进程二：填写表 4-10

表 4-10　教学楼干线子系统路由选择

层数	管孔规格型号	井规格型号	路由选择	路由走线选择理由
1 层				
2 层				
3 层				
4 层				
5 层				
6 层				
7 层				

项目二　干线子系统连接方式

干线子系统连接（包括干线交接间与二级交接间的连接）方式主要有点对点端接、分支连接和混合式连接三种。这三种连接方式根据网络拓扑结构和设备配置情况可单独采用，也可混合使用。

一、点对点端接

点对点端接是最简单、最直接的缆线连接方法，每根干线电缆直接延伸到楼层配线架，如图 4-20 所示。

点对点端接只用一根电缆独立供应一个楼层，其双绞线对数或光纤芯数应能满足该楼层全部用户信息点的需要。主要优点是主干线路由上采用容量小、重量轻的电缆独立引线，没有配线的接续设备介入，发生故障时容易判断和测试，便于维护和管理。缺点是电缆条数多，工程造价增加，占用较大的干线通道空间。另外，因各个楼层电缆容量不同，安装固定的方法和器材无法统一，影响美观。

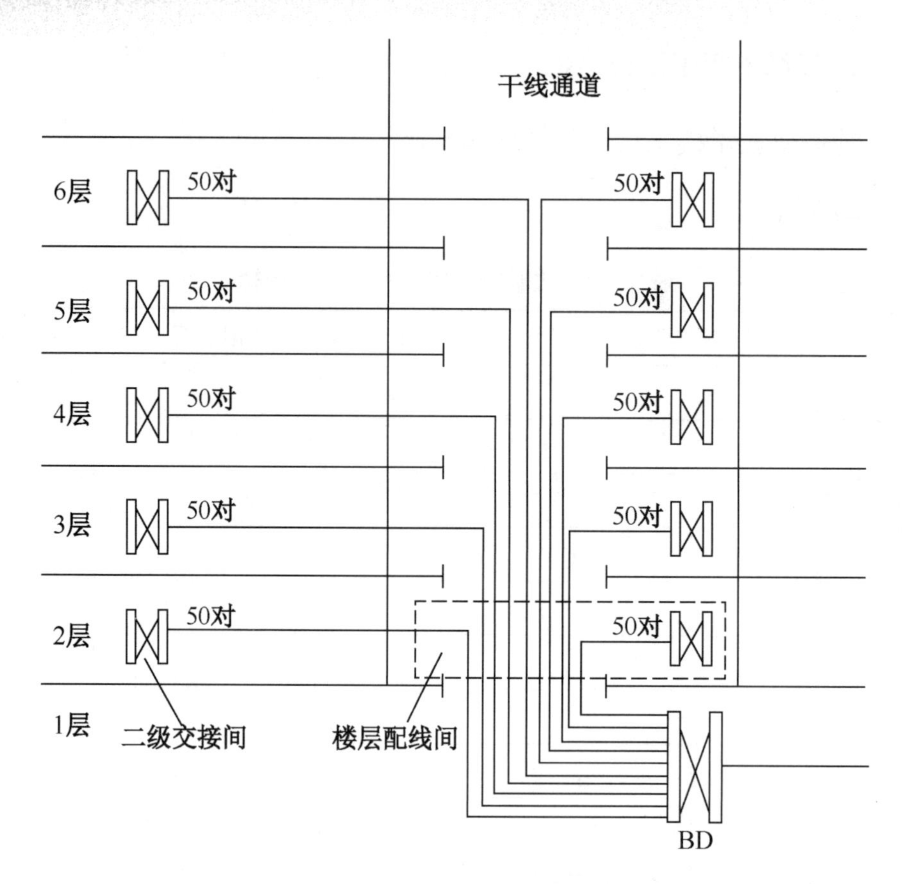

图 4-20　点对点端接

二、分支连接

分支连接是采用一根通信容量较大的电缆，再通过接续设备分成若干根容量较小的电缆，分别连到各个楼层，如图 4-21 所示。

分支连接的主要优点是干线通道中的电缆条数较少，节省通道空间，工程费用有时比点对点端接方式少。缺点是电缆容量过于集中，若电缆发生故障，则波及范围较大。由于电缆分支经过接续设备，因而在判断检测和分隔检修时会增加难度和维护费用。

分支连接可分为两种情况，即单楼层连接与多楼层连接。

1. 单楼层连接

当干线接线间只用作通往各远程通信（卫星）接线间电缆的过往点时，就采用单楼层连接。也就是说，干线接线间里没有提供端接 I/O 用的连接硬件。一根电缆通过干线通道而到达某个指定楼层，其容量足以支持该楼层所有接线间的通信需要。安装人员用一个适当大小的绞接盒，把这根主电缆与粗细合适的若干根小电缆连接起来，并把这些小电缆分别连到各个卫星接线间。

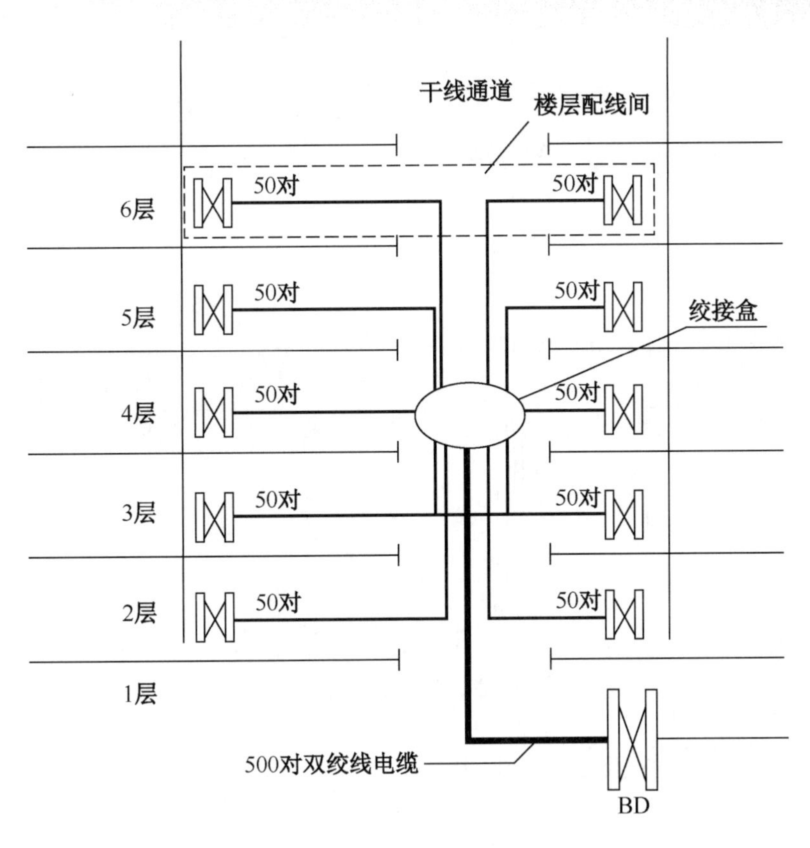

图 4-21　分支连接方式

2. 多楼层连接

该方法通常用于支持 5 个楼层的通信需要（每 5 层为一组）。一根主电缆向上延伸到中点（第三层），安装人员在该楼层的干线接线间里装上一个接合盒，然后用它把主电缆与粗细合适的各根小电缆分别连接在一起，再把各电缆分别连接到上两层和下两层。

三、混合式连接

混合式连接是一种在特殊情况下采用的连接方式（一般有二级交接间），通常将端接与连接电缆混合使用，在卫星接线间里完成端接，同时在干线接线间中实现另一套完整的端接，如图 4-22 所示。在干线接线间里可以安装所需的全部 110 型交接硬件，建立一个白场—灰场接口，并用合适的电缆横向连往该楼层 FD。

上述连接方法中具体采用哪一种，应根据网络拓扑结构、设备配置情况、电缆成本及工程成本全面考虑。通常为了保证网络通信安全可靠，首选点对点端接方式。若工程需要或成本合理，也可选择分支或混合式连接方式。

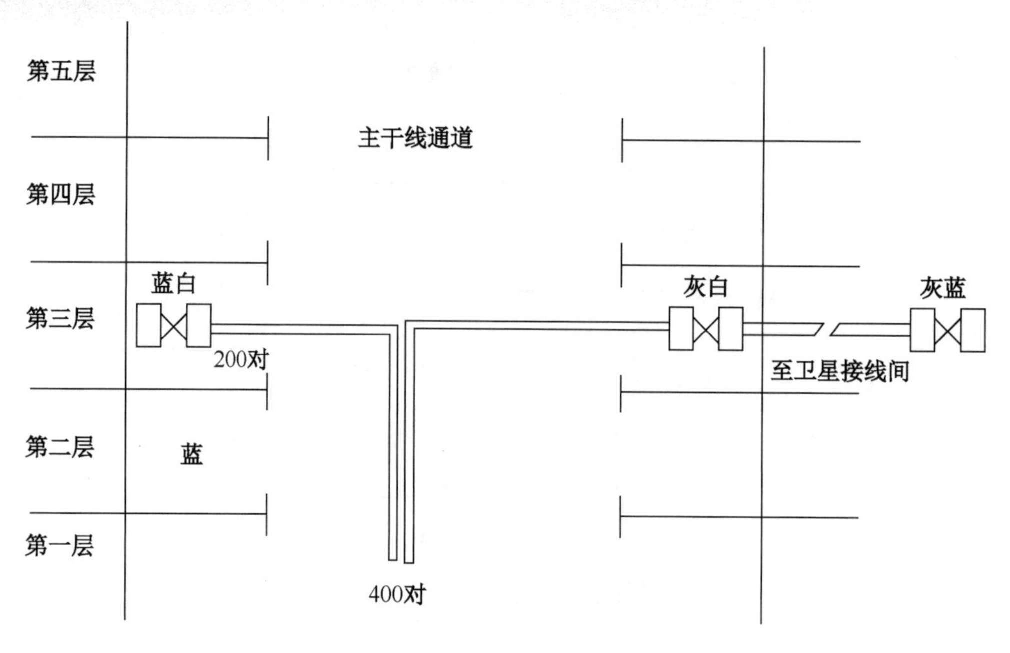

图 4-22　混合式连接方式

四、干线子系统连接注意事项

（1）连接设备间 BD 与楼层 FD 的语音/数据电缆，应预设足够的备用量。

（2）如果建筑物只有一层，无须采用垂直的干线通道，设备间 BD 内的端接点用作计算距离的起点，可按配线电缆估算出电缆用量。

（3）如果在上述路由中存在某些较大的弯道，应记录弯道的性质与位置。

五、干线子系统缆线用量估算

1. 确定干线子系统规模

干线子系统通道，就是电信间中垂直对准的电缆孔或电缆井。若在固定楼层中所要服务的所有终端设备都在距楼层配线架 75m 的范围之内，一般采用单干线接线系统。若不符合这一要求，则要进行双通道干线子系统设计，采用分支电缆与电信间 FD 相连接的二级交接间。

2. 确定每层楼的干线

在确定每层楼的主干缆线类别和数量时，应当依据楼层 FD 数量和选定的连接方式。

在确定干线子系统所需要的缆线总对数之前，必须坚持缆线中信息（信号）共享原则。

3. 估算主干缆线用量

每层主干缆线长度＝［距 BD 的楼层层高+2×电缆井至 BD 的距离+端接容限（光缆 10m、双绞线电缆 6m）］×每层主干缆线根数

整个建筑物大楼主干缆线总用量应等于各楼层垂直缆线长度之和。

学习任务四

设备间与进线间布线技术

学习目标：

了解设备间与进线间设计技术要求，掌握设计步骤，学会确定设计方案，会进行机柜及设备选型和布置。

项目一 设备间设计

设备间是集中安装大型通信设备、主配线架和进出线设备的场所，也是综合布线系统管理维护的主要场所。

设备间子系统由电缆、连接器和相关支撑硬件组成。设备间的主要设备有网络信息交换机、计算机、配线设备、电源和不间断电源（UPS）等。

一、设备间设计标准（GB 50311—2016）

（1）设备间宜处于干线子系统的中间位置，并应考虑主干缆线的传输距离、敷设路由与数量。

（2）设备间宜靠近建筑物布放主干缆线的竖井位置。

（3）设备间宜设置在建筑物的首层或楼上层。当地下室为多层时，也可设置在地下一层。

（4）设备间应远离供电变压器、发动机、发电机、X 射线设备、无线射频或雷达发射机等设备及有电磁干扰源存在的场所。

（5）设备间应远离粉尘、油烟、有害气体，以及存有腐蚀性、易燃、易爆物品的场所。

（6）设备间不应设置在厕所、浴室或其他潮湿、易积水区域的正下方或毗邻场所。

（7）设备间内温度应保持在 10～35℃，相对湿度应保持在 20%～80%，并应有良好的通风。当室内安装有源的信息通信网络设备时，应采取满足设备可靠运行要求的对应措施。

（8）设备间内梁下净高应不小于 2.5m。

（9）设备间应采用外开双扇防火门，房门净高应不小于 2.0m，净宽应不小于 1.5m。

（10）设备间的水泥地面应高出本层地面不小于 100mm 的距离或设置防水门槛。

（11）室内地面应采取防潮措施。

二、设备间位置的选择

设备间是外界引入（包括公用通信网或建筑群间主干布线）和楼内布线的交汇点，所以其位置极为重要。选择设备间位置时应考虑以下几个因素。

（1）尽量位于干线子系统的中间位置，以使干线路由最短。

（2）尽可能靠近建筑物电缆引入区和网络接口。

（3）尽量靠近电梯，以便搬运大型设备。

（4）尽量远离高强振动源、强噪声源、强电磁场干扰源和易燃易爆源。

（5）尽可能选择环境安全、干燥通风、清洁明亮、便于维护和管理、地板承重能力不低于 500kg/m^2 的位置。

（6）尽可能按照接地标准选择便于接地且切实有效的接地位置。

三、设备间空间要求

设备间的主要设备有语音/数据交换机、计算机、配线架等，它是管理和维护人员工作的场所，设备间空间设计在遵循国标要求的同时，还应考虑设备间的面积。

设备间面积应根据建筑物的规模、安装设备的数量、规格和网络结构要求及今后发展需要等因素综合考虑。当设备间和主交接间合二为一时，总面积应不小于二者分立时的面积之和。设备间最小使用面积应不小于 20m^2。对于设备间的使用面积，可用以下两个公式进行计算。

公式一：

$$S = K\sum_{i=1}^{n} S_i$$

式中，S 是设备间使用面积（m^2）；K 是系数，表示每个设备预占的面积，一般选择 5、6 或 7（根据设备大小来选择）；S_i 代表各设备；n 代表设备间内的设备总数。

公式二：

$$S=KA$$

式中，S 是设备间使用面积（m^2）；K 是系数，同公式一；A 是设备间内的设备总数。

技能实训 8　机柜与设备配置

进程一：知识准备

机柜按安装方式分为立式、开放式、壁挂式，其标准规格为 19 英寸，便于安装外部尺寸以 U 为单位的设备，1U=44.45mm。

1. 立式机柜

立式机柜是直立安装于地面上的大型机柜。

（1）19英寸标准机柜内部安装设备的空间高度一般为1850mm（42U）。

（2）机柜采用优质冷轧钢板制作，表面采用静电喷塑工艺，耐酸碱、耐腐蚀、保证可靠接地、防雷击；附件包括专用固定托盘、专用滑动托盘、地脚钉、地脚轮、理线架、理线环、支架、扩展横梁和电源支架等。

（3）走线简便，前后及左右面板均可快速拆卸，方便各种设备的走线。

（4）上部安装2个散热风扇，下部安装4个转动轱辘和4个固定地脚螺栓。

（5）适用于华为、中兴和思科等各种品牌的机架式服务器，也可以安装普通服务器和交换机等标准设备。

2. 开放式机柜（架）

开放式机柜（架）也是直立安装于地面上的大型机柜（架）。结构和功能与立式机柜相同，只是不封闭。

3. 壁挂式机柜

壁挂式机柜是挂在墙上节省占地的小型机柜，主要用于摆放轻巧的网络设备，外形美观，全柜采用全焊接式设计，牢固可靠。机柜背面有4个挂墙的安装孔。

进程二：现场调研

现场调研学校教学楼设备间BD与电信间FD机柜型号与规格、机柜内材料与设备数量及布置方式。

（1）说明设备间BD的面积和位置。

（2）说明电信间FD的数量和位置。

（3）根据相关设备及附件种类，填写表4-11。

表4-11　BD与FD机柜与设备选型

BD面积(m^2)/位置		FD面积（m^2）/位置		设备名称	设备规格	设备型号	单位	单价	数量	备注
10	四层中间公共用房			立式机柜						
				配线架						
				理线架						
				交换机						
				壁挂式机柜						

（4）说明各机柜设备信息点容量。

项目二 设备间环境与安全

一、温度和湿度

一般将设备间温度和湿度分为 A、B、C 三级，可按某一级执行，也可按某几级综合执行，具体指标见表 4-12。

表 4-12 设备间温度和湿度指标

项目	A 级指标	B 级指标	C 级指标
温度（℃）	22±4（夏季） 18±4（冬季）	12～30	8～35
相对湿度（%）	40～65	35～70	30～80
温度变化率（℃/h）	小于 5 时设备间不凝露	大于 0.5 时设备间不凝露	小于 15 时设备间不凝露

设备间的温度、湿度和尘埃，对微电子设备的正常运行及使用寿命都有很大的影响。

过高的室温会使元件失效率急剧增加，使用寿命下降；过低的室温又会使磁介等发脆，容易断裂。温度的波动会产生“电噪声”，使微电子设备不能正常运行。相对湿度过低，容易产生静电，对微电子设备造成干扰；相对湿度过高，会使微电子设备内部焊点和插座的接触电阻增大。尘埃或纤维性颗粒积聚、微生物的作用还会使导线被腐蚀，进而断掉。

设备间的热量主要包括如下几个方面。

（1）各种电子设备发热量。

（2）照明灯具发热量。

（3）设备间外围结构发热量。

（4）室内工作人员发热量。

（5）室外补充新鲜空气带入的热量。

计算出上述总发热量再乘以系数 1.1，将结果作为空调负荷，据此为设备间选择空调设备。

二、空气、照明、噪声和电磁干扰

1. 空气

设备间内应保持空气洁净，应有良好的防尘措施，并防止有害气体侵入。有害气体和尘埃限值分别见表 4-13 和表 4-14。表 4-14 中规定的灰尘颗粒应是不导电的、非铁磁性和非腐蚀性的。

表 4-13 有害气体限值

有害气体（mg/m³）	二氧化硫（SO_2）	硫化氢（H_2S）	二氧化氮（NO_2）	氨气（NH_3）	氯气（Cl_2）
平均限值	0.2	0.006	0.04	0.05	0.01
最大限值	1.5	0.03	0.15	0.15	0.3

表 4-14 尘埃限值

灰尘颗粒的最大直径（μm）	0.5	1.0	3.0	5.0
灰尘颗粒的最大浓度（粒子数/m³）	1.40×10^7	7.00×10^5	2.40×10^5	1.30×10^5

2. 照明

设备间内距地面 0.8m 处照度不应低于 200lx。

3. 噪声

设备间的噪声应小于 70dB。

4. 电磁干扰

设备间内电磁场频率范围应为 0.15～1000MHz，噪声应不大于 120dB，磁场干扰场强应不大于 800A/m。

三、设备间供电电源

（1）频率：50Hz。

（2）电压：380V/220V。

（3）相数：三相五线制、三相四线制或单相三线制。电源参数允许变动范围见表 4-15。

表 4-15 电源参数允许变动范围

项目	A 级指标	B 级指标	C 级指标
电压变动（%）	−5～+5	−10～+7	−15～+10
频率变化（Hz）	−0.2～+0.2	−0.5～+0.5	−1～+1
波形失真率（%）	≤5	≤5	≤10

（4）将设备间内存放的每台设备用电量的标称值相加后再乘以系数，就是设备间的总用电量。用电设备采用不间断电源（UPS），以防止停电造成网络通信中断。UPS 应提供不少于 2 小时的后备供电能力。不间断电源功率应根据网络设备功率进行计算，并具有 20%～30% 的余量。各设备应选用铜芯电缆，严禁铜、铝混用。

（5）设备间防雷接地和设备接地，可单独接地或与大楼接地系统共同接地。每个配线架都应单独引线至接地体，单独设置接地体时，阻抗不应大于 4Ω；采用和大楼共同接地时，接地电阻不应大于 1Ω。设备间电源应具有过压和过流保护功能，以防止对设备造成不良影响和冲击。

四、地面、墙面和顶棚

设备间地面最好采用抗静电活动地板，其系统电阻应为1～10Ω。带有走线口的活动地板称为异形地板，其走线应做到光滑，防止损伤电线、电缆。设备间地面所需异形地板的块数，可根据设备间所需引线的数量来确定。设备间地面禁止铺地毯。

设备间的墙面应美观、环保、防尘、防水、防火、防腐蚀；内功能区的分隔处墙面应做到采光性能好、简洁明快、科学合理，不能过于烦琐。

为了吸收噪声及布置照明灯具，设备间的顶棚一般在建筑物梁下加一层吊顶。吊顶材料应满足防火要求。

根据设备间放置的设备及工作需要，可用玻璃将设备间隔成若干个房间。隔断时可以选用防火的铝合金或轻钢做龙骨，安装10mm厚玻璃，或从地板表面至1.2m处安装阻燃双塑板，1.2m以上安装10mm厚玻璃。

五、安全

设备间的安全分为A、B、C三级。

A级对设备间的安全有严格的要求，有完善的设备间安全措施。

B级对设备间的安全有较严格的要求，有较完善的设备间安全措施。

C级对设备间有基本要求，有基本的设备间安全措施。

设备间的安全要求见表4-16。

表4-16 设备间的安全要求

项目	C级	B级	A级
场地选择	N	A	A
防火	A	A	A
防水	N	A	Y
内部装修	N	A	Y
供配电系统	A	A	Y
空调系统	A	A	Y
火灾报警及消防设施	A	A	Y
防静电	N	A	Y
防雷电	N	A	Y
防鼠害	N	A	Y
电磁波防护	N	A	A

注：N——无要求；A——有要求或增加要求；Y——要求。

A、B级设备间应设置火灾报警装置。活动地板和吊顶板、主要的空调管道及易燃物附近部件，都应设置烟感和温感探测器。

A级设备间内应设置自动灭火系统，并备有手提式自动灭火系统。其建筑物的耐火等级必须符合GB 50016—2014中规定的一级耐火等级。

B 级设备间在条件允许的情况下，应设置自动消防系统，并备有灭火器。其建筑物的耐火等级必须符合 GB 50016—2014 中规定的二级耐火等级。

与 A、B 级设备间相关的其余工作房间及辅助房间，其建筑物的耐火等级不应低于 GB 50016—2014 中规定的二级耐火等级。

C 级设备间应配置手提式灭火器。其建筑物的耐火等级应符合 GB 50016—2014 中规定的二级耐火等级。

与 C 级设备间相关的其余基本工作房间及辅助房间，其建筑物的耐火等级不应低于 GB 50016—2014 中规定的三级耐火等级。

A、B、C 级设备间，禁止使用水、干粉或泡沫等易产生二次破坏的灭火剂。

A、B、C 级设备间进行装修时，装饰材料应采用 GB 50016—2014 中规定的阻燃材料或非燃材料，应能防潮、吸收噪声、不起尘、抗静电等。

项目三 进线间布线技术

每个建筑物宜设置一个进线间，且一般位于地下层，外线宜从两个不同的路由引入进线间，有利于与外部管道沟通。进线间与建筑物红外线范围内的人孔或手孔采用管道或通道的方式互连。进线间因涉及因素较多，难以统一提出具体所需面积，可根据建筑物实际情况并参照通信行业和国家现行标准要求进行设计。

GB 50311—2016 中与进线间设计有关的标准如下。

（1）进线间内应设置管道入口，入口的尺寸应满足不少于 3 家电信业务经营者通信业务接入及建筑群布线系统和其他弱电子系统的引入管道管孔容量的需求。

（2）在单栋建筑物或由连体的多栋建筑物构成的建筑群内应设置不少于一个进线间。

（3）进线间应满足室外引入缆线的敷设与成端位置及数量、缆线的盘长空间和缆线的弯曲半径等要求，并应提供安装综合布线系统及不少于 3 家电信业务经营者入口设施的使用空间及面积。进线间面积不宜小于 10m^2。

（4）进线间设置在建筑物地下一层临近外墙、便于管线引入的位置，其设计应符合下列规定。

① 管道入口位置应与引入管道高度相对应。

② 进线间应防止渗水，在室内设置排水地沟并与附近设有抽排水装置的集水坑相连。

③ 进线间应与电信业务经营者的通信机房、建筑物内配线系统设备间、信息接入机房、信息网络机房、用户电话交换机房、智能化总控室等，以及垂直弱电竖井之间设置互通的管槽。

④ 进线间应采用相应防火级别外开防火门，门净高不小于 2.0m，净宽不小于 0.9m。

⑤ 进线间宜采用轴流式通风机通风，排风量应按每小时不少于 5 次换气次数计算。

(5)与进线间安装的设备无关的管道不应在室内通过。

(6)进线间安装信息通信系统设施应符合设备安装设计的要求。

(7)综合布线系统进线间不应与数据中心使用的进线间合设,建筑物内各进线间之间应设置互通的管槽。

(8)进线间应设置不少于两个单相交流 220V/10A 电源插座盒,每个电源插座的配电线路均应装设保护器。设备供电电源应另行配置。

进线间入口管道口所有布放缆线和空闲的管孔应用防火材料封堵,做好防水处理。建筑群主干电缆和光缆、公用网和专用网电缆与光缆、天线馈线等室外缆线进入建筑物时,应在进线间成端转换成室内电缆、光缆,在缆线的终端处可由多家电信业务经营者设置入口设施,入口设施中的配线设备应按引入的电缆、光缆容量配置。

电信业务经营者在进线间设置安装的入口配线设备与 BD 或 CD 之间应敷设相应的连接电缆、光缆,实现路由互通。

进线间缆线入口处的管孔数量应满足建筑物之间、外部接入业务及多家电信运营商缆线接入的需求,并应留有 4 孔的余量。

学习任务五

建筑群子系统布线技术

学习目标:

了解建筑群子系统设计技术要求,掌握设计步骤。

大型企业或政府机关可能分散在几幢相邻或不相邻的建筑物内办公,彼此之间的语音、数据、图像和监控等信息由建筑群子系统来传输。建筑群子系统设计的好坏、工程质量的高低、技术性能的优劣都直接影响综合布线系统的服务质量,在设计时必须高度重视。

项目一 建筑群子系统设计

从全程全网来看，建筑群子系统也是公用通信网的组成部分，使用性质、技术要求、技术性能应基本一致。设计时应保证全程全网的通信质量，不以局部的需要为基点，不能降低全程全网的信息传输质量。另外，必须按照本地区通信线路的有关规定设计。

建筑群子系统的缆线敷设在校园式小区或智能化小区内，成为公用管线设施时，其设计应纳入小区的规划，具体分布应符合智能化小区的远期发展要求（包括总平面布置），且与近期需要和现状相结合，尽量不与城市建设和有关部门的规定发生矛盾，使传输线路建设后能长期稳定、安全可靠地运行。

在已建或正在建设的智能化小区内，如已有地下电缆管道或架空通信杆路，应尽量设法利用。可与该设施的主管单位（包括公用通信网或用户自备设施的单位）进行协商，采取合用或租用等方式。这样可避免重复建设，节省工程投资，减少小区内管线设施，有利于环境美观和小区布置。

GB 50311—2016 第 8.0.10 条为强制性条文，必须严格执行。其具体内容为“当电缆从建筑物外面进入建筑物时，应选用适配的信号线路浪涌保护器”。配置浪涌保护器的主要目的是防止雷电（或其他强电磁变化）通过室外线路进入建筑物内部设备间，击穿或损坏网络系统设备。

为了节约工程造价，也允许个别配线间配线架直接连到建筑群配线架，而不经过建筑物配线架。

一、建筑群子系统设计标准（GB 50311—2016）

（1）建筑群配线设备（CD）内线侧的容量应与各建筑物引入的建筑群主干缆线容量一致。

（2）建筑群配线设备（CD）外线侧的容量应与建筑群外部引入的缆线容量一致。

（3）建筑群配线设备各类设备缆线和跳线的配置应符合 GB 50311—2016 第 5.2.10 条的规定。

二、设计要点

建筑群子系统设计应注意所在地区的整体布局。目前，由于智能建筑群的推广，环境美化要求较高，对于各种管线设施都有严格规定，要根据小区建设规划和传输线路分布，尽量采用地下化和隐蔽化方式。

建筑群子系统设计应根据建筑群用户信息需求的数量、时间和具体地点，采取相应的技术措施和实施方案。在确定缆线的规格和容量、敷设的路由及建筑方式时，务必要使通信传输线路建成后保持相对稳定，并能满足今后一定时期信息业务的发展需要。

（1）线路路由应尽量做到距离短、平直，并从用户信息需求点密集的楼群经过，以便供线和节省工程投资。

（2）线路路由应选择在较永久的道路上敷设，并应符合有关标准规定，以及与其他管线和建筑物之间的最小净距要求。除因地形或敷设条件的限制必须与其他管线合沟或合杆外，与电力线路必须分开敷设，并有一定的间距，以保证通信线路安全。

（3）建筑群子系统的主干缆线分支到各幢建筑物的引入段落，其建筑方式应尽量采用地下敷设。如不得已而采用架空方式（包括墙壁电缆引入方式），应隐蔽引入，其引入位置应选择在房屋建筑的后面。

三、设计步骤

1. 确定敷设现场的环境和结构特点

（1）确定整个工程范围的面积。

（2）确定工地的地界。

（3）确定共有多少座建筑物。

（4）确定是否需要和其他部门协调。

2. 确定缆线系统的一般参数

（1）确定起点位置。

（2）确定端接点位置。

（3）确认涉及的建筑物和每座建筑物的层数。

（4）确定每个端接点所需电缆类别及规格。

（5）确定所有电缆端接点数。

3. 确定建筑物的缆线入口

（1）对于现有建筑物，要确定各个入口管道的位置，每座建筑物有多少个入口管道可供使用，入口管道数目是否满足系统的需要。

（2）入口管道不够用时，要确定移走或重新布置哪些缆线，是否能腾出某些入口管道，在不够用的情况下应另装多少个入口管道。

（3）如果建筑物尚未建起来，则要根据选定的缆线路由，完善缆线系统设计，并标出入口管道的位置，选定入口管道的规格、长度和材料，在建筑物施工过程中安装好入口管道。建筑物入口管道的位置应便于连接公用设备，可根据需要在墙上穿过一根或多根管道。依据建筑法规，了解对承重墙穿孔有无特殊要求。所有易燃材料（如聚丙烯管道、聚乙烯管道）

应端接在建筑物的外面，外部缆线的聚丙烯护皮可以例外，但它在建筑物内部的长度（包括多余缆线的卷曲部分）不能超过 15m。如果超过 15m，就应使用合适的缆线入口器材，在入口管道中填入防水和气密性良好的密封胶。

4．确定明显障碍物的位置

（1）确定土壤类型，如沙质土、黏土和砾石土等。

（2）确定缆线的布放方法。

（3）确定地下公用设施的位置。

（4）查清缆线路由沿线各个障碍物的位置或地理条件，包括铺路区、桥梁、铁路、树林、池塘、河流、山丘、砾石土、截留井、人孔（人字形孔道）等。

（5）确定管道的要求。

5．确定主干缆线路由和备用缆线路由

（1）对于每种特定的路由，确定可能的缆线结构方案。

① 所有建筑物共用一根缆线。

② 对所有建筑物进行分组，每组单独分配一根缆线。

③ 每座建筑物单独用一根缆线。

（2）查清在缆线路由中，哪些地方须获准后才能施工。

（3）比较每种路由的优缺点，备选多个路由方案。

6．选择缆线类型和规格

（1）确定缆线长度。

（2）画出最终的结构图。

（3）画出所选定缆线路由的位置和挖沟详图，包括公用道路图或任何须经审批才能动用的地区的草图。

（4）确定入口管道的规格。

（5）选择每种设计方案所需的专用缆线。

（6）参考所选定的布线产品的部件指南。

（7）确定管道规格、长度和材料。

7．确定每种方案所需的劳务成本

（1）确定布线时间。

① 迁移或改变道路、草坪、树木等所花费的时间。

② 如果使用管道，应包括敷设管道和穿插缆线的时间。

③ 确定缆线接合时间。

④ 确定其他时间，如运输时间、协调时间、待工时间等。

（2）计算总时间。

（3）计算每种设计方案的劳务成本，用总时间乘以工时费。

8．确定每种方案所需的材料成本

（1）确定缆线成本。

① 参考有关布线材料价格表。

② 针对每根缆线查清每 100m 缆线的成本。

（2）确定支持结构的成本。

① 查清并列出所有的支持结构。

② 根据价格表查明每项用品的单价。

③ 将单价乘以数量。

（3）确定支撑硬件的成本。对于所有的支撑硬件，重复第（2）项所列的 3 个步骤。

9．选择最经济实用的设计方案

（1）把每种设计方案的各项成本加总，得到每种设计方案的总成本。

（2）比较各种设计方案的总成本，选择成本较低的设计方案。

（3）分析所选的设计方案是否有重大缺点，以致抵消了经济上的优势。如果发生这种情况，应取消此设计方案，考虑其他经济性较好的设计方案。

注意：如果涉及主干缆线，应把有关的成本和设计规范也列出来。

四、建筑群子系统的缆线选择

建筑群数据网的主干缆线一般应选用多模或单模室外光缆，芯数不少于 12 芯，并且宜用松套型、中央束管式。建筑群数据网的主干缆线作为使用光缆与电信公用网连接时，应采用单模光缆，芯数应根据综合通信业务的需要而定。

建筑群数据网主干缆线如果选用双绞线电缆，一般应选择高质量的大对数双绞线电缆。当从 CD 至 BD 使用双绞线电缆时，总长度不应超过 1500m。对于建筑群语音网的主干缆线，一般可选用 3 类大对数电缆。CD 内外配线容量与连接 BD 配线容量应一致。

项目二　建筑群子系统路由

建筑群子系统通信线路敷设方式有地下和架空两种类型。地下类型包括管道电缆、直埋电缆和沟道与隧道敷设。架空类型分为立杆架设和墙壁挂放两种，根据架空缆线与吊线的固定方式又可分为自承式和非自承式两种。建筑群子系统通信缆线路由方式见表 4-17。

表 4-17　建筑群子系统通信缆线路由方式

类型	名称	优点	缺点	备注
地下类型	管道电缆	● 电缆敷设方便，易于扩建或更换 ● 线路隐蔽，环境美观，整齐有序 ● 电缆有环境保护措施，比较安全，可延长电缆使用年限 ● 产生障碍和干扰的机会少，不易影响通信，有利于使用和维护 ● 维护工作量小，费用少	● 建筑管道和人孔等施工难度大，工程环节较多，技术要求复杂 ● 土方量多，初次工程投资较高 ● 要有较好的建筑条件（如有定型的道路和管线） ● 与各种地下管线设施产生的矛盾较多，协调工作较复杂	管道电缆不宜采用钢带铠装结构，一般采用塑料护套电缆
	直埋电缆	● 线路隐蔽，环境美观 ● 初次工程投资较管道电缆低，无须建人孔和管道，施工较简单 ● 产生障碍和干扰的机会少，有利于使用和维护 ● 不受建筑条件限制，维护工作费用较少 ● 与其他地下管线发生矛盾时，易于躲让和处理	● 维护更换和扩建都不方便，发生故障后必须挖掘，修复时间长，影响通信 ● 当电缆与其他地下管线过于接近时，双方在维修时会增加机械损伤机会 ● 对挖掘正式道路或设施须做补偿	直埋电缆应按不同环境条件，采用不同形式铠装电缆，一般不用塑料护套电缆
	沟道与隧道敷设	● 线路隐蔽，安全稳定，不受外界影响 ● 施工简单，工作条件较直埋好 ● 电缆增添敷设方便，易于扩建或更换 ● 可与其他弱电线路共用隧道设施，可节约工程初次投资	● 与其他弱电线路共建时，在施工与维护中要求配合和相互制约，有时较难协调 ● 如为专用电缆沟道等设施，初次工程投资较多	电缆沟道有明暗两种，其优缺点也有所不同，应视路由条件而定
架空类型	立杆架设	● 查找和修复故障均较方便 ● 施工技术较简单，建设速度较快 ● 能适应今后的变动，易于拆除、迁移、更换或调整，便于扩建	● 产生障碍的机会较多，对通信安全有所影响 ● 易受外界因素腐蚀和机械损伤，影响电缆使用寿命 ● 对周围环境的美观有影响	架空电缆宜采用塑料电缆，不宜采用钢带铠装电缆
	墙壁挂放	● 初次工程投资较低 ● 施工和维护方便 ● 较立杆架设美观	● 产生障碍的机会较多，对通信安全有所影响，安全性不如地下类型 ● 对房屋建筑立面美观有些影响 ● 今后扩建、拆换时不方便	与立杆架设相同

学习任务六

管理系统设计技术

学习目标：

掌握管理系统设计技术要求、设计步骤，会设计管理方案。

对设备间、电信间、进线间及工作区的网络设备、配线设备、信息点和各类缆线设施，按一定方法进行标识和记录，并与交接管理实施方案共同成为管理系统。其内容包括：用颜色标记和区分不同区域主干缆线和配缆设备，用标签标明端接区域、物理位置、编号、容量、规格，同时标明设备与缆线的连接方式和管理方式。有了管理系统，才能即时识别综合布线系统运行情况，实时管理和维护通信网络。

通信设备、缆线之间通常采用互连或交连方式接续，所谓互连或交连方式，就是允许将通信线路定位或重新定位到建筑物的不同部位，以便更容易地管理通信线路。电信间和设备间都是实现建筑物内通信网络管理功能的场所。

管理系统的设计主要考虑以下 3 个方面。

（1）接插配线如何实现管理功能。

（2）设备连接方式与应用。

（3）标识方案设计与实施。

标识管理

一、管理方案设计标准（GB 50311—2016）

（1）对设备间、电信间、进线间和工作区的配线设备、缆线、信息点等设施，应按一定的模式进行标识和记录，并应符合下列规定。

① 综合布线系统工程宜采用计算机进行文档记录与保存，简单且规模较小的综合布线系统工程可按图纸资料等纸质文档进行管理。文档应做到记录准确、及时更新、便于查阅，文

档资料应实现汉化。

② 综合布线的每一电缆、光缆、配线设备、终接点、接地装置、管线等组成部分均应给定唯一的标识符，并应设置标签。标识符应采用统一数量的字母或数字标明。

③ 电缆和光缆的两端均应标明相同的标识符。

④ 设备间、电信间、进线间的配线设备采用统一的色标区别各类业务与用途的配线区。

⑤ 综合布线系统工程应编辑系统测试的记录文档。

（2）所有标签应保持清晰，并应满足使用环境要求。

（3）综合布线系统工程规模较大，当用户有提高布线系统维护水平和网络安全的需要时，宜采用智能配线系统对配线设备的端口进行实时管理，显示和记录配线设备的连接、使用及变更状况，并应具备下列基本功能。

① 实时智能管理与监测布线跳线连接通断及端口变更状态。

② 以图形化显示为界面，浏览所有被管理的布线部位。

③ 管理软件提供数据库检索功能。

④ 用户远程登录对系统进行远程管理。

⑤ 管理软件对非授权操作或链路意外中断提供实时报警。

（4）综合布线系统相关设施的工作状态信息应包括设备和缆线的用途、使用部门、组成局域网的拓扑结构、传输信息速率、终端设备配置状况、占用器件编号、色标、链路与信道的各项主要参数及完好状况、故障记录等信息，还应包括设备位置和缆线走向等内容。

二、三种常用标识

管理概念内所做的所有标记称为标识。一个综合布线系统一般要做好三种标识，即电缆标识、插入标识和场标识，如图 4-23 所示。

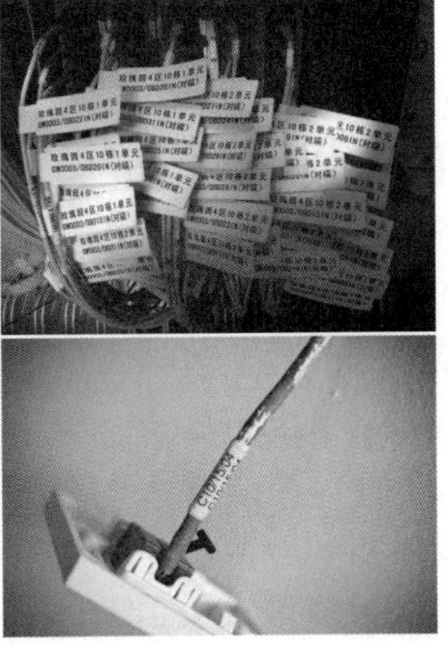

图 4-23　各种标识

1. 电缆标识

采用粘贴型标签，即背面有不干胶的白色胶片，在其上面做好标记后直接粘贴到各种电缆表面上。

2. 插入标识

采用插入型标签，将硬纸片插在110型接线块上的两个水平齿条之间。

3. 场标识

采用彩色标签，背面有不干胶，贴在设备间、配线间、二级交接间和建筑物布线场的平整表面上。每个标识都用色标来指明电缆的源发地，这些电缆端接于设备间BD和电信间FD的管理场。

在管理点，通过插入色条来标记不同类型的线路，所用的底色及其含义如下。

（1）在设备间。

① 蓝色：从设备间到工作区的信息插座（TO）实现连接。

② 白色：干线电缆和建筑群电缆。

③ 灰色：端接与连接干线到计算机房或其他设备间的电缆。

④ 绿色：来自电信局的输入中继线。

⑤ 紫色：公用系统设备连线。

⑥ 黄色：交换机和其他设备的各种引出线。

⑦ 橙色：多路复用输入电缆。

⑧ 红色：关键电话系统。

⑨ 棕色：建筑群干线电缆。

（2）在主接线间。

① 白色：来自设备间干线电缆的点对点端接。

② 蓝色：到配线接线间I/O服务的工作区线路。

③ 灰色：到远程通信（卫星）接线间各区的连接电缆。

④ 橙色：主接线间各区的连接电缆。

⑤ 紫色：自动系统公用设备的线路。

（3）在远程通信（卫星）接线间。

① 白色：来自设备间干线电缆的点对点端接。

② 蓝色：到干线接线间I/O服务的工作区线路。

③ 灰色：来自干线接线间的连接电缆。

每个交连区实现线路管理，是在各色标场之间接上跨接线或插入线，这种色标用来标明该场是干线电缆、配线电缆或设备端接点等。技术人员或用户可以按照各条线路的识别颜色插入色条，以标记相应的场。这些场通常分配给指定的接线块，而接线块则按垂直或水平结构进行排列。当有关场的端接数量很少时，可以在一个接线块上完成所有行的端接。

图 4-24、图 4-25 和图 4-26 所示分别为典型的干线接线间连接电缆及其色标、二级交接间连接电缆及其色标、典型的配线方案。

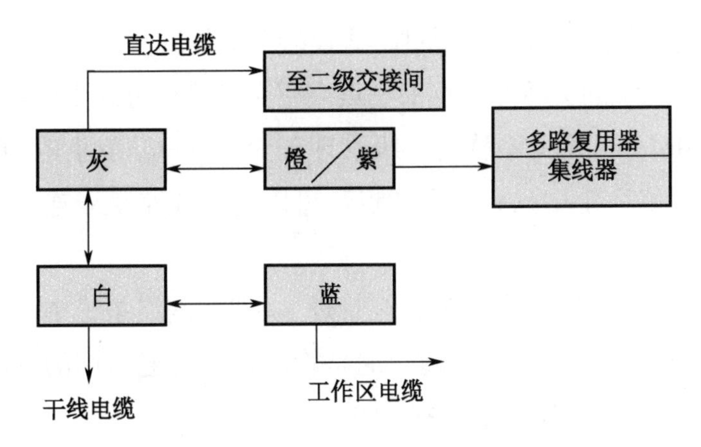

图 4-24 典型的干线接线间连接电缆及其色标

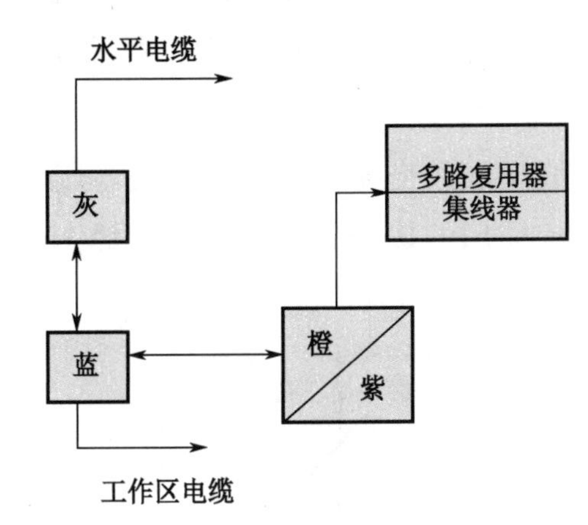

图 4-25 二级交接间连接电缆及其色标

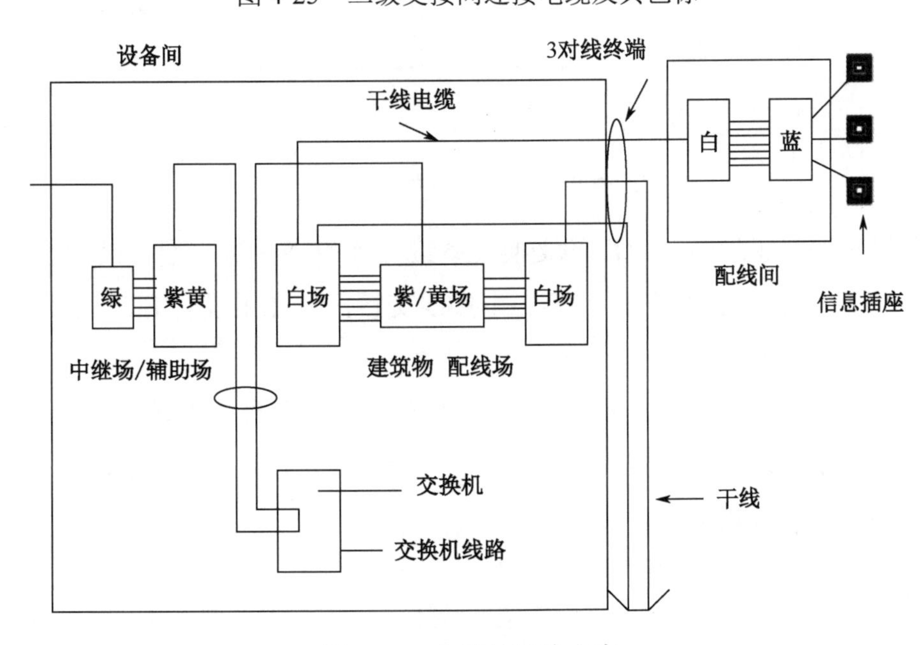

图 4-26 典型的配线方案

各种标识所用的标签应具有与其标识的设施相同或更长的使用寿命，所有标签均应正规打印，不允许手工填写。

三、交接管理方式

交接是指线路交连处的跳线连接。通过跳线连接可安排或重新安排线路路由，管理用户终端，从而突显综合布线系统的灵活性。本书重点介绍交接管理方式中的单点管理和双点管理。

单点管理（TIA606 标准定义中称为一级管理），指单一电信间 FD 的电信基础设施和设备的管理，即在通信网络系统中只有一个“点”可以进行线路跳线连接，其他连接点采用直接连接（互连）。

双点管理（TIA606 标准定义中称为二级管理），即在网络系统中有两个“点”可以进行线路跳线连接，其他连接点采用直接连接。这是管理系统普遍采用的方法，适用于大、中型系统工程。例如，BD 和 FD 采用跳线连接。

交接场的结构取决于工作区、综合布线规模和选用的硬件。在不同类型的建筑物中，管理系统常采用单点管理单交连、单点管理双交连、双点管理双交连、双点管理三交连和双点管理四交连等方式。

单点管理单交连位于设备间里面的交换设备或互连设备附近，通常线路不进行跳线管理，直接连至用户工作区。这种方式使用的场合较少，其结构如图 4-27 所示。

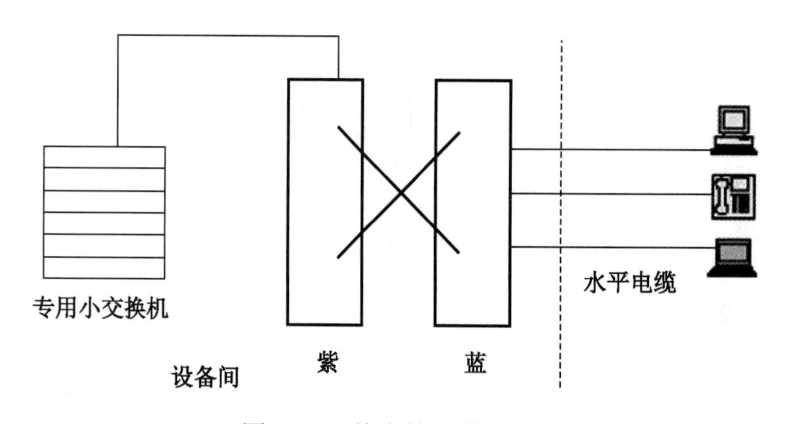

图 4-27　单点管理单交连

单点管理双交连位于设备间里面的交换设备或互连设备附近，通过硬件线路实现连接，不进行跳线管理，直接连至 FD 里面的第二个接线交接区。如果没有 FD，第二个交连可放在用户的墙壁上，如图 4-28 所示。

对于低矮而又宽阔的建筑物（如机场、大型商场），其管理规模较大，管理结构较复杂，这时多采用二级交接间，设置双点管理双交连。双点管理除了在设备间里有一个管理点，在配线间仍有一级交接（跳线）管理。

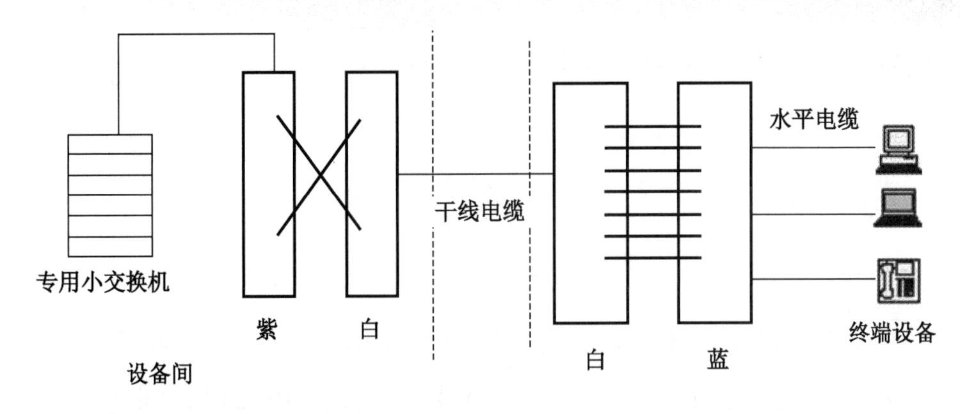

图 4-28　单点管理双交连（第二个交连在配线间用硬接线实现）

在二级交接间或用户房间的墙壁上，还有第二个可管理的交连。双交连要经过二级交连设备。第二个交连可能是一个连接块，它对一个接线块或多个终端块（其配线场与专用小交换机干线电缆和配线电缆站场各自独立）的配线和站场进行组合，如图 4-29 所示。

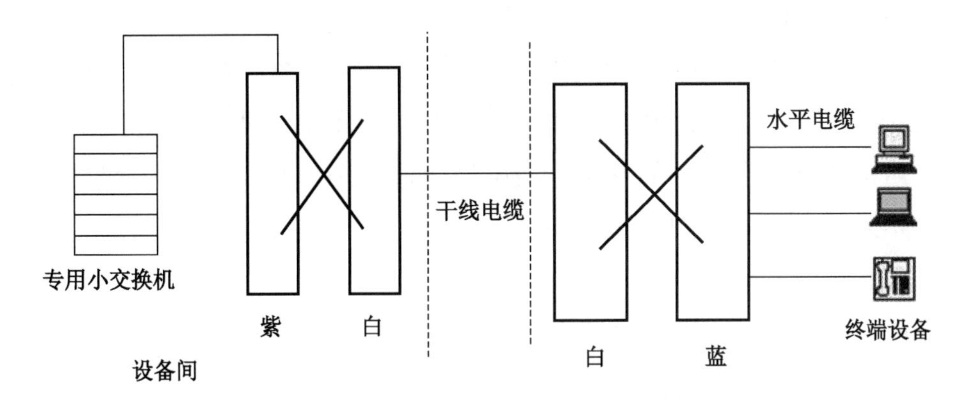

图 4-29　双点管理双交连（第二个交连用作配线间的管理点）

若建筑物的规模较大且结构复杂，还可以采用双点管理三交连方式，如图 4-30 所示。

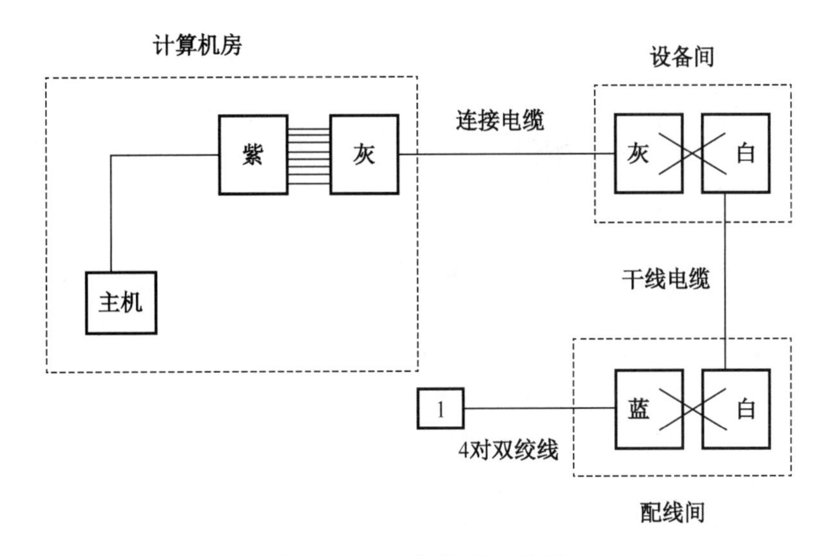

图 4-30　双点管理三交连

有时甚至采用双点管理四交连方式。综合布线中使用的电缆，一般不能超过 4 次交连。在使用光纤连接时，要用到光纤接续箱（LIU）。箱内可以有多个 ST 连接安装孔，箱体及箱内的线路弯曲设计应符合 62.5/125μm 多模光纤的弯曲要求。

项目二　标识方案的内容与设计步骤

无论单点管理还是双点管理，其能否发挥重要作用的关键在于标识方案设计。标识方案设计与综合布线工程规模、特点密切相关，标识方案主要包括设备间标识与电信间标识。

一、设备间标识

1．机柜/机架标识

（1）地板网格坐标标识。

数据中心设在架空地板房间，以数据中心设备机房地板为平面，建立一个平面 *XY* 坐标系，字母表示 *X* 轴坐标，数字表示达 *Y* 轴坐标，用于准确表达机柜/机架位置。

每一个机柜/机架有一个唯一的基于地板网格坐标的标识符。对于多楼层数据中心，则将楼层编号作为前缀放到机柜/机架标识符前。例如：数据中心第二层坐标为 AE03 的机柜/机架应标记为 2AE03，如图 4-31 所示。

一般情况下，机柜/机架标识符采用 nnXXYY 格式。其中，nn 为楼层编号，XX 为地板网格横坐标，YY 为地板网格纵坐标。

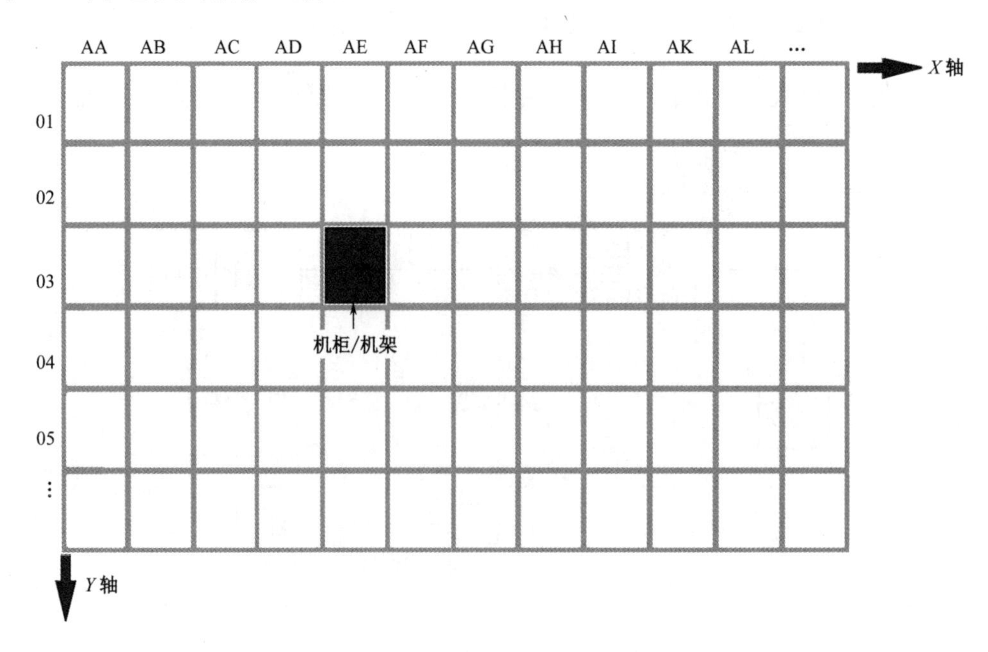

图 4-31　地板网格坐标标识

（2）行列标注。

若数据中心房间无地板，则使用行编号和列编号来标记每一个机柜/机架，行列标注如

图 4-32 所示。

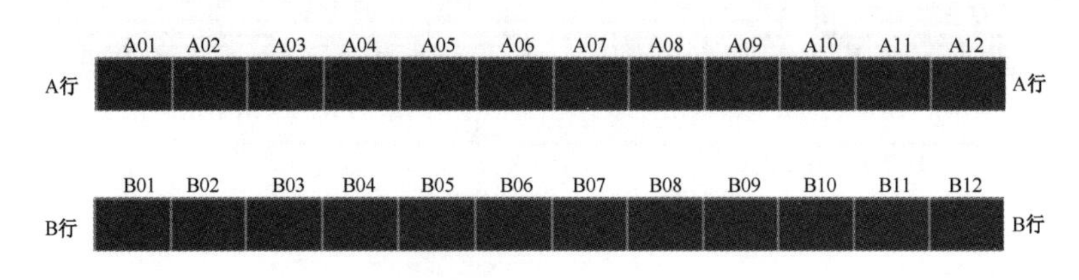

图 4-32 行列标注

2．配线架标识

配线架标识，包括配线架所处机柜/机架编号和其在机柜/机架中的位置及端口号。

（1）配线架位置用字母自上而下表示。

（2）配线架端口用两个或三个特征标识符表示。

例如：机柜 3AE05 中第二个配线架的第四个端口可标记为 3AE05—B04。

一般配线架端口标识符格式为 nnXXYY—Ammm。nn 指楼层编号，XX 指地板网格横坐标（或列号），YY 指地板网格纵坐标（或行号），A 指配线架号（A～Z 由上至下），mmm 指线对、芯纤或端口编号。

（3）配线架连通性标识符。

配线架连通性标识符格式：P_1 to P_2。P_1 指近端机架或机柜、配线架次序和端口数字。P_2 指远端机架或机柜、配线架次序和端口数字。

例如：连接 24 根从主配线区到楼层配线区 1 的 6 类缆线的 24 口配线架应标记为 MDA to HDA1 Cat6UTP1—24。

图 4-33 显示了 24 根 6 类缆线用于连接机柜/机架 AE03 与 AK02，图 4-34 显示了其对应的配线架标签。

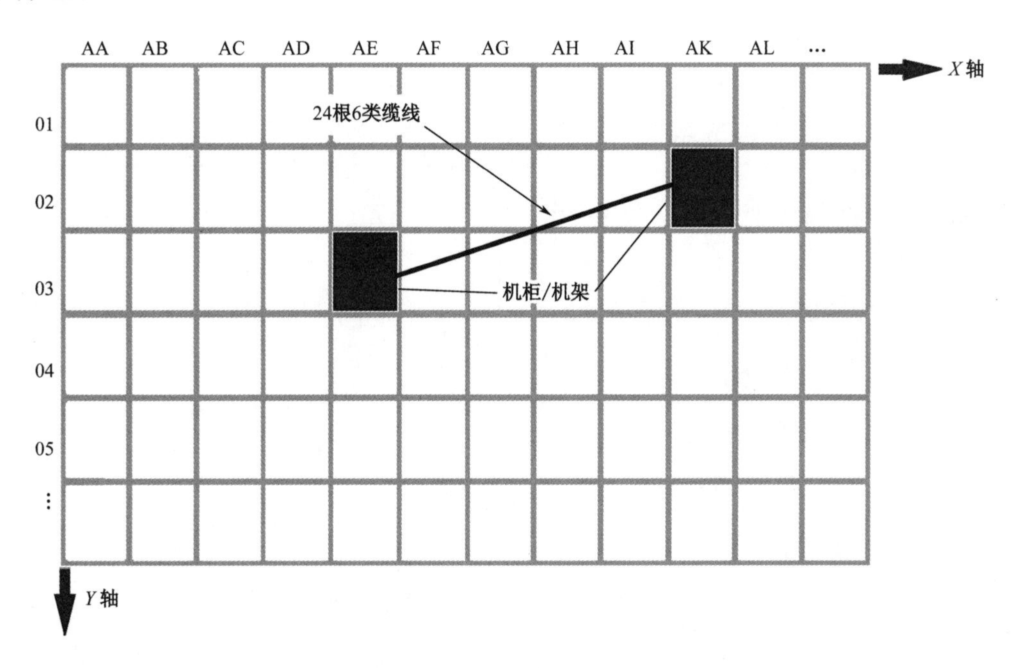

图 4-33 配线架示例

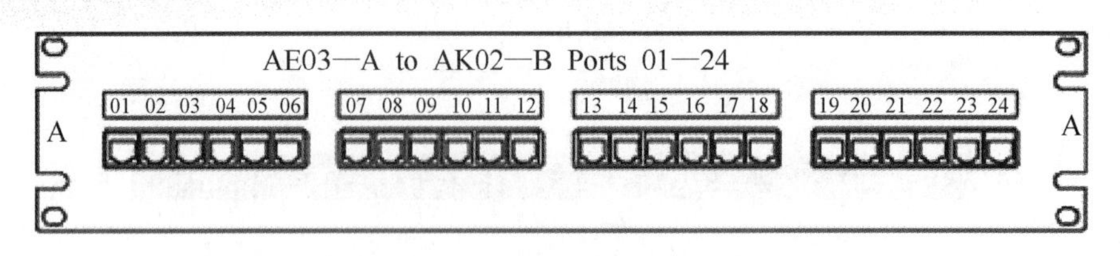

图 4-34　配线架标签

3．缆线和跳线标识

缆线两端必须贴上标记所连设备的近端和远端地址的标签。

缆线标记格式：P_1/P_2。P_1指近端机架或机柜、配线架次序和指定的端口，P_2指远端机架或机柜、配线架次序和指定的端口。

跳线标识如图 4-35 所示，连接到配线架第一个位置的缆线标记为 AE03—A01/AK02—B01，且在机柜 AK02 内相同缆线标记为 AK02—B01/AE03—A01。

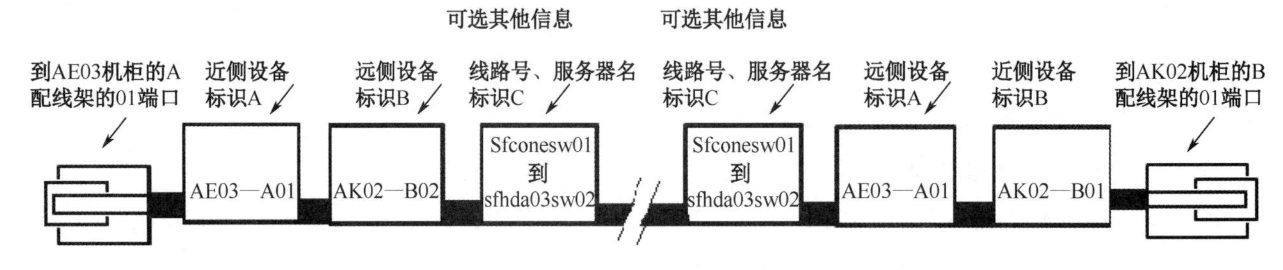

图 4-35　跳线标识

二、电信间标识

完整的电信间标识应包含建筑物名称、位置、区号、起始点和功能等信息，并给出楼层信息点序列号与最终房间信息点号的对照表。楼层信息点序列号是指在未确定房间号之前，为在设计中标定信息点的位置，以楼层为单位给各个信息点分配的唯一序号。对于开放式办公环境，所有预留的信息点都应参加编写。

1．电信间信息点编号规则（见图 4-36）

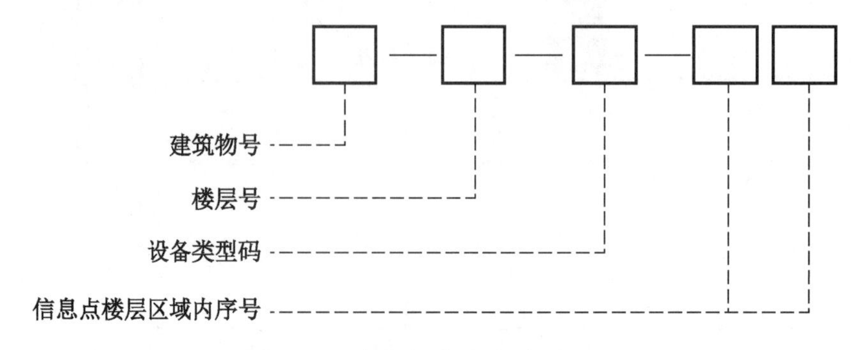

图 4-36　电信间信息点编号规则

每个编号只标识一个信息点，与一个 RJ 面板插孔对应，也与一条配线电缆对应。其中楼层号从 1 到 12。设备类型码有两种，C 表示计算机，P 表示电话。同层信息点统一顺序编号。此编号会在以下方面用到。

（1）布线系统平面图和其他一些文档中，都用上述编号来标识信息点。

（2）每个信息盒面板的插孔下方贴上写有信息点编号的标签。

（3）在配线架的标签条上标明相应位置对应的信息点编号，并登记注册。

（4）穿线工程中，每根电缆的两端都按上述规则标号。

2. 电信间 FD

（1）每个电信间 FD 采用三个字符标记，分别表示楼层和电信间号码，如 03b（楼层 03、电信间 b）。

（2）电信间内的每个机柜/机架用一位代码表示，如 c（机架 c）。

（3）机柜/机架上的配线架用两位数字表示，如 06（配线架 06）。

（4）配线架的每个 RJ 口位置用两位数字表示，如 04（端口位置 04）。

例如：标签 03b—c06—04 表示 03 楼层 b 电信间 c 机架 06 配线架 04 端口位置。

3. 信息点端口

信息点端口用区域号和面板号来标记，如 a42（a 区、面板 42）。区域号用于标记建筑物中的某个具体区域，在楼层的平面图中可以找到。

信息点端口内每个插座的位置用两位数字表示，如 01（插座 01）。

例如：标签 a42—01 表示该插座的位置是 a 区、面板 42、插座 01。

4. 配线架位置

配线架的位置应参照插座上的标签，如 a42—01（a 区、面板 42、插座 01）。或者参照另外一个配线架，如 03a—b17—02（03 楼层、a 电信间、b 机架、17 配线架、RJ 端口位置 02）。

5. 缆线

缆线上有起点和终点代码的标签，如 03b—c05—05/a42—01（起点/终点），表示缆线的接插板端（起点）端接在 03 楼层、b 电信间、c 机架、05 排、位置 05 上，而另外一端（终点）则端接在 a 区、面板 42、插座 01 上。

6. 插座位置

插座的位置应当参照电信间的位置来粘贴标签，如 03b—c05—05（03 楼层、b 电信间、c 机架、05 配线架、位置 05）。

三、管理方案设计步骤

步骤一：选择综合布线系统所用的硬件类型并确定其规模。

（1）确定所用的硬件类型。

（2）确定组成线路电缆类别。

（3）确定硬件与缆线（中继线/辅助场）交连/互连的规模与方式。

（4）确定设备间或电信间交连/互连硬件的位置。

步骤二：确定语音和数据线路要端接的电缆对总数，并分配好语音和数据线路所需的墙场或终端条带。

步骤三：确定设备间和电信间与工作区信息点的连接方式、标记方式。

步骤四：确定标识方案并实施。

标识方案的制定原则通常由最终用户、系统管理人员提供。所有的标识方案均应规定各种参数和识别步骤，以便查清交接场的各种线路和设备端接点。为了有效地进行线路管理，标识方案须作为技术文件存档。

四、管理系统设计时应注意的问题

（1）确定干线通道和实现管理的 BD/FD 数目，应根据所服务的可用楼层空间来考虑。

（2）管理仅限于设备间时，设备间面积不应小于 10m^2。端接的工作区超过 200 个，则应在该建筑物中增加一个或多个二级配线间 BD，电信间 FD 的设置要求见表 4-18，或根据设计需要确定。

表 4-18　电信间 FD 的设置要求

工作区数量（个）	BD 数量（个），面积（m^2）	二级 BD 数量（个），面积（m^2）
≤200	1，≥1.2×1.5	0
201～400	1，≥1.2×2.1	1，≥1.2×1.5
401～600	1，≥1.2×2.7	1，≥1.2×1.5
＞600	2，≥1.2×2.7	任何一个配线间最多可以支持两个二级配线间

（3）管理采用 110PB 型配线架与缆线端接，可为多系统应用提供最大灵活性，整个系统采用双点管理。

技能实训 9　设计标识方案

依据前面所学的知识，对教学楼二楼计算机网络 A 电信间 FD_2 管理信息点数量、位置、机柜及柜内设备的选型和安排，做出标识方案。

进程一：确定机柜规格与型号

进程二：机柜内设备选型与布置

进程三：做出标识方案

参照图 4-37 和表 4-19，写出单点管理 C 面板 02 端口所用的标识方案。

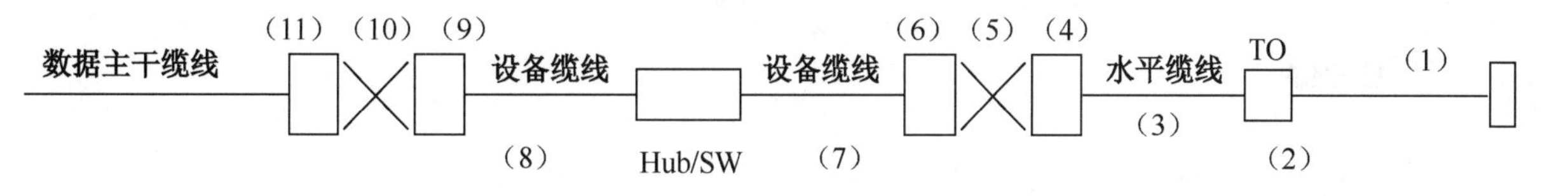

图 4-37　教学楼二楼电信间系统图

表 4-19　教学楼二楼电信间标识设计方案

位置号	说明	标识设计	意义	备注
(1)	设备缆线	S02—D02—C02	连接到教学楼 2 层—D 功能区域 02 房间—C 面板 02 端口	
(2)	面板	D02—C02—D	D 功能区域 02 房间—C 面板 02 端口—JS（计算机业务）	
(3)	水平配线电缆	S02—D02—C02/ 02A—A01—E02	端接于工作区：教学楼 2 层—D 功能区域 02 房间—C 面板 02 端口 电信间：2 层 A 电信间—A 列 01 机柜—E 配线架 02 端口	
(4)	配线架	02A—A01—E02	2 层 A 电信间—A 列 01 机柜—E 配线架 02 端口	
(5)	跳线	A01—E01/A01—F02	A 列 01 机柜—E 配线架 01 端口/A 列 01 机柜—F 配线架 02 端口	
(6)	配线架	02A—A01—F02	2 层 A 电信间—A 列 01 机柜—F 配线架 02 端口	
(7)	设备缆线	A01—F02—Q02	A 列 01 机柜—F 配线架 02 端口—机柜 Q 交换机位置 02 设备端口	
(8)	设备缆线	A01—G02—Q11	A 列 01 机柜—G 配线架 02 端口—机柜 Q 交换机位置 11 设备端口	
(9)	配线架	02A—A01—G02	2 层 A 电信间—A 列 01 机柜—G 配线架 02 端口	
(10)	跳线	A01—G02/ A01—H02	A 列 01 机柜—G 配线架 02 端口/ A 列 01 机柜—H 配线架 02 端口	
(11)	配线架	02A—A01—H02	2 层 A 电信间—A 列 01 机柜—H 配线架 02 端口	

学习任务七

管、槽、桥架配置技术

学习目标：

掌握管、槽、桥架配置技术要求与方法。

项目一 管、槽、桥架的类别及走线方式

一、管、槽、桥架的类别

1．金属管和塑料管（见图 4-38）

金属管主要用于分支结构或暗埋的线路，它的规格也有多种。根据外径大小分类，工程施工中常用的金属管有 D16、D20、D25、D32、D40、D5O、D63、D110 等规格。

PE 阻燃导管是一种塑制半硬导管，按外径分有 D16、D20、D25、D32 四种规格。外观呈白色，有强度高、耐腐蚀、挠性好、内壁光滑等优点，明、暗装穿线兼用。

PVC 阻燃导管是以聚氯乙烯树脂为主要原料，经加工设备挤压成形的刚性导管。小管径 PVC 阻燃导管可在常温下进行弯曲。PVC 阻燃导管按外径分有 D16、D20、D25、D32、D40、D45、D63、D110 等规格。

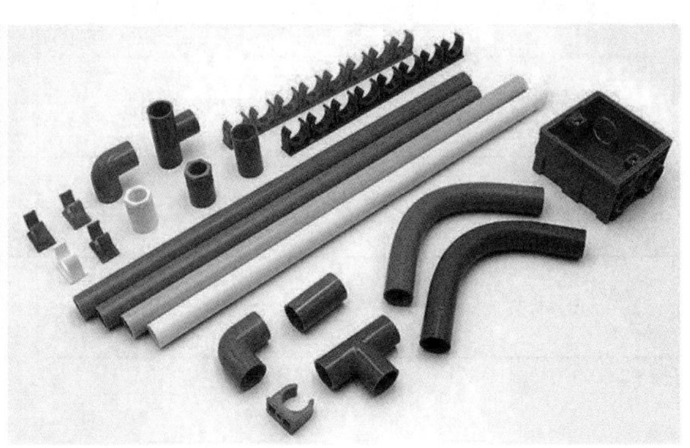

图 4-38　金属管与塑料管

与 PVC 阻燃导管配套的附件有接头、螺圈、弯头、弯管弹簧、一通接线盒、二通接线盒、三通接线盒、四通接线盒、开口管卡、专用截管器和 PVC 黏合剂等。

管道的最小弯曲半径见表 4-20。

表 4-20　管道的最小弯曲半径

管道直径（mm）	截面积（mm2）	管道最小弯曲半径无铅铠装（mm）
20	314	127
25	494	152
32	808	203
40	1264	254
50	1975	305
70	3871	380

2．金属槽和塑料槽

金属槽由槽底和槽盖两部分组成，每根槽的长度一般为 2m，槽与槽连接时使用相应尺寸的铁板和螺钉固定。金属槽的外形结构如图 4-39 所示。

图 4-39　金属槽的外形结构

在综合布线系统中，常用金属槽的规格有 50mm×100mm、100mm×100mm、100mm×200mm、100mm×300mm、200mm×400mm 等。

综合布线通常用 PVC 槽，其品种规格多，常用型号有 PVC—20 系列、PVC—25 系列、PVC—25F 系列、PVC—30 系列、PVC—40 系列和 PVC—40Q 系列等，常用规格有 24mm×14mm、39mm×19mm、50mm×25mm、60mm×40mm、80mm×50mm 和 100mm×50mm 等。与 PVC 槽配套的附件有阳角、阴角、直转角、平三通、左三通、右三通、连接头、终端头和接线盒（暗盒、明盒）等，如图 4-40 所示。

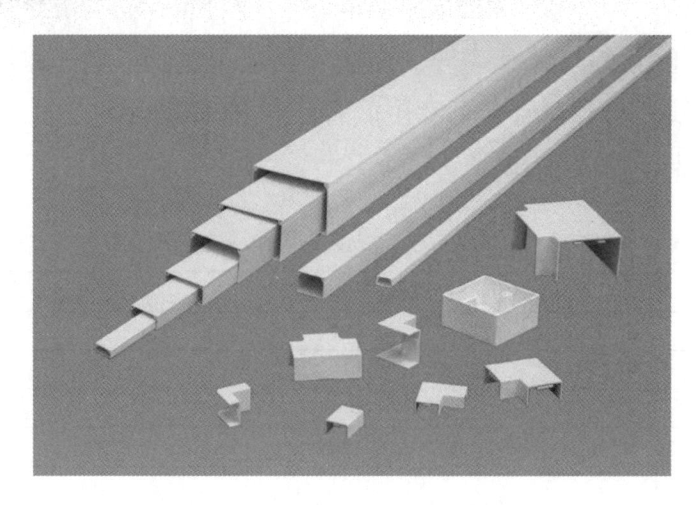

图 4-40　PVC 槽及其附件

3．桥架

桥架是建筑物内布线不可缺少的一个部分。桥架分为普通型桥架、重型桥架和槽式桥架。其中，重型桥架和槽式桥架在网络布线中很少使用。

普通型桥架有以下主要配件：梯架、弯通、三通、四通、多节二通、凸弯通、凹弯通、调高板、端向连接板、调宽板、垂直转角连接件、连接板、水平转角连接板和隔离板等。

直边普通型桥架有以下主要配件：梯架、弯通、三通、四通、多节二通、凸弯通、凹弯通、盖板、弯通盖板、三通盖板、四通盖板、凸弯通盖板、凹弯通盖板、花孔托盘、花孔弯通、花孔四通托盘、连接板、垂直转角连接板、水平转角连接板、端向连接板护板、隔离板、调宽板和端头挡板等。

二、管槽走线

1．新建筑物配线子系统管槽走线

1）直接埋管走线

直接埋管走线是一种地板走线方式，由一系列密封在现浇混凝土中的金属布线管道（如厚壁镀锌管）或金属馈线走线槽（如薄型电线管）组成，这些金属布线管道或金属馈线走线槽从楼层配线间向信息插座处辐射。

现代楼宇不仅有较多的电话语音点和计算机数据点，而且语音点与数据点可能还要求互换，以增强综合布线系统使用的灵活性。对于目前使用较多的 SC 镀锌钢管及阻燃高强度 PVC 管，建议富余容量为 70%。

2）线槽支管走线

这是一种先走吊顶内线槽，再走支管到信息出口的吊顶内走线方式。由弱电竖井出发的缆线，先进入吊顶中的线槽或桥架，到达各个房间后，再分出支管到房间内的吊顶，贴墙而下到信息插座处，如图 4-41 所示。

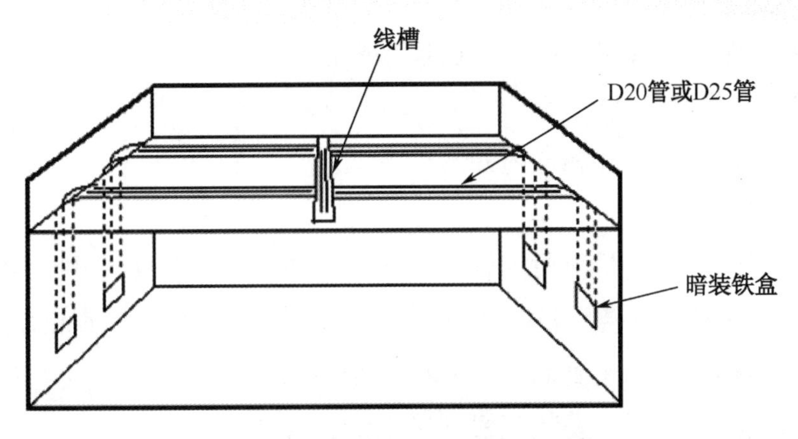

图 4-41　线槽支管走线方式

线槽通常悬挂在天花板上方区域，用在大型建筑物或布线系统比较复杂而须有额外支持物的场合。线槽由金属或阻燃高强度 PVC 材料制成，有单件扣合式和盒式两种类型。在设计安装线槽时，应尽量将线槽置于走廊的吊顶内，支管应尽量集中，以便于维护。如果是新建筑，应赶在走廊吊顶施工前进行。这样不仅可以减少布线工时，还有助于保护已穿缆线，不会影响房内装修。

如果楼板适合穿孔，由弱电井出来的缆线也可先走吊顶内的线槽，经分支线槽从横梁式电缆管道分叉后，将电缆穿过一段支管引向墙柱或墙壁，贴墙而上。

3）地面线槽走线

这是一种适合大开间及后打隔断的地板走线方式，由弱电竖井出发的缆线通过地面线槽到地面出线盒，在地面出线盒上安装多用户插座，再由多用户插座连接到办公桌信息插座。

2．旧建筑物配线子系统管槽走线

1）护壁板电缆管道走线

护壁板电缆管道是一种沿建筑物敷设的金属管道。电缆管道的前面板盖是活动的，插座可装在沿管道的任何地方，电缆由接地的金属隔板隔开，这种走线方式通常用于墙上装有很多插座的小楼层区。

2）墙上走线

对于没有预留走线通道的大楼，可考虑在墙上布线，通常是沿墙根走线，利用 B 形夹子将缆线固定住。

3）地板导管走线

金属导管固定在地板上，盖板紧固在导管基座上，电缆在金属导管内。这种走线方式的优点是安装简单快速，适用于办公室环境。

3．干线管槽走线

大型智能建筑中管槽系统的上升部分是管槽系统的主干线路。缆线条数多、容量大且集中，一般利用上升管路、电缆竖井或上升通道来敷设。

1）垂直干线管槽通道

垂直干线管槽通道有电缆孔和电缆井两种方式。

（1）电缆孔方式。

干线通道中所用的电缆孔是很短的管道，通常是用直径 10cm 的刚性金属管做成的。它们嵌在混凝土地板中（这是在浇注混凝土地板时嵌入的），比地板表面高出 2.5～10cm。电缆往往绑在钢绳上，而钢绳又固定到墙上已铆好的金属条上。当接线间上下对齐时，一般采用电缆孔方式。圆形孔洞处应至少安装三根圆形钢管，管径不小于 10cm。

（2）电缆井方式。

电缆井方式是指在每层楼板上开出一些方孔，使电缆可以穿过这些方孔从这层楼伸到另一层楼。电缆井的大小依所用电缆的数目而定，尺寸不小于 300mm×100mm。与电缆孔方式一样，电缆也是绑在支撑用的钢绳上或箍在支撑用的钢绳上，钢绳靠墙上金属条或地板三脚架固定。

2）配线干线管槽通道

配线干线管槽通道有吊挂和托架两种方式。

（1）吊挂方式。

在管道干线系统中，金属管道用来安放和保护电缆，管道由吊杆支撑着，一般在间距 1m 左右设置一对吊杆，如图 4-42 所示。

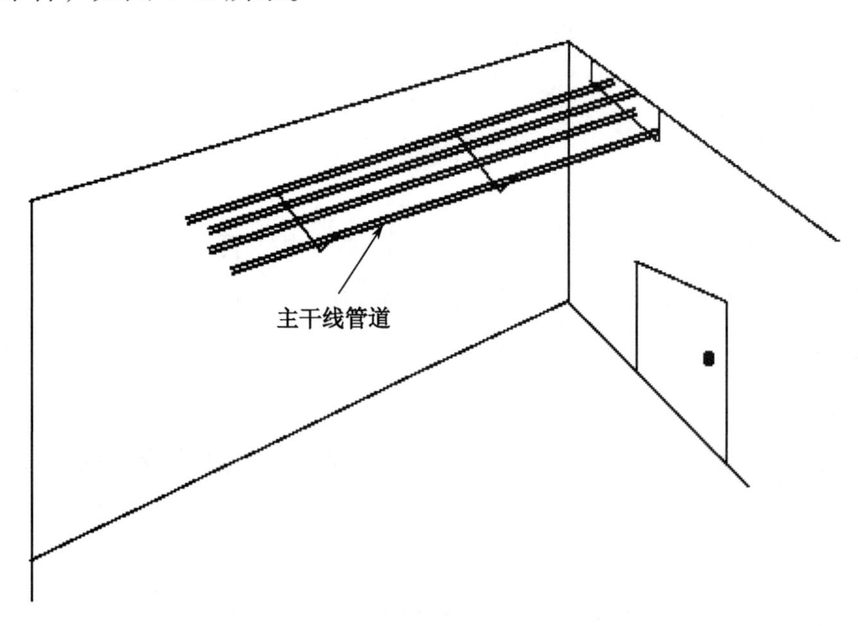

图 4-42　吊挂方式

在开放式通道和横向干线走线系统中（如穿越地下室），管道对电缆起机械保护作用。管道不仅有防火的优点，而且它提供的密封和坚固的空间使电缆可以安全地延伸到目的地。

（2）托架方式。

托架又称电缆托盘，是铝制或钢制部件，外形像梯子。如果把它搭在建筑物的墙上，可供垂直电缆布放；如果把它搭在天花板上，可供配线电缆布放。

使用托架走线槽时，一般间距 1～1.5m 装一个托架，电缆放在托架上，由水平支撑件固定，必要时还要在托架下方安装电缆绞接盒，以保证在托架上方分支或连接，如图 4-43 所示。托架方式适合电缆数目较多的情况。

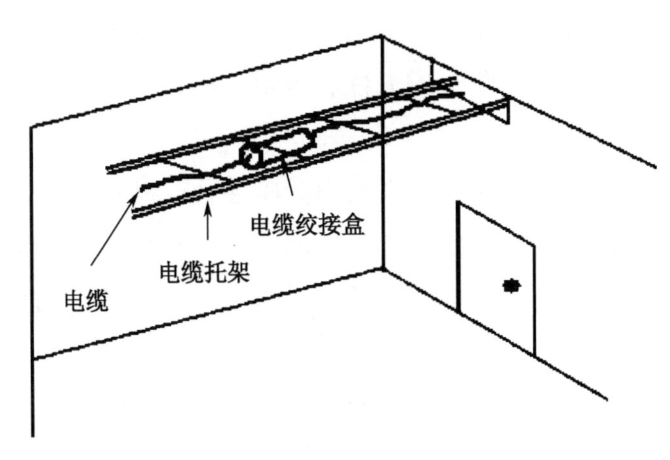

图 4-43　托架方式

根据各种缆线分布设计，结合建筑物的性质、功能、特点和要求及建筑结构条件等，对管道与槽道进行设置和制备，这是建筑基础设施的重要内容，也是土建设计和施工不可分割的一部分，管槽设置最好与建筑物同步设计和同时施工。

暗敷管路槽道设计中，须预先在敷设位置设置好洞孔规格及数量。因此，综合布线系统方案确定后，必须及早向建筑设计单位提出，以便在土建设计中纳入，做到及早联系、密切配合，使管槽系统能满足缆线敷设设计需要。

管槽系统建成后，与建筑物成为一个整体。因此，它的使用年限与建筑物的使用年限完全一致。管槽系统的使用年限，应大于综合布线系统缆线的使用年限。

管槽包括引入管路、上升管路（包括上升房、电缆竖井和槽道等）、楼层管路（包括槽道和部分工作区管路）及联络管路（包括槽道）等。因此，在设计中对它们的走向、路由、位置、管径规格等应系统考虑，做到互相衔接、配合协调，不应产生脱节和矛盾等现象。

综合布线系统是开放式结构，既要做好建筑物内部和建筑群体的信息传输网络连接，又要做好与建筑物外部的语音、数据、视频及监控系统连接。因此，在管道与槽道系统设计中，必须精心研究，选用最佳技术方案，以满足各方面的需要。

项目二 管、槽、桥架设计

一、管、槽、桥架设计标准（GB 50311—2016）

（1）布线导管或桥架的材质、性能、规格及安装方式的选择应考虑敷设场所的温度、湿度、腐蚀性、污染，以及自身耐水性、耐火性、承重、抗挠、抗冲击等因素对布线的影响，并应符合安装要求。

（2）缆线敷设在建筑物的吊顶内时，应采用金属导管或槽盒。

（3）布线导管或槽盒在穿越防火分区楼板、墙壁、天花板、隔墙等建筑构件时，其空隙部位应按等同于建筑构件耐火等级的规定封堵。塑料导管或槽盒及附件的材质应符合相应阻燃等级的要求。

（4）布线导管或桥架在穿越建筑结构伸缩缝、沉降缝、抗震缝时，应采取补偿措施。

（5）布线导管或槽盒暗敷设于楼板时不应穿越机电设备基础。

（6）暗敷设在钢筋混凝土现浇楼板内的布线导管或槽盒最大外径宜为楼板厚的 1/4～1/3。

（7）建筑物室外引入管道设计应符合建筑物地下室外墙的防水要求。引入管道应采用热浸镀锌厚壁钢管，外径为 50～63.5mm 的钢管壁厚应不小于 3mm，外径为 76～114mm 的钢管壁厚应不小于 4mm。

（8）建筑物内采用导管敷设缆线时，导管应符合下列规定。

① 线路明敷设时，应采用金属管、可弯曲金属电气导管保护。

② 建筑物内暗敷设时，应采用金属管、可弯曲金属电气导管等保护。

③ 导管在地下室各层楼板或潮湿场所敷设时，不应采用壁厚小于 2.0mm 的热镀锌钢管或重型包塑可弯曲金属导管。

④ 导管在二层底板及以上各层钢筋混凝土楼板和墙体内敷设时，可采用壁厚不小于 1.5mm 的热镀锌钢导管或可弯曲金属导管。

⑤ 在多层建筑砖墙或混凝土墙内竖向暗敷导管时，导管外径应不大于 50mm。

⑥ 由楼层水平金属槽盒引入每个用户单元信息配线箱或过路箱的导管，宜采用外径为 20～25mm 的钢导管。

⑦ 楼层弱电间（电信间）或弱电竖井内钢筋混凝土楼板上，应按竖向导管的根数及规格预留楼板孔洞或预埋外径不小于 89mm 的竖向金属套管群。

⑧ 导管的连接宜采用专用附件。

（9）槽盒的直线连接、转角、分支及终端处宜采用专用附件连接。

（10）在明装槽盒的路由中设置吊架或支架时，宜设置在下列位置。

① 直线段不大于 3m 处及接头处。

② 首尾端处及进出接线盒 0.5m 处。

③ 转角处。

（11）布线路由中每根暗管的转弯角应不多于 2 个，弯曲角度应大于 90°。

（12）过线盒宜设置在下列位置。

① 槽盒或导管的直线路由每 30m 处。

② 有一个转弯时，导管长度大于 20m。

③ 有两个转弯时，导管长度不超过 15m。

④ 路由中有反向（U 形）弯曲的位置。

（13）导管管口伸出地面部分的长度应为 25～50mm。

二、管道与槽盒设计

1. 管道设计

根据缆线布放设计，确定缆线布放管道路径、规格和型号，以及吊顶内、地板下、墙壁内或墙面布管等位置的安装方式。

（1）确定管道规格。

估算公式为

$$S_0=(n\times S_n)/[70\%\times(40\%\sim50\%)]$$

式中，n 表示须在管中布放缆线（同规格）的根数；S_n 表示选用的缆线截面积；S_0 表示选用的管道截面积；70%表示布线标准规定允许缆线占有管道的空间；40%～50%表示缆线之间浪费的空间。

（2）确定管道端接位置、弯曲位置和弯曲程度。

（3）计算管道及端接件规格与长度，确定选材型号和数量，明确现场制备方式。

（4）画出管道路由施工图，列出用料清单表。

2. 槽盒设计

根据缆线布放设计，确定缆线布放槽盒路径、规格和型号，以及吊顶内、地板下、墙壁内或墙面布槽等位置的安装方式。

（1）确定槽盒规格。

估算公式为

$$S_0=(n\times S_n)/[70\%\times(40\%\sim50\%)]$$

式中，n 表示须在槽盒中布放缆线（同规格）的根数；S_n 表示布放缆线总的截面积；S_0 表示选用的槽盒截面积；70%表示布线标准规定允许缆线占有槽盒的空间；40%～50%表示缆线之间浪费的空间。

（2）确定槽道（盒）端接位置和槽道弯曲 90° 角的位置。

（3）计算槽道规格与长度，确定选材型号和数量，明确现场制备方式。

（4）画出槽道路由施工图，列出用料清单表。

3．缆线布放在导管与槽盒内的管径与截面利用率

如果有必要增加电缆孔或电缆井，可利用直径—面积换算表来确定其大小。首先计算缆线所占面积，即每根缆线截面积乘以缆线根数。在确定缆线所占面积后，按管道截面利用率公式即可计算出管径。

（1）管径利用率和截面利用率应根据下列公式计算。

$$管径利用率=d/D$$

式中，d 为缆线外径；D 为管道内径。

$$截面利用率=A_1/A$$

式中，A_1 为穿在管内的缆线总截面积；A 为管径的内截面积。

（2）弯导管的管径利用率应为 40%～50%。

（3）导管内穿放大对数电缆或 4 芯以上光缆时，直线管路的管径利用率应为 50%～60%。

（4）导管内穿放 4 对双绞线电缆或 4 芯及以下光缆时，截面利用率应为 25%～30%。

（5）槽盒内的截面利用率应为 30%～50%。

三、桥架设计

当配线缆线多，管槽不能满足缆线布放需求时，则用桥架来完成配线缆线布放，桥架成形规划设计一般有三种方式。

（1）天花板、房梁吊式。

（2）墙壁三脚架支撑式。

（3）地板下暗置式。

无论哪种方式，都要根据配线缆线布放数量、规格、种类进行桥架现场成形设计。

① 根据缆线布放设计，确定桥架路径现场成形规格及安装方式。

桥架大小应以宽度 b 是净高 h 的两倍进行设计，桥架横截面积为 $S=b\times h$。

电缆总截面积根据下式计算：

$$S_0=n_1\pi\times(d_1/2)^2+n_2\pi\times(d_2/2)^2+\cdots$$

式中，d_1，d_2…为各粗细不同电缆的直径；n_1，n_2…为相应电缆的根数。

根据技术要求，缆线在桥架中的占用空间一般为 40%，即 $S_0=S\times 40\%$，则电缆桥架的宽度为 $b=S/h=S_0/(40\%\times h)$。

② 按设计尺寸选配桥架制备成形材料规格，确定转接接线盒位置。

③ 画出桥架路由施工图。

④ 准备工具与材料，确定桥架连接件规格、数量，列出用料清单表。

四、常用 PVC 槽道规格和穿线数量

槽道内缆线布放填充率应不大于 70%，具体见表 4-21。在槽路连接、转角、分支集中处应采用相应的附件，并保持槽道良好的封闭性。槽道垂直或倾斜敷设时，应采用线口固定缆线，以防止缆线在槽内移动。槽道垂直敷设时，其固定间距应不大于 3m。

表 4-21 PVC 槽道内容纳线数及富余量

规格	容纳线数	富余量	规格	容纳线数	富余量
20mm×13mm	2 条双绞线	30%	80mm×50mm	50 条双绞线	30%
25mm×13mm	3 条双绞线	30%	100mm×50mm	60 条双绞线	30%
30mm×17mm	6 条双绞线	30%	100mm×80mm	80 条双绞线	30%
40mm×25mm	10 条双绞线	30%	120mm×50mm	90 条双绞线	30%
50mm×27mm	15 条双绞线	30%	120mm×80mm	100 条双绞线	30%
60mm×30mm	22 条双绞线	30%	200mm×160mm	200 条双绞线	30%

五、常用 PVC 管道规格和穿线数量

管道内缆线布放填充率应不大于 70%，管路较长或有转弯时，应加装管道拉线盒，对两个拉线点（盒）之间的距离有以下要求。

（1）无弯管路时，不超过 30m。

（2）两个拉线点之间有一个弯时，不超过 20m。

（3）两个拉线点之间有两个弯时，不超过 15m。

（4）两个拉线点之间有三个弯时，不超过 8m。

PVC 圆管内容纳线数及富余量见表 4-22。

表 4-22 PVC 圆管内容纳线数及富余量

规格	容纳线数	富余量	规格	容纳线数	富余量
15mm	1～2 条双绞线	30%	50mm	12～14 条双绞线	30%
20mm	2～3 条双绞线	30%	65mm	17～42 条双绞线	30%
25mm	4～5 条双绞线	30%	80mm	49～66 条双绞线	30%
32mm	5～6 条双绞线	30%	100mm	67～80 条双绞线	30%
40mm	7～11 条双绞线	30%			

综上所述，管、槽设计步骤如下。

（1）根据缆线布放路由走向设计管、槽路由。

（2）根据缆线布放数量设计管、槽型号与规格。

（3）估算所用材料数量，明确现场成形制备方式。

（4）如果使用吊杆走线槽，则要确定吊杆的数量。

（5）如果不使用吊杆走线槽，则要确定托架的数量。

技能实训 10　PVC 线槽与线管成形

进程一：PVC 线槽成形（见图 4-44）

（1）裁剪长度为 1m 的 PVC 线槽，制作三个弯角（直角、内角、外角）。

（2）在 PVC 线槽上量出 300mm 并画一条直线（直角成形），测量线槽的宽度为 39mm。

（3）以直线为中心向两边量取 39mm 并画线，确定直角的方向，画一个直角三角形。

（4）用线槽剪刀裁剪出画线的三角形，形成线槽直角弯。

（5）用相同的方法完成其他弯角的成形制作。

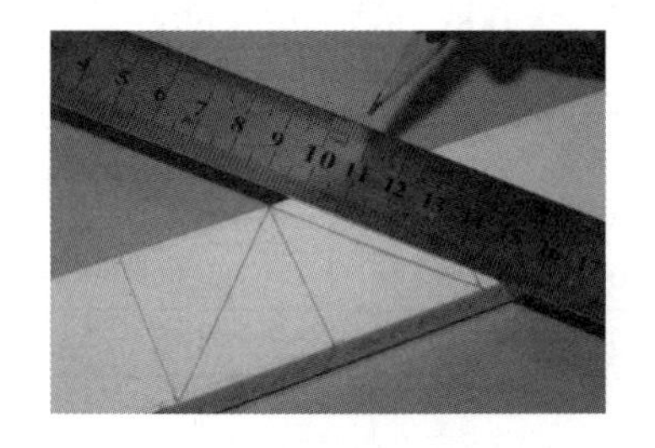

（a）测量并画出等腰直角三角形

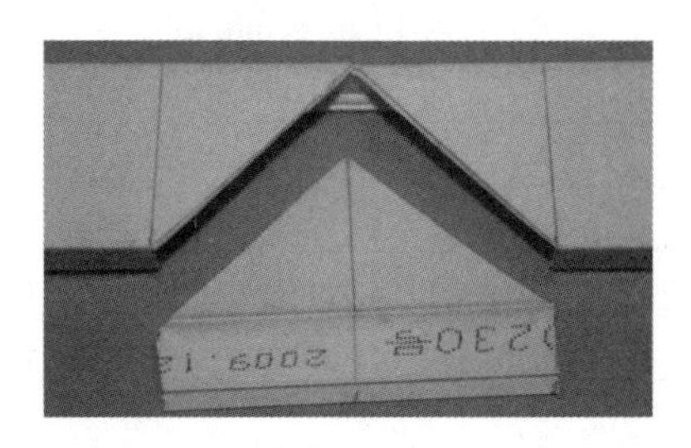

（b）裁剪出画线的三角形

（c）直角

（d）内角

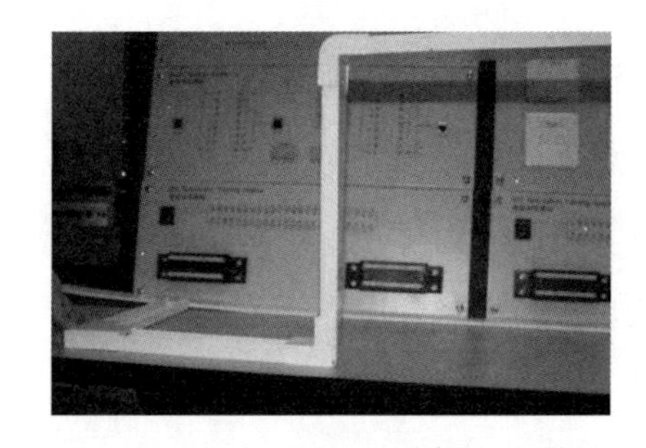

（e）三个角完成后的效果

图 4-44　PVC 线槽成形

进程二：PVC 线管成形（见图 4-45）

（1）裁剪长度为 1m 的 PVC 线管，制作直角弯。

（2）在 PVC 线管上量出 300mm 并画一条直线。

（3）用绳子将弯管器绑好，并确定好弯管的位置。

（4）将弯管器插入 PVC 线管内，用力弯曲 PVC 线管。注意控制弯曲的角度。

（5）最终完成 PVC 线管的成形制作。

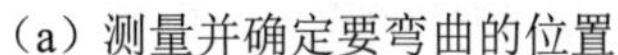

（a）测量并确定要弯曲的位置

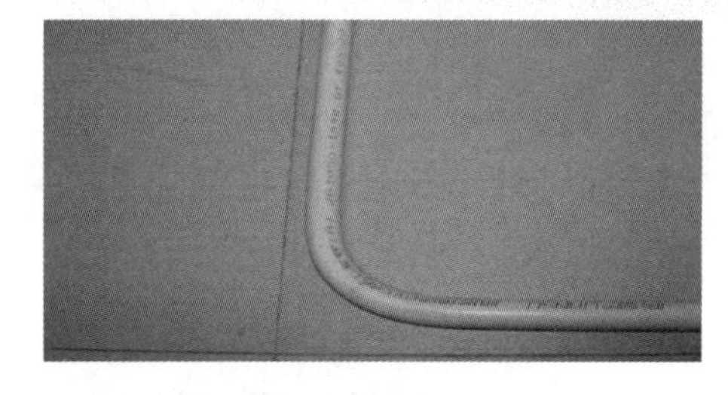

（b）弯管成形

图 4-45　PVC 线管成形

学习任务八

供电电源与防护设计

学习目标：

掌握综合布线系统供电电源及防护设计，了解设计方法，会安装室内外电源及防护设备。

综合布线系统应设有专用的供电线路，提供稳定可靠的电源，电源设计要考虑到系统扩展、升级等可能性，应预留备用电容量。

综合布线系统的负载等级，应按照现行国家标准《供配电系统设计规范》的规定进行设计。设备间和机房的电力负荷等级的选定，应考虑到建筑物的使用性质、重要程度、工作特点及通信安全要求等因素。

一般建筑物中的程控电话交换机和计算机主机处于同一类型的电力负荷等级，采用统一的供电方案。综合布线系统工程施工对象多为多层建筑物，依据相关规范，消防设备用电、弱电机房、设备间用电、客梯电力、主要办公室、会议室、值班室、档案室及主要通道照明用电应为一级负荷；其他重要场所的电力和照明用电为二级负荷；剩余的为三级负荷。综合布线电力系统包括计算机配电系统、网络设备配电系统、辅助设备系统及市电辅助系统。

项目一　中心机房供电电源设计

中心机房要采取专用低压馈电线路供电，为了便于维护管理和保证安全运行，机房内一般设置专用动力配电柜。

机房配电系统应对计算机设备、空调系统和其他系统分别专线供电，机房内空调系统及其他负载不得由主机电源和不间断电源供电，但应受主机房内电源切断开关的控制。各分线供电电路应安装无熔断自动跳闸开关，且容量应大于各分支电路无熔断开关全部容量之和，主机、磁盘机、磁带机等主要设备应使用单独的分线开关及插座，有条件的主机房宜设置专用动力配电箱。主机房内活动地板下部的低压配电线路宜采用铜芯屏蔽导线或铜芯屏蔽电缆，电源线应尽可能远离计算机信号线，避免并排敷设，当不能避免时应采用相应的屏蔽措施。

计算机机房负载分为主设备负载和辅助设备负载。主设备负载指计算机及网络系统、计算机外部设备及机房监控系统，这部分供配电系统称为计算机设备供配电系统（见图 4-46）。其对供电质量要求非常高，应采用 UPS 来保证供电的稳定性和可靠性。辅助设备负载指空调设备、动力设备、照明设备、测试设备等，其供配电系统称为辅助设备供配电系统（见图 4-47），由市电直接供电。在图 4-46 和图 4-47 中，ATS 表示自动切换开关。

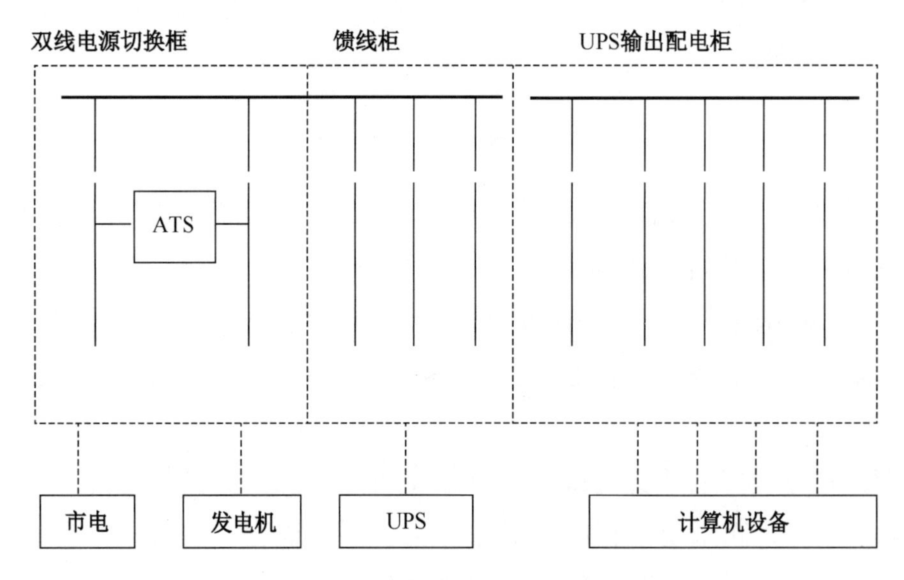

图 4-46　计算机设备供配电系统

机房内的电气施工应选择优质电缆、线槽和插座。插座应分为市电、UPS 及主要设备专用的防水插座，并注明易区分的标志。照明应选择机房专用的无眩光高级灯具。

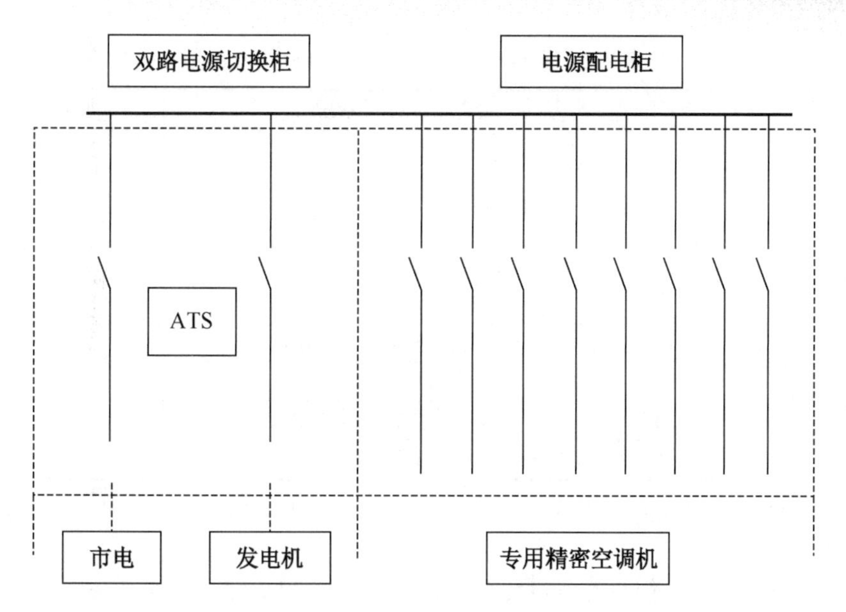

图 4-47　辅助设备供配电系统

机房供配电系统是机房安全运行的动力保证，往往采用机房专用配电柜，保证机房供配电系统的安全、合理。

机房一般采用市电、发电机双回路供电，发电机作为主要的后备动力电源。电源进线采用电缆或封闭母线，双路电源切换柜、馈线柜并排安装于配电室。配电系统采用集中控制，以便于管理计算机设备用电。

项目二　布线系统防护设计

一、电磁防护

综合布线系统选择缆线和配线设备时，应根据用户要求，结合建筑物的环境状况进行综合考虑。当建筑物在建或已建成但尚未投入运行时，为确定综合布线系统的类型，应测定建筑物周围环境的电磁干扰场强，确定系统与其他干扰源之间的距离是否符合规范要求。非屏蔽（UTP）铜缆布线只适用于电磁干扰场强低于 3V/m 的区域，电磁干扰场强高于 3V/m 的区域或用户对电磁兼容性有较高要求时，应采用屏蔽铜缆或光缆布线。

综合布线系统与其他干扰源的间距，应符合 GB 50311—2016 的规定。

综合布线电缆与附近可能产生高电平电磁干扰的电动机、电力变压器、射频应用设备等电气设备之间应保持一定距离，与电力电缆的间距应符合表 4-23 的要求。

表 4-23　综合布线电缆与电力电缆的间距

类别	与综合布线接近状况	最小间距（mm）
380V 电力 电缆＜2kV・A	与缆线平行敷设	130
	有一方在接地的金属槽盒或钢管中	70
	双方都在接地的金属槽盒或钢管中[注]	10
380V 电力电缆 2～5kV・A	与缆线平行敷设	300
	有一方在接地的金属槽盒或钢管中	150
	双方都在接地的金属槽盒或钢管中	80
380V 电力电缆 ＞5kV・A	与缆线平行敷设	600
	有一方在接地的金属槽盒或钢管中	300
	双方都在接地的金属槽盒或钢管中	150

注：双方都在接地的槽盒中，系指两个不同的线槽，也可在同一线槽中用金属板隔开，且平行长度不大于 10m。

室外墙上敷设的综合布线管线与其他管线的间距应符合表 4-24 的规定。

表 4-24　综合布线管线与其他管线的间距

其他管线	最小平行净距（mm）	最小垂直交叉净距（mm）
防雷专设引下线	1000	300
保护地线	50	20
给水管	150	20
压缩空气管	150	20
热力管（不包封）	500	500
热力管（包封）	300	300
燃气管	300	20

二、防静电地板

防静电主要指及时消除机房内部各处产生的静电荷，防止静电积聚，从而危害电子设备及人身安全，引发意外事故。机房均应采用防静电地板，通过接地来泄放静电荷。防静电地板的种类较多，其材料可分为铝合金、全钢、复合木质刨花板等。

防静电地板主要由板面和地板支承系统两部分组成，其主要规格为 600mm×600mm。机房防静电地板敷设高度一般为 0.3m。在安装防静电地板的过程中，在地板与墙面交界处，须精确切割下料。切割边须进行封胶处理后安装。地板安装后，用铝塑板踢脚板压边装饰。沿机房四边墙线用规格为 20mm×4mm 的扁钢或直径 6mm 的钢筋将防静电地板金属支撑管脚做多点重复接地焊接。

三、电气保护

室外电缆进入建筑物时，通常在入口处经过一次转接进入室内，在转接处应加装电气保护设备，避免因电缆受到雷击产生感应电势或与电力线路接触而损坏用户设备。

1. 过压保护

综合布线系统的过压保护可选用气体放电管保护器或固态保护器。气体放电管保护器通过放电间隙来限制导体和地之间的电压。放电间隙由黏在陶瓷外壳内部的两个密封金属电柱形成,其中充有惰性气体。当两个电极之间的电位差超过交流 250V 或雷电浪涌电压超过 700V 时,气体放电管出现电弧,为导体和地电极之间提供一条导电通路。固态保护器适用于较低的击穿电压(60～90V),而且其电路中不能有振铃电压。它利用电子电路将过量的有害电压释放至地,而不影响电缆的传输质量。固态保护器是一种电子开关,在未达到击穿电压前,可进行稳定的电压箝位;一旦超过击穿电压,它便将过量电压引入地。固态保护器可为综合布线系统提供良好的保护。

2. 过流保护

综合布线系统除采用过压保护外,还同时采用过流保护。过流保护器串联在线路中,当线路发生过流时,就切断线路。为了维护方便,过流保护一般都采用具有自动恢复功能的保护器。

3. 浪涌保护

GB 50311—2016 第 8.0.10 条为强制执行条款,其中规定:当电缆从建筑物外面进入建筑物时,应选用适配的信号线路浪涌保护器。

四、防火保护

综合布线系统工程设计中,应注意布线通道的防火防爆。

在建筑物的易燃区域或电缆竖井内,综合布线系统所有的电缆或光缆都要采用阻燃护套。如果这些缆线穿放在不可燃的管道内,或在每个楼层均采取了切实有效的防火措施(如用防火堵料或防火板堵封严密),可以不采用阻燃护套。

在电缆竖井内或易燃区域中,所有敷设的电缆或光缆宜选用防火、防毒的产品。万一发生火灾,因电缆或光缆具有防火、低烟、阻燃或非燃等性能,不会或很少散发有害气体,有助于保护救火人员和疏散人流。目前采用的有低烟无卤阻燃型(LSHF-FR)、低烟无卤型(LSOH)、低烟非燃型(LSNC)、低烟阻燃型(LSLC)等多种产品。此外配套的接续设备也应采用阻燃型材料和结构。如果电缆和光缆穿放在钢管等非燃性管材中,若不是主要部分可考虑采用普通外护层,若是重要布线段落且是主干缆线,考虑到火灾发生后钢管受到火烤,管材内部形成的高温空间会使缆线护层发生变化或损伤,也应选用带有防火、阻燃护层的电缆或光缆,以保证通信线路安全。除主材选择阻燃或非燃材料外,其他材料尽可能选择难燃性材料。另外,所有的木质隐蔽部分均应做防火处理。机房装修材料要选择无毒、无刺激性、非燃、难燃、阻燃材料。

设备机房应设有二氧化碳灭火系统、火灾自动报警系统，并应符合国家标准《火灾自动报警系统设计规范》和《计算机场地安全要求》的规定。中心机房宜采用感烟探测器，当设有固定灭火系统时，应采用感烟、感温两种探测器的组合，在吊顶的上、下方及活动地板下，均应设置探测器和喷嘴。主机房出口应设置向疏散方向开启且能自动关闭的门，并应保证在任何情况下都能从机房内打开。机房内的电源切断开关应靠近工作人员的操作位置或主要出入口。机房内存放记录介质应采用金属柜或其他防火容器。

五、防雷保护

综合布线电缆和相关连接硬件接地是提高系统可靠性、抑制噪声、防雷电、保障安全的重要手段，设计人员、施工人员在进行布线设计与施工前，都必须对所有设备特别是应用系统设备的接地进行认真研究，了解接地要求及各类地线之间的关系。如果接地系统处理不当，将会影响系统设备的稳定性，从而引起故障，甚至会烧毁系统设备，危及操作人员生命安全。

1．设备接地

综合布线系统设备接地，按不同作用分为直流工作接地、交流工作接地、安全保护接地、防雷保护接地、防静电接地及屏蔽接地等。

2．联合接地

联合接地也称单点接地，即所有接地系统共用同一个“地”。当综合布线采用联合接地时，一般利用建筑物基础内钢筋网作为自然接地体，其接地电阻应小于1Ω。在实际应用中通常采用联合接地，因为与分散接地相比，联合接地具有以下几个显著的优点：当建筑物遭受雷击时，楼层内各点电位分布比较均匀，工作人员及设备的安全能得到较好的保障；大楼的框架结构对中波电磁场能提供 10～40dB 的屏蔽效果；容易获得较小的接地电阻；可以节约金属材料，占地少。

（1）接地线。

接地线是指综合布线系统各种设备与接地母线之间的连线。所有接地线均为铜质绝缘导线，其截面积应不小于 $4mm^2$。当综合布线系统采用屏蔽电缆布线时，信息插座的接地可利用电缆屏蔽层作为接地线连至每层的配线柜；当综合布线的电缆采用钢管或金属线槽敷设时，钢管或金属线槽应保持连续的电气连接，并应在两端接地。

（2）接地母线（接地端子）。

接地母线是配线子系统接地线的公用中心连接点。每一层的楼层配线柜均应与本楼层接地母线相焊接，与接地母线同一配线间的所有综合布线用的金属架及接地干线均应与该接地母线相焊接。接地母线均应为铜母线，其最小尺寸为6mm×50mm（厚×宽），长度视工程实际需要而定。接地母线应尽量采用电镀锡以减小接触电阻。

（3）接地干线。

接地干线是由总接地母线引出连接所有接地母线的接地导线。在进行接地干线的设计时，应充分考虑建筑物的结构形式、建筑物的大小，以及综合布线的路由与空间配置，并与综合布线电缆干线的敷设相协调。接地干线应安装在不易受物理和机械损伤之处。建筑物内的水管及金属电缆屏蔽层不能作为接地干线使用。当建筑物中使用两个或多个垂直接地干线时，垂直接地干线之间每隔三层及顶层须用绝缘导线相焊接。接地干线应为绝缘铜芯导线，最小截面积应不小于 $16mm^2$。当在接地干线上接地电位差大于 1Vr.m.s（有效值）时，楼层配线间应单独用接地干线接至主接地母线。

（4）主接地母线（总接地端子）。

一般情况下，每栋建筑物有一个主接地母线。主接地母线作为综合布线接地系统中接地干线及设备接地线的转接点，其理想位置宜设于外线引入间或建筑配线间。主接地母线应布置在直线路径上，同时从保护器到主接地母线的焊接导线不宜过长。接地引入线、接地干线、直流配电屏接地线、外线引入间的所有接地线，以及与主接地母线同一配线间的所有综合布线用的金属架均应与主接地母线良好焊接。当外线引入电缆配有屏蔽或金属保护管时，此屏蔽和金属保护管也应焊接至主接地母线。主接地母线应采用铜母线，其最小截面尺寸为 6mm×100mm（厚×宽），长度视工程实际需要而定。主接地母线也应尽量采用电镀锡以减小接触电阻。

（5）接地引入线。

接地引入线指主接地母线与接地体之间的连接线，宜采用 40mm×4mm 或 50mm×5mm（厚×宽）规格的镀锌扁钢。接地引入线应做绝缘防腐处理，在其出土部位应有防机械损伤措施，且不宜与暖气管道同沟布放。

（6）接地体。

接地体分自然接地体和人工接地体两种。当综合布线采用单独接地系统时，接地体一般采用人工接地体，距离工频低压交流供电系统的接地体应不小于 10m，距离建筑物防雷系统的接地体应不小于 2m，接地电阻应不大于 4Ω。

六、接地要求

弱电系统的接地装置应符合下列要求。

（1）当配管采用镀锌电管时，除设计明确规定外，管子与管子、管子与金属盒子连接后不必跨接。管子间采用螺纹连接时，管端螺纹长度应不小于管接头长度的 1/2，螺纹表面应光滑、无锈蚀、无缺损，在螺纹上应涂以电力复合脂或导电性防腐脂，连接后其螺纹宜外露 2～3 扣；管子间采用带有紧定螺钉的套管连接时，螺钉应拧紧；在振动的场所，紧定螺钉应有防松动措施；管子与盒子的连接不应采用塑料纳子，应采用导电的金属纳子；弱电管子内有绝缘线时，每只接线盒都应和绝缘线相连。

(2)当配管采用镀锌电管，设计又规定管子间须跨接时，明敷配管不应采用熔焊跨接，应采用设计指定的专用接线卡跨接；埋地或埋设于混凝土中的电管，不应用接线卡跨接，可采取熔焊跨接；管内穿有裸软绝缘铜线时，电管可不跨接。此绝缘线必须与它所经过的每一只接线盒相连。

(3)配管采用黑铁管时，若设计不要求跨接，则不必跨接；若设计要求跨接，黑铁管之间及黑铁管与接线盒之间可采用圆钢跨接，且为单面焊接，跨接长度不宜小于跨接圆钢直径的6倍；黑铁管与镀锌桥架之间跨接时，应在黑铁管端部焊一只铜螺栓，用截面积不小于4mm^{2}的铜导线与镀锌桥架相连。

(4)当强弱电都采用PVC管时，为避免干扰，弱电配管应尽量避免与强电配管平行敷设。若必须平行敷设，相隔距离宜大于0.5m。

(5)当强弱电用线槽敷设时，强弱电线槽宜分开；当必须敷设在同一线槽时，强弱电之间应用金属隔板隔开。

习题

一、判断题

1. 一个房间里只能有一个工作区。 ( )
2. 工作区的电源插座应选用带保护接地的单相电源插座。 ( )
3. 一般情况下信息插座不建议使用三口或四口插座。 ( )
4. 电源插座与信息插座的距离应大于200mm。 ( )
5. 配线子系统信道的最大长度应不超过100m。 ( )
6. 一般把电信间设置在信息点居中的房间，以保证配线子系统缆线路由最短。 ( )
7. 每幢建筑物内应至少设置1个设备间。 ( )
8. 进线间一般应设置在地下或靠近外墙。 ( )
9. 根据标准，建筑群子系统只能使用光缆进行铺设。 ( )
10. 根据标准，设备间的安全等级分为A、B和C共3个等级。 ( )

二、填空题

1. GB 50311—2016《综合布线系统工程设计规范》规定的商场工作区面积为______m^2。
2. 配线子系统的水平电缆长度指从配线架到____________的距离。
3. 在综合布线设计中，干线子系统的接合方法有点对点端接法和___________两种。
4. 电信间数量应按所服务的楼层范围及工作区面积确定，如果该层信息点数量不大于________个，水平缆线长度在90m范围以内，宜设置一个电信间，否则应设置多个电信间。

5. GB 50311—2016《综合布线系统工程设计规范》规定设备间梁下净高应不小于______m，有利于空气循环。

6. 干线布线路由主要采用电缆孔和_______两种方法。

7. GB 50311—2016 中规定电信间的面积应不小于____m^2。

8. GB 50311—2016 中规定设备间内温度应为___________。

9. GB 50311—2016 中规定设备间相对湿度宜为_____________。

10. GB 50311—2016 中规定设备间采用外开双扇门，门宽应不小于____m。

11. GB 50311—2016 中规定，进线间应设置防有害气体措施和通风装置，排风量按每小时不小于_____容积计算。

三、选择题

1. 直接与用户终端设备相连的子系统是（　　）。

   A. 工作区　　　B. 配线子系统

   C. 干线子系统　　　D. 电信间

2. 在配线子系统中，下面说法中正确的是（　　）。

   A. 缆线的长度不要超过 90m

   B. 配线子系统信道长度不要超过 90m

   C. CP 集合点与楼层配线架之间缆线的长度应小于 15m

   D. 配线子系统的线路属于非永久线路，可以随时更换

3. 下列设计内容不属于配线子系统的（　　）。

   A. 布线路由设计　　　B. 缆线长度

   C. 设备安装调试　　　D. 缆线类型

4. 以下关于设备间的说法，不正确的是（　　）。

   A. 应尽量设在建筑物的高层或地下室及用水设备的下层

   B. 应尽量远离强振动源和强噪声源

   C. 应尽量远离强电磁场

   D. 应尽量远离有害气体源及易腐蚀、易燃、易爆物

5. 设备间入口门采用（　　）开（　　）扇门，门宽一般应不小于 1.5m。

   A. 外双　　　B. 内双

   C. 外单　　　D. 内单

6. 进线间主要作为室外（　　）引入楼内的成端与分支及光缆的盘长空间位置。

   A. 电缆　　　B. 光缆

   C. 电缆和光缆　　　D. 建筑物

7. 电信间、设备间应提供（　　）电源插座。

A．220V 单相　　B．220V 带保护接地的单相

C．380V 三相　　D．380V 带保护接地的三相

8．综合布线系统中用于连接多幢建筑物的是(　　)。

A．管理　　B．干线子系统

C．设备间　　D．建筑群子系统

9．综合布线管理部分的标签不包括(　　)。

A．电缆标记　　B．场标记

C．插入标记　　D．房间标记

四、简答题

1．工作区适配器的选用应符合哪些规定?

2．干线子系统缆线敷设应注意哪些保护方式?

3．简述综合布线系统中标识的种类和用途。

05

模块五 综合布线工程施工技术

学习任务一

施工准备

学习目标：

了解施工准备的内容、方法与步骤，会编制综合布线系统工程施工方案。

项目一 熟悉工程设计和施工图纸

施工人员应仔细阅读综合布线系统工程设计文件和施工图纸，了解设计内容及设计意图，明确工程所采用的设备和材料，以及图纸所提出的施工要求，熟悉和工程有关的其他技术资料，如施工及验收规范、技术规程、质量检验评定标准及制造厂提供的资料（包括安装使用说明书、产品合格证和测试记录数据等）。

一、施工场地的准备

为了便于管理，施工现场必须设置一些临时场地和设施，如管槽加工制作场、材料和设备储存仓库、现场办公室和现场供电供水设施等。

（1）管槽加工制作场：在管槽施工阶段，根据布线路由实际情况，对管槽材料进行现场切割和加工。

（2）仓库：对于规模稍大的综合布线工程，设备材料都有一个采购周期，同时，每天使用的施工材料和施工工具不可能存放到公司仓库，因此必须在现场设置一个临时仓库存放施工工具、管槽、缆线及其他材料。

（3）现场办公室：现场施工的指挥场所，配备照明、电话和计算机等办公设备。

二、施工工具的准备

（1）室外沟槽施工工具：铁锹、十字镐、电镐和电动蛤蟆夯等。

（2）线槽、线管和桥架施工工具：电钻、充电手钻、电锤、台钻、钳工台、型材切割机、手提电焊机、曲线锯、钢锯、角磨机、钢钎、铝合金人字梯、安全带、安全帽、电工工具箱

（老虎钳、尖嘴钳、斜口钳、一字旋具、十字旋具、测电笔、电工刀、裁纸刀、剪刀、活络扳手、呆扳手、卷尺、铁锤、钢锉、电工皮带和手套）等。

（3）缆线敷设工具：包括缆线牵引工具和缆线标识工具。缆线牵引工具有牵引索、牵引缆套、拉线转环、滑车轮、防磨装置和电动牵引绞车等；缆线标识工具有手持缆线标识机和热转移式标签打印机等。

（4）缆线端接工具：包括双绞线端接工具和光纤端接工具。双绞线端接工具有剥线钳、压线钳、打线工具；光纤端接工具有光纤磨接工具和光纤熔接机等。

（5）缆线测试工具：简单铜缆线序测试仪、Fluke DTX 系列缆线认证测试仪、光功率计和光时域反射仪等。

三、环境检查

施工前，应现场调查了解设备间、配线间、工作区、布线路由（如吊顶、地板、电缆竖井、暗敷管路、线槽及洞孔等），特别是对预先设置的管槽要进行检查，看是否符合安装施工的基本条件。

在智能化小区中，除对上述各项条件进行调查外，还应对小区内敷设管线的道路和各幢建筑引入部分进行了解，看有无妨碍施工的问题。总之，工程现场必须具备使安装施工能顺利开展、不会影响施工进度的基本条件。

四、器材检验

通信管道工程所用的器材规格及质量，应在使用之前进行检验，发现问题应及时处理。凡有出厂证明的器材，应按规范进行检验，严禁使用质量不合格的器材。

五、型材、管材的检验

各种型材的材质、规格应符合设计文件的规定。表面所做防锈处理应光洁良好，无脱落和气泡等现象，不得有歪斜、扭曲、飞刺、断裂和破损等缺陷。各种管材的管身和管口不得变形，接续配件要齐全有效。各种管材（如钢管、硬质 PVC 管等）内壁应光滑、无节疤、无裂缝，材质、规格、型号及孔径和壁厚应符合设计文件的规定和质量标准。在实际工程中经常存在供应商偷工减料的情况。例如，订购的是 100mm×50mm×1.0mm 规格的镀锌金属线槽，而供应商提供的是厚度为 0.8mm 或 0.9mm 的线槽，因此要用千分尺等工具对材料厚度进行抽检。

六、真假双绞线电缆检验

1. 外观检查

查看标识文字。电缆的塑料包皮上印有生产厂商、产品型号、产品规格、认证、长度、生产日期等文字，正品印刷的字符非常清晰、圆滑，基本上没有锯齿。假货的印刷质量较差，有的字体不清晰，有的呈严重锯齿状。

查看线对色标。线对中白色线不应是纯白色的，应是带有与之成对的芯线颜色的花白，这主要是为了方便用户使用时区别线对，而假货通常是纯白色的或花色不明显。

查看线对绕线密度。双绞线电缆中的每对线都绞合在一起，正品电缆绕线密度适中且均匀，沿逆时针方向绕线，且各线对绕线密度不一。次品和假货通常绕线密度很小且 4 对线的绕线密度可能相同，也可能沿顺时针方向绕线，这样方便制作且节省材料，减少了生产成本，所以次品和假货价格便宜。

2. 与样品对比

为了保障电缆、光缆的质量，在工程的招标和投标阶段可以对厂家所提供的产品样品进行分类封存备案，待厂家大批量供货时，用所封存的样品进行对照，检查样品与批量产品品质是否一致。

3. 抽测缆线的性能指标

双绞线电缆一般以 305m 为单位包装成箱。较好的性能抽测方法是使用 Fluke 认证测试仪搭配整轴缆线测试适配器。整轴缆线测试适配器是 Fluke 公司推出的线轴电缆测试解决方案，可以让用户在线轴中的电缆被截断和端接之前对它的质量进行评估测试。如果没有以上条件，也可随机抽出几箱电缆，从每箱中截出 90m 长的电缆，测试其电气性能指标，从而比较准确地判断电缆质量。

项目二 编制施工方案

在全面熟悉施工图纸的基础上，依据图纸并根据施工现场情况、技术力量及技术装备情况、设备与材料供应情况，做出合理的施工方案。施工方案的内容主要包括施工组织和施工进度，施工方案要做到人员组织合理，施工安排有序，工程管理有方，同时要明确综合布线工程和主体工程及其他安装工程的交叉配合，确保在施工过程中不破坏建筑物的强度和外观，不与其他工程发生位置冲突，以保证工程的整体质量。

编制施工方案应坚持统一计划的原则，认真做好综合平衡，力求切合实际，留有余地，遵循施工工序，注意施工的连续性和均衡性。

一、设立施工组织机构

综合布线作为一个独立的系统，在工程项目总体施工部署和管理目标的指导下，形成自身的项目管理方案和目标，按照其预先设计达到相应等级及质量的要求，如期竣工交付业主使用。

布线工程签订合同后，自接到工程项目总部（或建设方、监理公司）《工程施工入场通知单》之日起，应成立综合布线项目部并进入工程现场准备施工。

项目部成立后，应做出相应的人员安排（根据现场的实际情况，如工程项目较小，可一人承担两项或三项工作）。

项目经理：具有大型综合布线系统工程项目的管理与实施经验，监督整个工程项目的实施，对工程项目的实施进度负责；负责协调解决工程项目实施过程中出现的各种问题；负责与业主及相关人员的协调工作。

技术人员：要求具有丰富的工程施工经验，将项目实施过程中出现的进度、技术等问题，及时上报项目经理。熟悉综合布线系统的工程特点、技术特点及产品特点，并熟悉相关技术执行标准及验收标准，负责协调系统设备检验与工程验收工作。

质量、材料员：要求熟悉工程所需的材料、设备规格，负责材料、设备的进出库管理和库存管理，保证库存设备的完整性。

安全员：要求具有很强的责任心，负责日常安全防范及库存设备与材料安全。

资料员：负责日常工程资料整理（图纸、洽商文档、监理文档、工程文件、竣工资料等）。

施工班组人员：承担工程施工生产，应具有相应的施工能力和经验。

如图 5-1 所示为典型的布线施工组织结构。

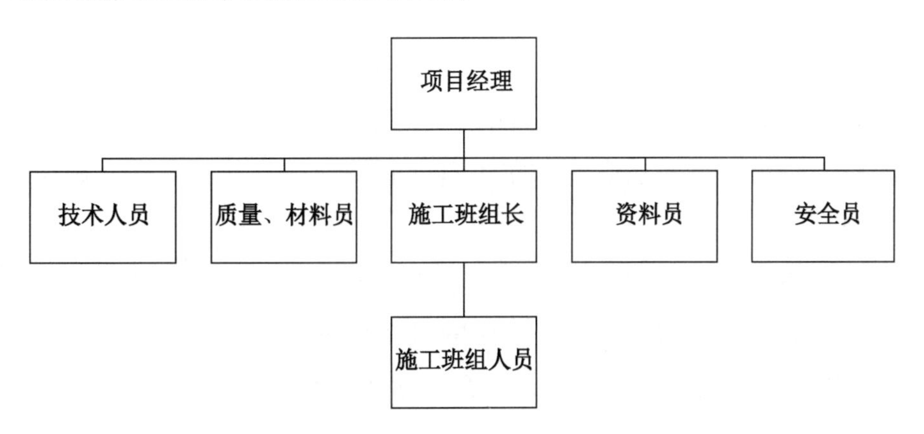

图 5-1　典型的布线施工组织结构

二、组织施工

熟悉工程状况后，项目部成员应进行任务分工，做到责任到人，同时还应发扬相互协作精神，严格按照各项规章制度、工作流程开展工作。

（1）准备施工机械设备，主要包括电钻、电锤、切割机、网络测试仪、缆线端接工具、光纤熔接机、测试仪等。

（2）熟悉综合布线设计文件，掌握系统设计要点，熟悉施工图纸。

（3）制订工程实施方案，工程实施方案由项目经理负责组织，设计人员负责完成。应根据整体工程进度，编制综合布线工程施工组织设计方案和施工进度计划表。

（4）工程材料进场。应根据施工进度计划表，将设备、材料分批次采购进场并组织相关人员（业主、监理公司）检验。检验合格后应形成业主或监理公司签收的书面文件，作为工程结算的文件之一。

（5）工程实施，由项目经理负责组织，由工程技术组、质量管理组、施工班组完成。

在整个实施过程中，以控制工程质量为主，以控制工程进度为辅，不断督导检查，以执行标准为设计依据，以工程验收标准为检验依据，保证工程顺利完成，直至工程竣工验收。

三、工程项目的组织协调

一个建筑施工项目可能涉及几十家施工单位，矛盾是不可避免的。协调作为项目管理的重要工作，必须有效解决各种分歧和施工冲突，使各施工单位齐心协力，保证项目的顺利实施，以达到预期的工程建设目标。协调工作主要由项目经理完成，技术人员辅助。

综合布线项目协调的内容大致包括以下几个方面。

（1）相互配合的协调，包括其他专业的施工单位、业主、监理公司、设计公司或咨询公司等在配合关系上的协调。例如，与其他施工单位协调施工次序、线管和线槽的路由走向，或避让强电线槽、线管及其他会造成电磁干扰的机电设备等；与业主、监理公司协调工程进度款的支付、施工进度的安排、施工工艺要求、隐蔽工程验收等；与设计公司或咨询公司协调技术变更等。

（2）施工供求关系的协调，包括工程项目实施中所需要的人力、工具、资金、设备、材料、技术的供应，主要通过协调解决供求平衡问题。应根据工程施工进度计划表组织施工，安排相应数量的施工班组人员及相应的施工工具，安排生产材料的采购，解决施工中遇到的技术或资金问题等。

（3）项目人际关系的协调，包括与工程总包方、弱电总包方、其他专业施工单位和业主的人际关系，主要解决人员之间在工作中产生的联系或矛盾。

（4）施工组织关系的协调，主要协调综合布线项目内部技术、质量、材料、安全、资料等。

四、工程施工工作流程

（1）安装水平线槽。

（2）铺设穿线管。

（3）安装信息插座暗盒。

（4）安装竖井桥架。

（5）连接水平线槽与竖井桥架。

（6）铺设水平 UTP 电缆。

（7）铺设垂直主干大对数电缆、光缆。

（8）安装工作区模块面板。

（9）安装各个配线间机柜。

（10）楼层配线架缆线端接。

（11）楼层配线架大对数电缆端接。

（12）综合布线主机房大对数电缆端接。

（13）安装光纤配线架。

（14）光纤熔接。

（15）系统测试（水平链路测试、大对数电缆和光缆测试）。

（16）自检合格（成品保护）。

（17）验收（竣工资料、竣工图纸）。

五、施工安装与管理要点

安装水平线槽，铺设穿线管，安装信息插座暗盒和竖井桥架，连接水平线槽与竖井桥架时，应注意工艺要求（如确保缆线铺设时线槽、线管连接紧密、牢靠，管道内无毛刺等），熟悉相关标准（如强弱电线槽、线管、暗盒应保持 30cm 距离并应做好接地等）。

铺设电缆、干线大对数电缆、光缆时应做好缆线两头的标识，布放缆线时不能超过缆线牵引力范围，应有剩余。UTP 电缆在设备间预留长度宜为 3～5m，电信间预留长度一般为 0.5～2m，工作区预留长度为 0.3～0.6m；光缆在设备端预留长度一般为 5～10m；有特殊要求的应按设计要求预留长度。在同一线槽内包括绝缘在内的导线截面积总和应不超过内部截面积的 40%。缆线的布放应平直，不得产生扭绞、打圈等现象，不应受到外力的挤压和损伤。电缆桥架内缆线垂直敷设时，缆线的上端及每间隔 1.5m 处应固定在桥架的支架上；水平敷设时，直接部分间隔 3～5m 处应设固定点。在缆线距离首端、尾端、转弯中心点 300～500mm 处应设置固定点。

安装工作区模块面板、楼层配线架缆线端接、楼层配线架大对数电缆端接、综合布线主机房大对数电缆端接时，应制作连接端口标签。在端接缆线时应对机柜进行整体规划，合理安排数据、语音配线架及过线槽的安装位置。缆线应布放整齐并捆扎牢固，端接时要遵照不同类别布线系统的要求，打开缆线双绞长度不应超出标准要求。

学习任务二

管槽敷设与机柜安装

学习目标：

了解综合布线工程管槽敷设和机柜安装技术要求，会按照施工图进行管槽敷设与机柜安装。

按照施工图安装的管槽系统应做到横平竖直，弹线定位。根据施工图确定的安装位置，从始端到终端（先干线定位，后配线定位）找好水平或垂直线，用墨线袋沿线路中心位置弹线。

一、金属管敷设要求

（1）预埋在墙体中暗管的最大管外径不宜超过 50mm，楼板中暗管的最大管外径不宜超过 25mm，室外管道进入建筑物的最大管外径不宜超过 100mm。

（2）直线布管每 30m 处应设置过线盒。

（3）暗管的转弯角度应大于 90°，在路径上每根暗管的转弯角不得多于两个，并且不应有 S 弯出现，有转弯的管段长度超过 20m 时，应设置管线过线盒；有两个弯时，不超过 15m 应设置过线盒。

（4）暗管管口应光滑，并加有护口保护，管口伸出部位宜为 25～50mm。

（5）至电信间暗管的管口应排列有序，便于识别与布放缆线。

（6）暗管内应安置牵引线或拉线。

（7）金属管明敷时，在距接线盒 300mm 处、弯头处的两端、每隔 3m 处应采用管卡固定。

（8）管路转弯半径不应小于所穿入缆线的最小允许弯曲半径，并且不应小于该管外径的 6 倍；暗管外径大于 50mm 时，不应小于该管外径的 10 倍。

（9）光缆与电缆同管敷设时，应在暗管内预置塑料子管，将光缆敷设在子管内，使光缆和电缆分开布放。子管的内径应为光缆外径的 2.5 倍。

二、金属槽盒安装要求

（1）线槽的规格尺寸、组装方式和安装位置均应遵照设计规定和施工图的要求。缆线桥架底部应高于地面 2.2m 或以上，顶部距建筑物楼板不宜小于 300mm，与梁及其他障碍物交叉处间的距离不宜小于 50mm。

（2）缆线桥架水平敷设时，支撑间距宜为 1.5～3m。垂直敷设时固定在建筑物结构体上的间距宜小于 2m，距地 1.8m 以下部分应加金属盖板保护，或采用金属走线柜包封，门应可开启。

（3）直线段缆线桥架每超过 15～30m 或跨越建筑物变形缝时，应设置伸缩补偿装置。

（4）金属线槽敷设时，在下列位置应设置支架或吊架：线槽接头处，每间隔 3m 处，离开线槽两端出口 0.5m 处，转弯处。支架和吊架安装应保持垂直，整齐牢固，无歪斜现象。

（5）缆线桥架和缆线线槽转弯半径不应小于槽内缆线的最小允许弯曲半径，线槽直角弯处最小弯曲半径不应小于槽内最粗缆线外径的 10 倍。

（6）桥架和线槽穿过防火墙体或楼板时，缆线布放完成后应采取防火封堵措施。

（7）线槽安装位置应符合施工图规定，左右偏差不应超过 50mm，线槽水平度偏差每米不应超过 2mm。垂直线槽应与地面保持垂直，无倾斜现象，垂直度偏差每米不应超过 3mm。

（8）线槽之间用接头连接板拼接，螺钉应拧紧。两线槽拼接处水平偏差不应超过 2mm。

（9）盖板应紧固，并且要错位盖槽板。

（10）线槽截断处及两线槽拼接处应平滑，无毛刺。

（11）金属桥架、线槽及金属管各段之间应连接良好，安装牢固。

（12）采用吊顶支撑柱布放缆线时，支撑点宜避开地面沟槽和线槽位置，支撑应牢固。

（13）吊顶支撑柱中电力线和综合布线缆线一起布放时，中间应用金属板隔开，间距应符合设计要求。

（14）当综合布线缆线与大楼弱电系统缆线采用同一线槽或桥架敷设时，子系统之间应采用金属板隔开，间距应符合设计要求。

三、金属槽盒预埋要求

（1）在建筑物中预埋线槽，宜按单层设置，每一路由进出同一过路盒的预埋线槽均不应超过 3 根，线槽截面高度不宜超过 25mm，总宽度不宜超过 300mm。线槽路由中若包括过线盒和出线盒，截面高度宜在 70～100mm 内。

（2）线槽直埋长度超过 30m 或在线槽路由交叉、转弯时，宜设置过线盒，以便布放缆线和维修。

（3）过线盒盒盖应能开启，并与地面齐平，盒盖应具有防灰与防水功能。

（4）过线盒和接线盒盒盖应能抗压。

（5）从金属线槽至信息插座模块接线盒间或金属线槽与金属钢管之间相连时，缆线宜采用金属软管敷设。

四、网络地板下槽盒的安装要求

（1）线槽之间应沟通。

（2）线槽盖板应可开启。

（3）主线槽的宽度宜为200～400mm，支线槽的宽度不宜小于70mm。

（4）可开启的线槽盖板与明装插座底盒间应采用金属软管连接。

（5）地板块与线槽盖板应抗压、抗冲击和阻燃。

（6）当网络地板具有防静电功能时，地板整体应接地。

（7）网络地板板块间的金属线槽段与段之间应保持良好导通并接地。

（8）在架空活动地板下敷设缆线时，地板内净高应为150～300mm。若空调采用下送风方式，则地板内净高应为300～500mm。

五、PVC槽盒安装要求

PVC线槽有4种安装方式：在天花板吊顶内采用吊杆或托架敷设，在天花板吊顶外采用托架敷设，在天花板吊顶外采用托架配固定槽敷设，在墙面上明装。

采用托架时，一般每隔1m左右安装一个托架。

采用固定槽时，一般每隔1m左右安装一个固定点。固定点用于固定线槽，根据线槽的大小来设置。25mm×20mm～25mm×30mm的线槽，一个固定点应有2～3个固定螺钉并水平排列。25mm×30mm以上的线槽，一个固定点应有3～4个固定螺钉，呈梯形分布，使线槽受力点分散。

除固定点外，应每隔1m左右钻两个孔，用双绞线穿入，待布线结束后，把所布的双绞线捆扎起来。

在墙面明装PVC线槽时，线槽固定点间距一般为1m，有直接向水泥中钉螺钉和先打塑料膨胀管再钉螺钉两种固定方式。

配线子系统、干线子系统布槽的方法是一样的，区别在于一个是横布槽，一个是竖布槽。当配线干线与工作区交接处不易施工时，可采用金属软管（蛇皮管）或塑料软管连接。

六、信息插座安装要求

信息插座的具体数量和装设位置及规格、型号应根据设计规定来配备和确定。接线模块等连接硬件的型号、规格和数量，都必须与设备配套，做到连接硬件正确安装，缆线连接区域划界分明。信息插座应有明显的标志，可以采用颜色、图形和文字符号来表示所接终端设备的类型，便于维护与管理。

在新建的智能建筑中，信息插座宜与暗敷管路系统配合，信息插座盒体采用暗装方式，在墙壁上预留孔洞，将盒体埋设在墙内，综合布线施工时加装接线模块和插座面板即可。在已建成的建筑物中，信息插座可根据具体环境条件采取明装或暗装方式。

信息插座底座、接线模块与面板应安装牢固，无松动现象；信息插座底座的固定方法应视现场施工的具体条件而定，可采用膨胀螺钉、射钉等；设备表面的面板应保持在一个水平面上，做到整齐美观。

安装在地面上或活动地板上的开启式三口地面信息插座如图 5-2 所示，它由接线盒体和插座面板两部分组成。插座面板有直立式（面板与地面成 45°，可以倒下成平面）和水平式等几种。缆线连接固定在接线盒体内的装置上，接线盒体埋在地面下，其盒盖面与地面平齐，可以开启，要求必须有严密防水、防尘和抗压功能。在不使用时，插座面板应与地面平齐，不得影响人们的日常行动。

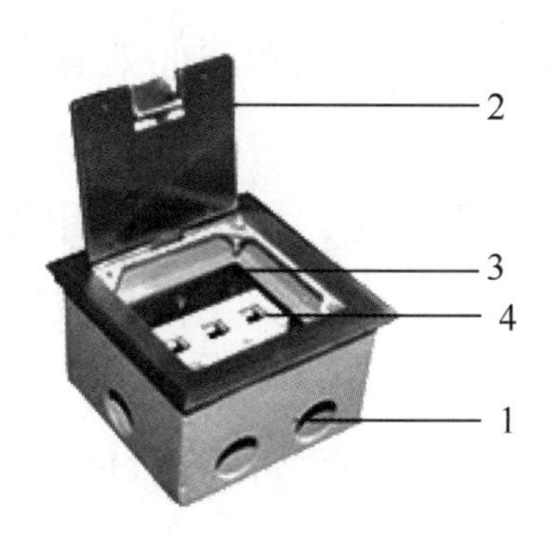

1—铜缆专用型底盒；2—盖板；
3—铜缆专用型金属支架；4—信息框架/空白框架

图 5-2　开启式三口地面信息插座

安装在墙上的墙面信息插座，其位置宜高出地面 300mm 左右。如果房间地面采用活动地板，信息插座应距离活动地板表面 300mm。如图 5-3 所示为安装在墙上的墙面信息插座。

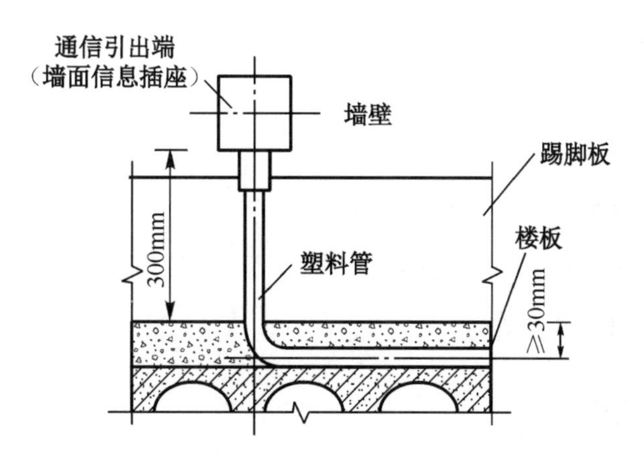

图 5-3　安装在墙上的墙面信息插座

七、标准 19 英寸机柜安装要求

机柜数量规划应计算配线设备、网络设备、电源设备及理线等设施的占用空间，并考虑设备安装空间冗余和散热需要。

机柜单排安装时，前面净空不应小于 1000mm，后面及机列侧面净空不应小于 800mm；

多排安装时，列间距不应小于 1200mm。

在公共场所安装配线箱时，暗装式箱体底面距地面应不小于 1.5m，明装式箱体底面距地面应不小于 1.8m。

机柜、机架、配线箱等设备的安装宜采用螺栓固定。在抗震设防地区，设备安装应采取减震措施，并应进行基础抗震加固。

机柜与设备的排列布置、安装位置和设备朝向都应符合设计要求，并应符合实际测定后的机房平面布置图中的要求。

机柜安装完工后，垂直偏差度应不大于 3mm。若厂家规定高于这个标准，其水平度和垂直度都必须符合厂家的规定。

机柜和设备上各种零件不应脱落或损坏，表面漆面如有损坏或脱落，应予以补漆。各种标志应统一、完整、清晰、醒目。

机柜和设备必须安装牢固。有抗震要求时，应根据设计规定或施工图中的防震措施要求进行抗震加固。各种螺钉必须拧紧，无松动、缺失、损坏或锈蚀等缺陷，机柜更不应有摇晃现象。

机柜、设备、金属钢管和槽道的接地装置应符合设计、施工及验收规范，并保持良好的电气连接。所有与地线连接处应使用接地垫圈，垫圈尖角应对准铁件，刺破其涂层。只允许一次装好，以保证接地回路畅通，不得将已用过的垫圈取下重复使用。

建筑群配线架或建筑物配线架如采用单面配线架的墙上安装方式，要求墙壁必须坚固牢靠，能承受机柜重量，机柜柜底距地面宜为 300～800mm，或视具体情况而定。其接线端子应按电缆用途划分连接区域以方便连接，并设置标志以示区别。

技能实训 11　机柜及设备安装

进程一：准备工作

（1）完成机柜及设备选型与布置，绘制施工图。

（2）准备 42U 立式机柜或 12U 壁挂式机柜。

（3）准备螺丝刀、M6 螺栓等。

进程二：确定操作步骤

1. 按设计图纸完成机柜选型并确定机柜位置

（1）确定机柜内安装标准设备的数量和机柜容量。

（2）考虑设备散热量，每个机柜内应留 1～3U 的空间，以利于散热、接线和检修。

（3）机柜必须远离配电箱，四周保证有 1m 的通道和检修空间。

2. 安装立式机柜

确定机柜位置后，实际测量尺寸，将机柜就位。然后将机柜底部的定位螺栓向下旋转，将四个轱辘悬空，保证机柜不能转动，接入电源，连接机柜内风扇。

进线间/设备间：方块螺钉配螺母20套，理线架2个，超5类模块式配线架1个，100对110语音配线架1个，光纤配线架（含耦合器与尾纤）1个，综合布线工具箱1个，110—110跳线1条，110—RJ-45跳线1条，光纤跳线1条。

3. 安装壁挂式机柜

壁挂式机柜一般安装在墙面上，必须避开电源线路，高度在2.5m以上。安装前，现场用纸板比对机柜上的安装孔，做一个样板，按照样板孔的位置在墙面上开孔，安装4个膨胀螺栓，然后将机柜安装在墙面上，引入电源。

电信间：方块螺钉配螺母28套，24口交换机1台，理线架3个，超5类固定式配线架1个，100对110语音配线架1个，综合布线工具箱1个，光纤配线架（含耦合器与尾纤）1个，光纤熔接机1台，光纤熔接工具箱1个，110—RJ-45跳线1条，光纤跳线1条。

进程三：操作练习

确定好需安装的设备和安装的位置、间隔，采用一字螺丝刀，将方块螺母卡接在U条的相应孔位上，如图5-4所示。应确保方块螺母安装稳固、不易脱落。

图5-4　安装方块螺母

进线间/设备间自上而下安装超5类模块式配线架、理线架、100对110语音配线架、理线架、光纤配线架。采用与方块螺母配套的螺钉将设备拧紧即可，各种零件不得脱落或碰坏。

电信间自上而下安装24口交换机、理线架、超5类固定式配线架、理线架、100对110语音配线架、理线架、光纤配线架。采用与方块螺母配套的螺钉将设备拧紧即可，各种零件不得脱落或碰坏。进线安装如图5-5所示。交换机的安装如图5-6所示。

图 5-5　进线安装

图 5-6　交换机的安装

学习任务三

双绞线电缆的敷设

学习目标：

了解双绞线电缆敷设技术要求，掌握双绞线电缆敷设方法与步骤。

布放缆线之前，应对缆线经过的所有路由进行槽道检查，清除槽道连接处的毛刺和突出尖锐物，除去槽道里的铁屑、小石块、水泥渣等物品，保证槽道畅通。

布放缆线的过程中，应坚持文明施工。在槽道中敷设缆线应采用人工牵引，牵引速度要慢，不宜猛拉紧拽，以防止缆线外护套产生磨、刮、蹭、拖等损伤。不要在布满杂物的地面上大力抛摔和拖放电缆；禁止踩踏电缆；布线路由较长时，要多人配合平缓地移动，在转角处应安排专人值守理线；缆线的布放应自然平直，不得产生扭绞、打圈、接头等现象，不应受外力的挤压和损伤。

缆线布放后，为了准确核算缆线用量，充分利用缆线，从第一次布放缆线开始，将有关信息记录在放线记录表（见表 5-1）中。缆线上每隔 2 英尺（0.610m）有一个长度标记，一箱缆线总长 1000 英尺（305m）。每个信息点布放缆线时记录开始处和结束处的长度，这样对本次布放缆线的长度和线箱中剩余缆线的长度就能一目了然，同时能将线箱中剩余缆线布放至合适的信息点。放线记录表一般采用专用的记录纸张，简单的做法是写在包装箱上。

表 5-1 放线记录表

线箱号码		起始长度		缆线总长度	
序号	信息点名称	起始长度	结束长度	使用长度	缆线剩余长度

项目一 双绞线电缆敷设技术

一、敷设要求

1. 双绞线电缆转弯时的弯曲半径

非屏蔽 4 对双绞线电缆的弯曲半径应至少为电缆外径的 4 倍。

屏蔽 4 对双绞线电缆的弯曲半径应至少为电缆外径的 8 倍。

主干双绞线电缆的弯曲半径应至少为电缆外径的 10 倍。

2. 缆线与其他管线的距离

电缆应尽量远离其他管线，距离要符合表 5-2 中的规定。

敷设线槽和暗管的两端宜标明编号等内容。

预埋线槽宜采用金属线槽，预埋或密封线槽的截面利用率应为 30%～50%。

敷设暗管宜采用钢管或阻燃聚氯乙烯硬质管。布放大对数主干电缆及 4 芯以上光缆时，直线管道的管径利用率应为 50%～60%，弯管道应为 40%～50%。暗管布放 4 对双绞线电缆或 4 芯及以下光缆时，管道的截面利用率应为 25%～30%。

表 5-2 通信管道与其他管线的最小净距

其他管线类别		最小平等净距（m）	最小交越净距（m）
给水管	直径≤300mm	0.5	0.15
	直径 300～500mm	1.0	
	直径＞500mm	1.5	
排水管		1.0	0.15
热力管		1.0	0.25
煤气管	压力＜294.20kPa（3kgf/cm²）	1.0	0.30
	压力 294.20～784.55kPa（3～8kgf/cm²）	2.0	
电力电缆	35kV 以下	0.5	0.5

3. 拉绳速度和拉力

有经验的安装者会缓慢又平稳地拉绳，而不是快速拉绳。原因是快速拉绳会造成缆线缠绕或使缆线被绊住。拉力过大会使缆线变形，导致缆线传输性能下降。

当同时布放的缆线数量较多时，应采用缆线牵引，即用一条拉绳或一条软钢丝绳将缆线牵引穿过墙壁管路、天花板和地板管路。牵引时拉绳与缆线的连接点应尽量平滑，要采用电工胶带紧紧地缠绕在连接点外面，以保证平滑和牢固。

拉绳在电缆上固定的方法有拉环、牵引夹和直接将拉绳系在电缆上三种方式。

二、配线子系统电缆的敷设

1. 暗道布线

暗道布线是在浇筑混凝土时已把管道预埋好，管道内有牵引电缆的钢丝或铁丝，安装者根据管道图纸来了解地板的布线管道系统，确定路径位置，做出施工方案。

2. 吊顶内布线

吊顶内布线是指将电缆敷设在吊顶内。为了减轻吊顶上的压力，可使用 J 形钩、吊索及其他支撑物来支撑电缆。

3. 墙壁线槽布线

墙壁线槽布线属于明敷，路由一目了然，施工时应严格按照图纸进行。

在墙壁上布设线槽一般遵循下列步骤：确定布线路由，沿着路由方向放线，线槽每隔 1m 安装固定螺钉，然后开始布线（布线时线槽容量为 70%），最后错位盖上塑料槽盖。

三、主干缆线的敷设

建筑物主干缆线目前大多为光缆，如果采用双绞线电缆，对于语音系统，一般是 25 对、50 对或更大对数的双绞线电缆，它的布线路由在建筑物设备间到电信间之间。

在新的建筑物中，通常在每层同一位置都封有一个闭型小房间，称为弱电井或弱电间。在弱电间中有一些方形的槽孔和圆孔，如图 5-7 所示。这些孔从建筑物最高层直通地下室，用来敷设主干缆线。需要注意的是，利用这样的弱电竖井敷设缆线时，必须对缆线进行固定保护，楼层之间要采取防火措施。

对没有竖井的旧式大楼进行综合布线，一般要重新铺设金属线槽作为竖井。

在竖井中敷设干线电缆有下列两种方法。

（1）向下垂放电缆，所用的设备如图 5-8 所示。

（2）向上牵引电缆，如图 5-9 所示。

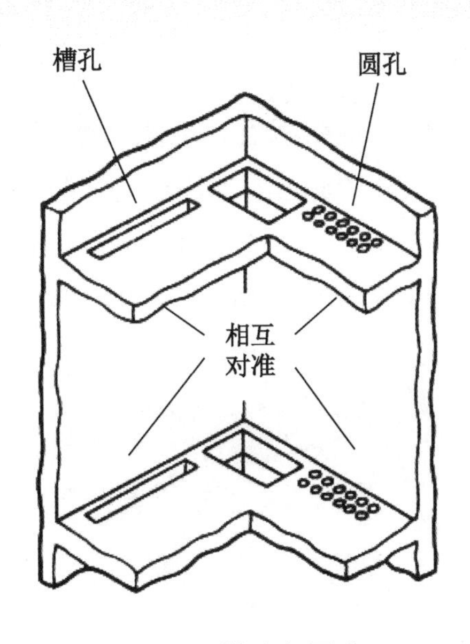

图 5-7 槽孔与圆孔

向下垂放比向上牵引更容易，当电缆盘比较容易搬运上楼时，采用向下垂放电缆的方式；当电缆盘过大，不能被搬运至较高楼层时，只能采用向上牵引电缆的方式。

图 5-8 向下垂放电缆所用的设备

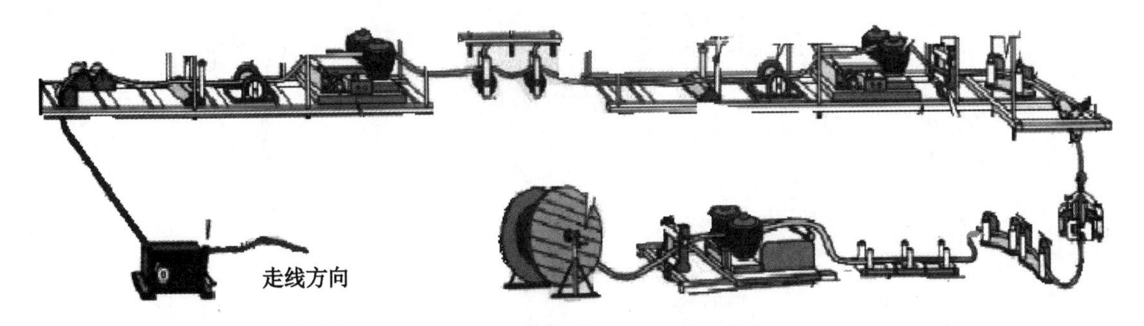

图 5-9 向上牵引电缆

四、双绞线电缆连接技术与基本要求

（1）在连接缆线前，必须核对缆线标识内容是否正确。

（2）缆线中间不应有接头。

（3）缆线终接处必须牢固且接触良好。

（4）双绞线电缆与连接器件连接应认准线号、线位色标，不得颠倒和错接。

（5）连接时，每对双绞线应保持扭绞状态，最大暴露双绞线长度为40～50mm，扭绞松开长度对于3类双绞线电缆应不大于75mm，对于5类双绞线电缆应不大于13mm。6类双绞线电缆应尽量保持扭绞状态，减小扭绞松开长度。7类布线系统采用非RJ-45方式连接时，连接图应符合相关标准规定。如图5-10所示为5类双绞线电缆开绞长度。

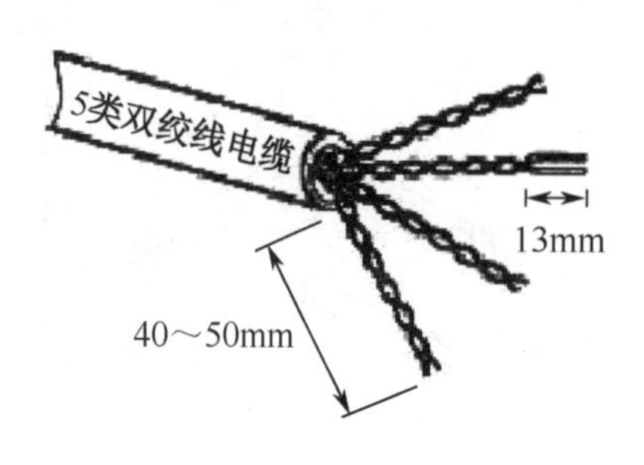

图5-10　5类双绞线电缆开绞长度

（6）虽然电缆路由中允许转弯，但端接安装中要尽量避免不必要的转弯，通常要求少于三个90° 转弯，在一个信息插座盒中允许有少量电缆转弯盘圈。电缆安装注意事项如图5-11所示。

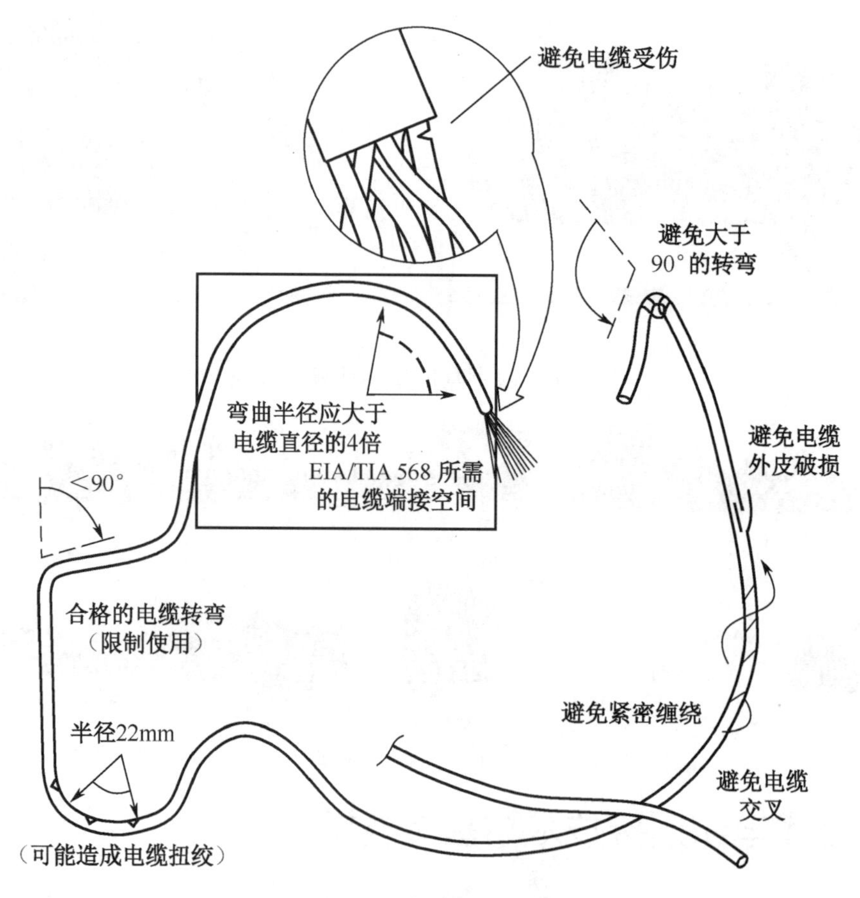

图5-11　电缆安装注意事项

（7）双绞线电缆剥掉塑料外护套后，端接时的注意事项如图 5-12 所示。

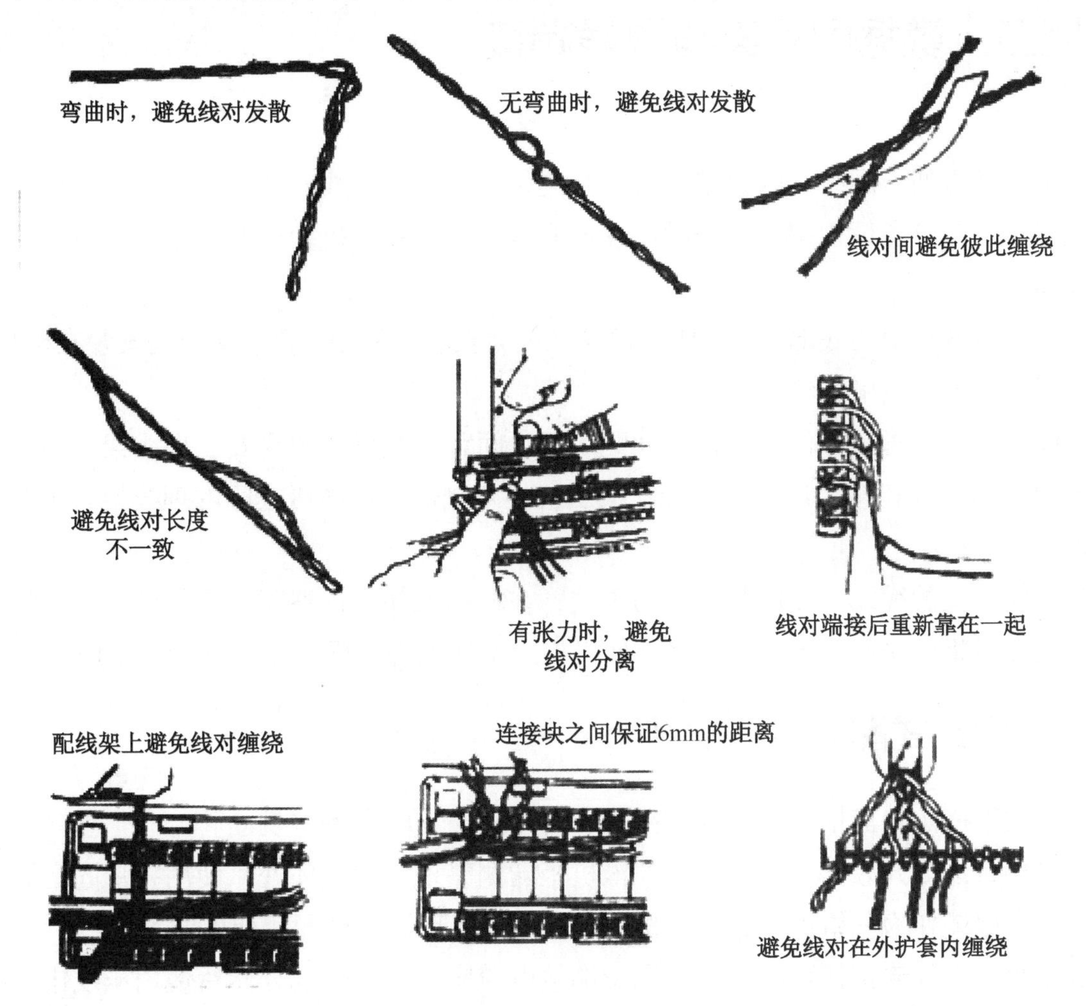

图 5-12　双绞线电缆端接时的注意事项

缆线终端应采用卡接方式，施工中不宜用力过猛，以免造成接续模块受损。连接顺序应按缆线的统一色标排列，在模块中连接后的多余线头必须清除干净，以免留有后患。

（8）通信引出端的内部连接件应及时进行检查，做好固定线的连接，以保证电气连接完整、牢靠。

（9）线对屏蔽和电缆护套屏蔽层在和模块的屏蔽罩进行连接时，应保证 360° 接触，且接触长度应不小于 10mm，以保证屏蔽层的导通性能。电缆连接以后应进行整理，并核对接线是否正确。对不同的屏蔽双绞线或屏蔽电缆，屏蔽层应采用不同的端接方法。应对编织层或金属箔与汇流导线进行有效的端接。

（10）各种缆线（包括跳线）和接插件间必须接触良好、连接正确，按照管理标识方案统一标记清楚。跳线选用的类型和品种均应符合系统设计要求。

项目二 数据配线架与缆线端接

为了管理方便，配线间的数据配线架和网络交换设备一般安装在同一个 19 英寸的机柜中。根据楼层信息点标识编号，按顺序安放配线架，并画出机柜中配线架信息点分布图，便于安装和管理。

缆线一般从机柜的底部进入，所以通常配线架安装在机柜下部，交换机安装在机柜上部，也可根据进线方式做出调整。

为保持美观和管理方便，机柜正面配线架之间和交换机之间要安装理线架，跳线从配线架面板的 RJ-45 端口接出后，通过理线架从机柜两侧进入交换机之间的理线架，再接入交换机端口。

对于要端接的缆线，先以配线架为单位，在机柜内部进行整理，用扎带绑扎，将冗余的缆线盘放在机柜的底部后再进行端接，使机柜内保持整齐美观，便于管理和使用。

一、固定式配线架的安装

将配线架固定到机柜合适位置，在配线架背面安装理线环。

从机柜进线处开始整理电缆，电缆沿机柜两侧整理至理线环处，使用扎带固定好电缆，一般以 6 根电缆作为一组进行绑扎，将电缆穿过理线环摆放至配线架处。

根据每根电缆连接接口的位置，测量端接电缆应预留的长度，然后使用压线钳、剪刀、斜口钳等工具剪断电缆。

根据选定的接线标准，将 T568A 或 T568B 标签压入模块组插槽内。

根据标签色标排列顺序，将对应颜色的线对逐一压入槽位内，然后使用打线工具固定线对连接，同时将伸出槽位外多余的导线截断，如图 5-13 所示。

将每组缆线压入槽位内，然后整理并绑扎固定缆线，如图 5-14 所示。至此，固定式配线架与缆线端接完毕。

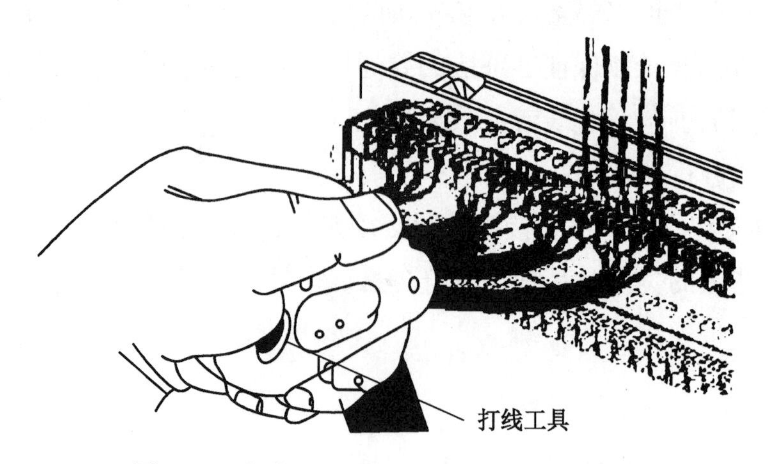

图 5-13　将线对依次压入槽位内并打压固定

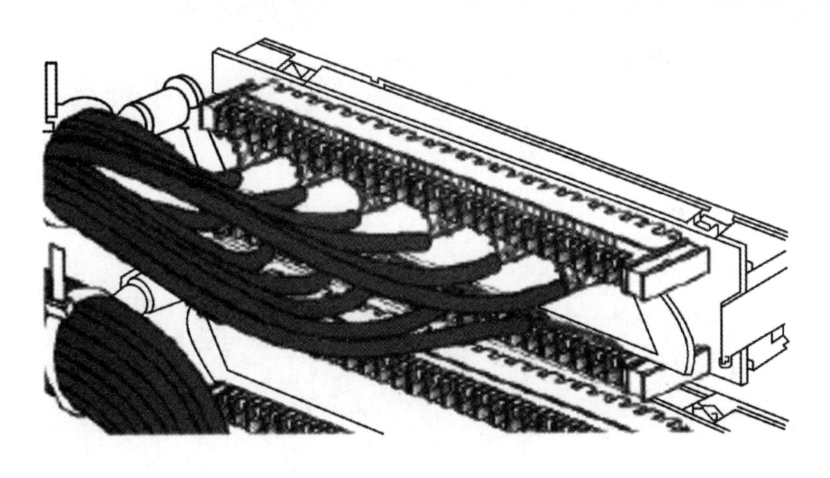

图 5-14　整理并绑扎固定缆线

二、模块式配线架的安装

模块式配线架与 4 对双绞线电缆端接如图 5-15 所示。以对角线的形式将固定柱环插到一个配线板孔中去。设置固定柱环，以便柱环挂住并向下形成一定角度，从而有助于缆线的端接。将缆线放到固定柱环的线槽中，并按照信息模块的安装过程对其进行端接。最后向右旋转固定柱环，完成此操作时必须注意方向，避免将缆线缠绕到固定柱环上。顺时针方向从左边开始旋转并整理好缆线，逆时针方向从右边开始旋转并整理好缆线。另一种情况是信息模块固定到配线板上以前，缆线可以被端接在信息模块上。将缆线穿过配线板的孔，在配线板的前方或后方完成此操作。

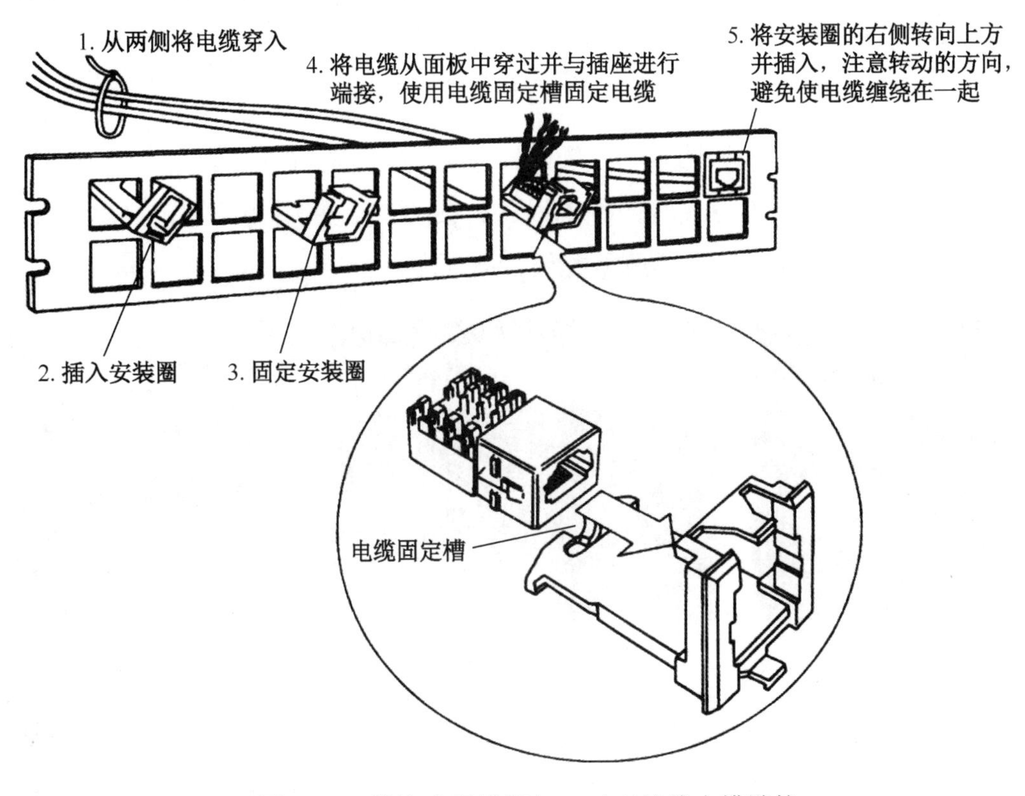

图 5-15　模块式配线架与 4 对双绞线电缆端接

技能实训 12　110D 语音配线架与缆线端接

进程一：准备设备与工具

准备 Vcom 110D 语音配线架（见图 5-16）、25 对双绞线电缆及专用工具。

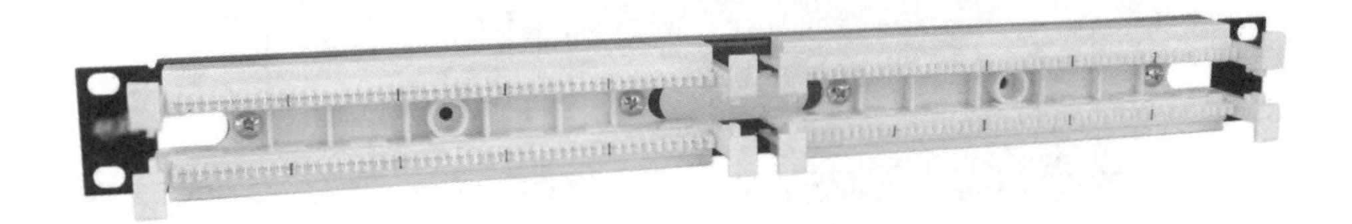

图 5-16　Vcom 110D 语音配线架

进程二：完成操作

（1）将配线架固定到机柜设计位置，按照图 5-17 所示步骤完成电缆进线与剥护套工作。

（a）把电缆固定在机柜上

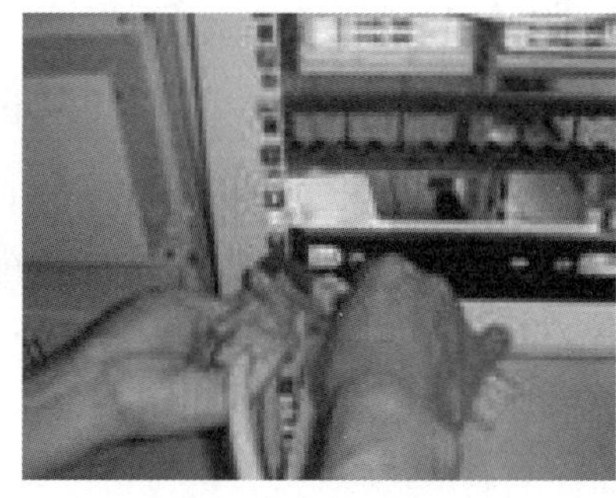

（b）剪切电缆外皮

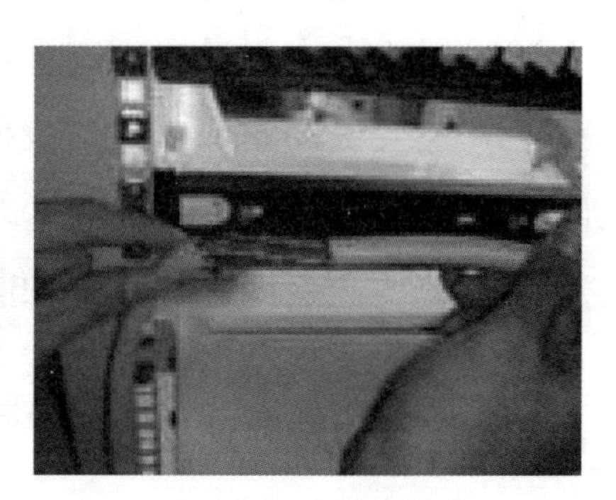

（c）去掉电缆外皮

图 5-17　进线与剥护套

（2）从机柜进线处开始整理电缆，如图 5-18 所示，电缆沿机柜两侧整理至配线架处，并留出大约 25cm 电缆，用电工刀或剪刀把电缆的外皮剥去，使用扎带固定好电缆，将电缆穿过语音配线架左右两侧的进线孔，摆放至配线架打线处。

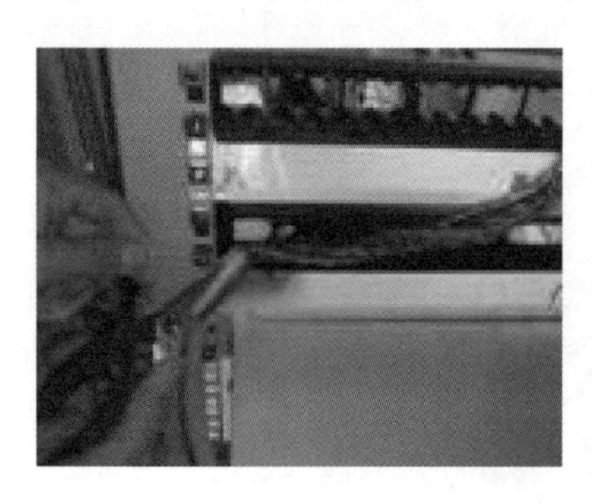

图 5-18　整理电缆

（3）把所有线对插入配线架进线口，按电缆色谱分开线对。根据电缆色谱排列顺序，将对应颜色的线对逐一压入槽位内，然后使用打线工具固定线对连接，同时将伸出槽位外多余的导线截断，如图 5-19 所示。

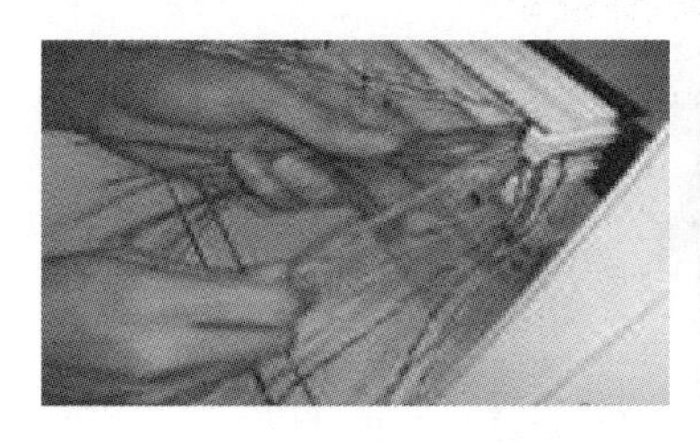

图 5-19　线对按色序入位

（4）用打线工具将已入位的 25 对线打接牢固，如图 5-20 所示。

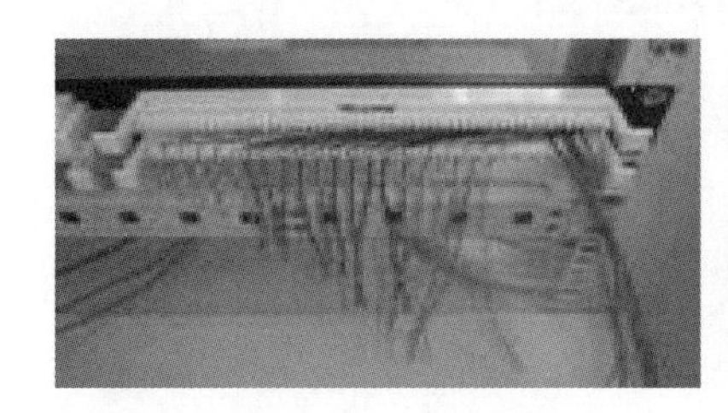

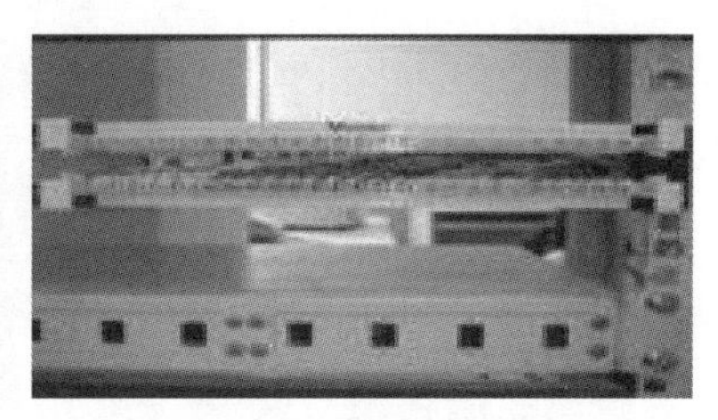

图 5-20　完成打线

（5）准备好 5 对打线刀和配线架端子，把端子放入打线刀里，如图 5-21 所示。

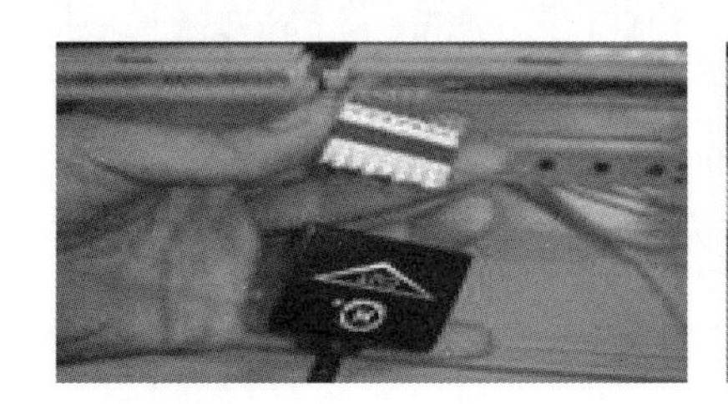

图 5-21　接线块（端子）入刀

（6）用 5 对打线刀将连接块（端子）压入槽内，并贴上编号标签，如图 5-22 所示。

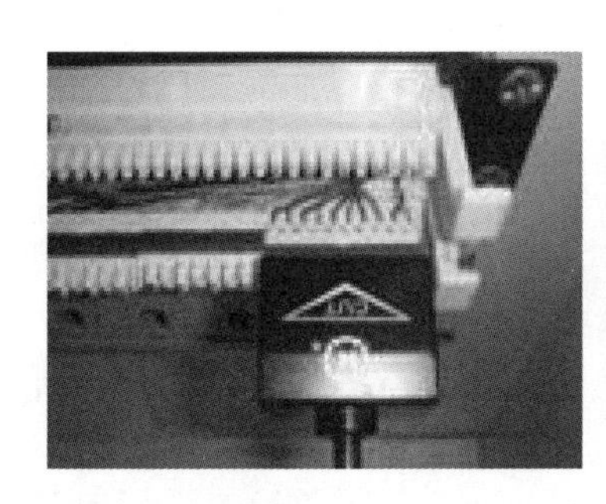
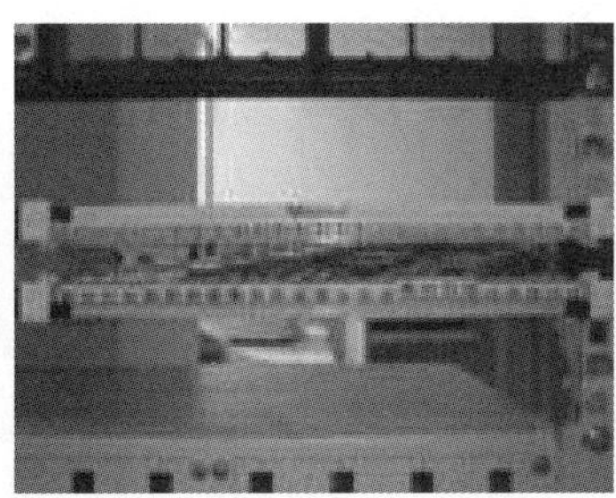
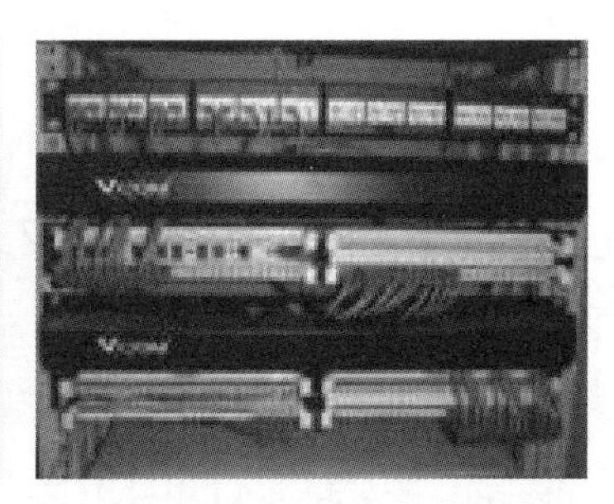

图 5-22　打接连接块

（7）把端子垂直打入配线架线槽，端子有 6 个（5 个 4 对，1 个 5 对），打完 6 个端子后即完成电缆端接。

（8）安装语音跳线，接通语音链路，如图 5-23 所示。

图 5-23　安装语音跳线

学习任务四

光缆的敷设

学习目标：

了解光缆敷设技术和要求，掌握光缆敷设方法与步骤。

项目一　光缆敷设技术

一、光缆敷设前的准备

1. 光缆检验

（1）工程使用的光缆规格、型号、数量应符合设计的规定和合同要求。

（2）光缆所附标记、标签内容应齐全和清晰。

（3）光缆外护套应完整无损，光缆应有出厂质量检验合格证。

（4）光缆开盘后应先检查光缆端头封装是否良好。光缆外包装或光缆外护套如有损伤，应对该盘光缆进行光纤性能指标测试，如有断纤则应进行处理，检查合格后才允许使用。检测完毕后，光缆端头应密封固定，并恢复外包装。

2. 光纤检验

两端的光纤连接器端面应装配有合适的保护盖帽；每根光纤接插线的光纤类型应有明显的标记，应符合设计要求。

检验光纤衰减常数和光纤长度。检验衰减常数时，可先用光时域反射仪进行测试，若测试结果超出标准或与出厂测试数据相差较大，再用光功率计测试，并将两种测试结果加以比较，排除测试误差对实际测试结果的影响。要求对每根光纤进行长度测试，测试结果应与盘标长度一致，如果差别较大，则应从另一端进行测试或做通光检查，以判定是否有断纤现象。

二、光缆敷设要求

1. 用户光缆敷设与接续

（1）用户光缆接续宜采用熔接方式。

（2）在用户接入点配线设备及信息配线箱内宜采用熔接尾纤方式终接，不具备熔接条件时可采用现场组装光纤连接器件终接。

（3）每一光纤链路中宜采用相同类型的光纤连接器件。

（4）采用金属加强芯的光缆，金属构件应接地。

（5）室内光缆预留长度应符合下列规定。

① 光缆在配线柜处预留长度应为 3～5m。

② 光缆在楼层配线箱处预留长度应为 1～1.5m。

③ 光缆在信息配线箱终接时预留长度应不小于 0.5m。

④ 光缆纤芯不做终接时，应保留光缆施工预留长度。

（6）光缆敷设安装的最小静态弯曲半径应符合表 5-3 中的规定。

表 5-3 光缆敷设安装的最小静态弯曲半径

光缆类型		静态弯曲半径
室内外光缆		15*D*/15*H*
微型自承式通信用室外光缆		10*D*/10*H* 且不小于 30mm
管道入户光缆	G.652D 光纤	10*D*/10*H* 且不小于 30mm
蝶形引入光缆	G.657A 光纤	5*D*/5*H* 且不小于 15mm
室内布线光缆	G.657B 光纤	5*D*/5*H* 且不小于 10mm

注：*D* 为缆芯处圆形护套外径，*H* 为缆芯处扁形护套高度。

2. 光缆敷设一般要求

（1）光缆的抗拉强度比电缆小，因此在操作光缆时，不允许超过各种类型光缆的最大抗拉强度。敷设光缆的牵引力一般应小于光缆允许张力的 80%，对光缆瞬间最大牵引力不能超过允许张力。为了满足对弯曲半径和抗拉强度的要求，在施工中应使光缆卷轴转动，以便拉出光缆。放线时总是从卷轴的顶部牵引光缆，而且应缓慢而平稳地牵引，不要急促地抽拉光缆。

（2）有塑料涂覆层的光纤细如毛发，光纤表面的微小伤痕将使其耐张力显著恶化。另外，当光纤受到不均匀侧面压力时，光纤损耗将明显增大。因此，敷设时应控制光缆的敷设张力，避免使光纤承受过大的外力（弯曲、侧压、牵拉、冲击等）。在光缆敷设施工中，严禁光缆打小圈及弯折、扭曲光缆，光缆施工宜采用“前走后跟，光缆上肩”的放缆方法，这样能够有效地防止打背扣的发生。

（3）光缆布放应有冗余，光缆布放路由宜盘留（过线井处），预留长度宜为 3～5m；在设备间和电信间，多余光缆应盘圆存放，光缆盘曲的弯曲半径也应至少为光缆外径的 10 倍，预留长度宜为 3～5m，有特殊要求的应按设计要求预留长度。

（4）敷设光缆的两端应贴上标签，以标明起始位置和终端位置。

（5）光缆与建筑物内其他管线应保持一定间距。

（6）必须在施工前对光缆的端别予以判定并确定 A、B 端，A 端应是网络枢纽的方向，B 端是用户一侧，敷设光缆的端别应方向一致，不得使端别排列混乱。

（7）光缆不论在建筑物内或建筑群间敷设，都应单独占用管道管孔。利用原有管道和铜芯导线电缆共管时，应在管孔中穿放塑料子管，塑料子管的内径应为光缆外径的 1.5 倍以上。光缆与其他弱电系统在建筑物内平行敷设时，应保持间距并分开敷设、固定绑扎。当 4 芯光缆在建筑物内采用暗管敷设时，管道的截面利用率应为 25%～30%。

（8）敷设光缆前，应逐段将管孔清刷干净和试通。

（9）当穿放塑料子管时，其敷设方法与铜缆敷设基本相同。如果采用多孔塑料管，可免去对子管的敷设要求。

（10）光缆采用人工牵引布放时，每个人孔或手孔应有人值守以帮助牵引，人工牵引应使用玻璃纤维穿线器；机械布放光缆时，不必每个孔均有人，但在拐弯处应有专人照看。

（11）光缆一次牵引长度一般应不大于 1000m。距离超长时，应将光缆盘成倒“8”字形分段牵引或在中间适当地点增加辅助牵引，以减小光缆张力并提高施工效率。

（12）为了在牵引过程中保护光缆外护套等不受损伤，在光缆穿入管孔或管道拐弯处与其他障碍物有交叉时，应采用导引装置或喇叭口保护管等进行保护。此外，根据需要可在光缆四周加涂中性润滑剂等材料，以减小牵引光缆时的摩擦阻力。

光缆敷设后应在人孔或手孔中留有适当余量，具体见表 5-4。

表 5-4　光缆敷设余量

光缆敷设方式	自然弯曲增加长度（m/km）	每个人（手）孔内弯曲增加长度（m）	接续每侧预留长度（m）	设备每侧预留长度（m）	备注
管道	5	0.5～1.0	一般为 6～8	一般为 10～20	其他预留按设计要求，管道或直埋光缆须引上架空时，其引上地面部分每处增加 6～8m
直埋	7	—			

3．光缆敷设其他要求

（1）光缆管道中间的管孔不得有接头。当光缆在人孔中没有接头时，要求光缆弯曲放置在电缆托板上并固定绑扎，不得在人孔中间直接通过，否则既影响今后施工和维护，又可能损害光缆。

（2）光缆与其接头在人孔或手孔中时，均应在人孔或手孔铁架的电缆托板上予以固定绑扎，并应按设计要求采取保护措施。保护材料可以采用蛇形软管或软塑料管等管材。

（3）光缆在人孔或手孔中时应注意以下几点：光缆穿放的管孔出口端应封堵严密，以防水分或杂物进入管内；光缆及其接续应有识别标志，标志内容有编号、光缆型号和规格等；在严寒地区应按设计要求采取防冻措施，以防光缆受冻损伤；如光缆有可能被碰损伤，可在其上面或周围采取保护措施。

三、光纤连接方式

光纤连接有接续和端接两种方式。

1．光纤接续

光纤接续指两段光纤之间的永久连接，光纤接续分为机械接续和光纤熔接两种方式。

机械接续是把两根切割、清洗后的光纤通过机械连接部件结合在一起，机械连接部件通常是连接器与耦合器。机械接续可以进行调谐，以减少两条光纤间的连接损耗。

光纤熔接是在高压电弧下把两根切割、清洗后的光纤连接在一起，熔接时要把两光纤的接头熔化后接为一体。光纤熔接机是专门用于光纤熔接的工具。目前工程中主要采用操作方便、连接损耗低的熔接方式。

2．光纤端接

光纤端接是把光纤连接器与一根光纤接续并磨光。

光纤端接时要求连接器接续和端头磨光操作正确，以减少连接损耗。

光纤端接主要用于制作光纤跳线和光纤尾纤，目前市场上端接各型连接器的光纤跳线和尾纤的成品繁多，所以现在综合布线工程中普遍选用现成的光纤跳线和尾纤，很少现场进行光纤端接。

光纤连接器互连是将两条半固定的光纤（尾纤）通过其上的连接器与模块嵌板（光纤配线架、光纤插座）上的耦合器互连起来。做法是将两条半固定光纤上的连接器从嵌板的两边插入其耦合器中。对于互连结构来说，光纤连接器互连是将一条半固定光纤上的连接器插入嵌板上耦合器的一端，此耦合器的另一端中插入光纤跳线的连接器，然后将光纤跳线另一端的连接器插入网络设备中。

例如，楼层配线间光纤互连结构如下：进入的垂直主干光缆与光纤尾纤熔接于光纤配线架内——光纤尾纤连接器插入光纤配线架面板上耦合器的里面一端——光纤跳线插入光纤配线架面板上耦合器的外面一端——光纤跳线另一端插入网络交换设备的光纤接口。也可将连接器互连称为光纤端接。

四、光纤连接安全要求与技术要求

1. 安全要求

参加光缆施工的人员必须经过专业培训。

折断的光纤碎屑实际上是很细小的针形光纤，容易划破皮肤和衣服。如果该碎片被吸入人体内，对人体会造成较大的危害。因此，制作光纤终接头或使用裸光纤的技术人员必须戴上眼镜和手套，穿上工作服。在可能存在裸光纤的工作区内应该坚持反复清扫，确保没有任何裸光纤碎屑，应该用瓶子或其他容器盛装光纤碎屑，确保碎屑不会遗漏，以免造成伤害。

绝不允许观看已通电的光源、光纤及其连接器，更不允许用光学仪器观看已通电的光纤传输器件。只有在断开所有光源的情况下，才能对光纤传输系统进行维护操作。如果必须在光纤工作时对其进行检查，特别是当系统采用激光作为光源时，光纤连接不好或断裂会使人受到光波辐射，操作人员应佩戴具有红外滤波功能的保护眼镜。

离开工作区之前，所有接触过裸光纤的工作人员必须洗手，并对衣服进行检查，用干净胶带拍打衣服，去除衣服上的光纤碎屑。

2. 技术要求

光缆终端接头或设备的布置应合理有序，安装位置应安全稳定，附近不应有可能损害它们的外界设施，如热源和易燃物质等。

从光缆终端接头引出的光纤尾纤或单芯光缆的光纤所带的连接器应按设计要求插入光纤配线架上的连接部件中。暂时不用的连接器可不插接，但应套上塑料帽，以保证其不受污染，便于今后连接。

在机架或设备（如光纤接头盒）内，应对光纤和光纤接头加以保护，光纤盘绕方向应一致，要有足够的空间和符合规定的曲率半径。

光缆中的金属屏蔽层、金属加强芯和金属铠装层均应按设计要求，采取终端连接和接地，并应检查和测试其是否符合标准规定，如有问题，必须补救或纠正。

在光缆传输系统中的光纤连接器插入适配器或耦合器前，应用丙醇酒精棉签擦拭连接器插头和适配器内部，清洁干净后才能插接，插接必须紧密、牢固。

光纤终端连接处应设有醒目标志，标志内容应正确无误、清楚完整（如光纤序号和用途等）。

项目二 光纤端接极性

光纤传输通道包括两根光纤，一根接收信号，另一根发送信号，这意味着光信号只能单向传输。如果收对收、发对发，光纤传输系统将无法工作。因此光纤工作前，应先确定信号在光纤中的传输方向，即光纤接续极性。

ST 型连接器通过烦冗的编号方式来保证光纤极性。SC 型连接器为双工接头，在施工中对号入座就可完全解决极性问题。

综合布线系统采用的光纤连接器配有单工和双工光纤软线。建议在水平光缆或干线光缆连接处的光缆侧采用单工光纤连接器，在用户侧采用双工光纤连接器，以保证光纤连接极性的正确。

光纤信息插座的极性可通过锁定插座来确定，也可用耦合器 A 位置和 B 位置的标记来确定，可用缆线来延伸这一极性。这些光纤连接器及标记可用于所有非永久的光纤交叉连接场。

应用系统的设备安装完成后，其极性就已确定，光纤传输系统就会保证发送信号和接收信号的正确性。

一、双工光纤连接器的极性

采用双工光纤连接器（SC 型）时，应用键锁扣定义极性。如图 5-24 所示为双工光纤连接器的连接配置，表示双工光纤连接器与耦合器连接的配置，它们应有自己的键锁扣。

二、单工光纤连接器的极性

采用单工光纤连接器（BFOC/2.5）时，对连接器应做标记，以表明其极性。如图 5-25 所示为单工光纤连接器的连接配置，表示单工光纤连接器与耦合器连接的配置及极性标记。

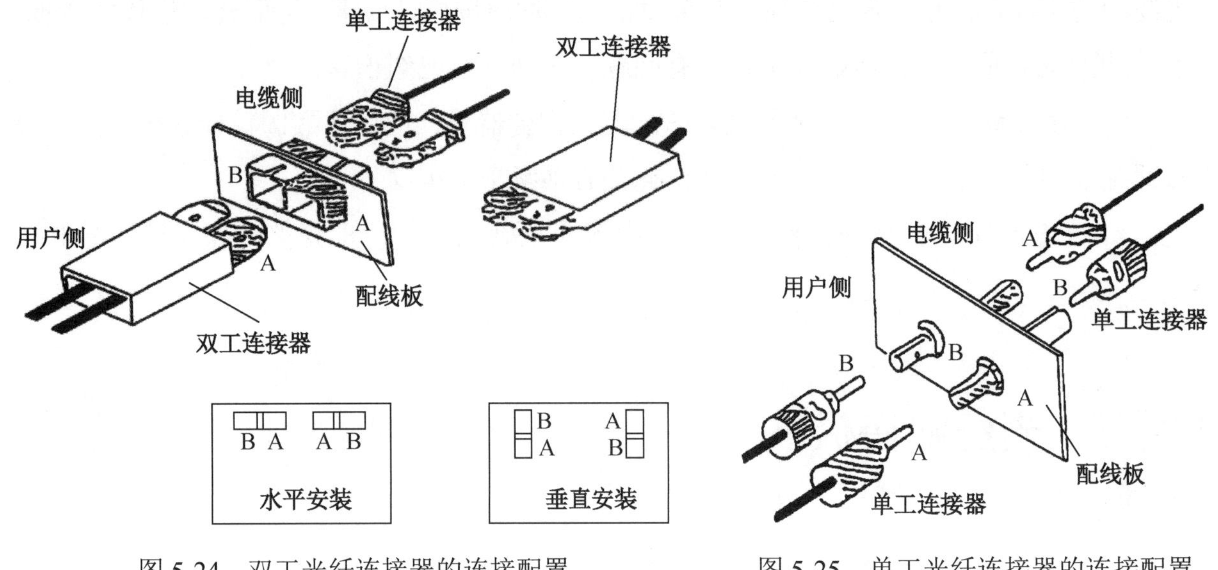

图 5-24　双工光纤连接器的连接配置　　图 5-25　单工光纤连接器的连接配置

三、单工、双工光纤连接器混合互连的极性

如图 5-26 所示是单工、双工光纤连接器与耦合器混合互连的配置。对微型光纤连接器来说，如 LC 型、FJ 型、MT-RJ 型及 VF45 型连接器，是一对光纤一起连接，而且接插的方向是固定的，在实际应用中比较方便，误插的情况较少。

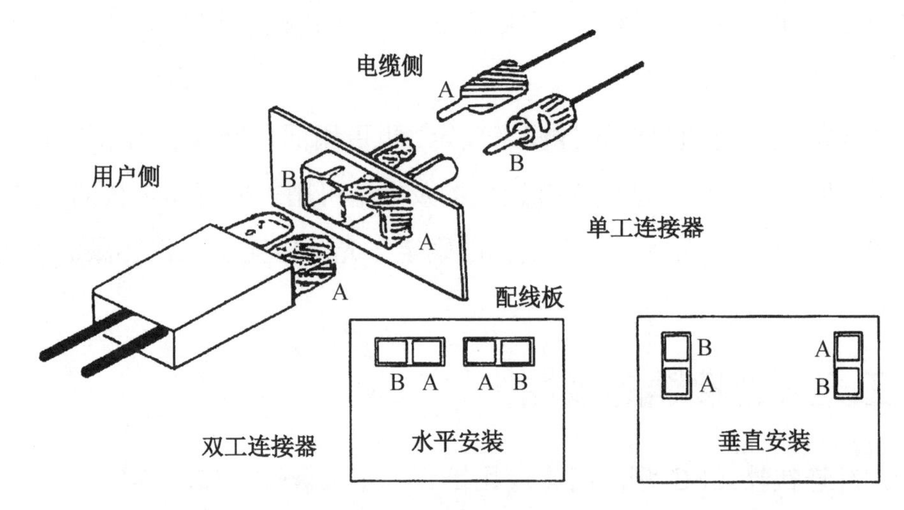

图 5-26　单工、双工光纤连接器与耦合器混合互连的配置

技能实训 13　光纤熔接

进程一：光纤熔接技术准备

光纤熔接是目前普遍采用的光纤接续方法，光纤熔接机通过高压放电将接续光纤端面熔融后，将两段光纤连接到一起成为一根完整的光纤。

这种方法接续损耗小（一般小于 0.1 dB），可靠性高。熔接光纤不会产生缝隙，因而不会引入反射损耗，入射损耗也很小，为 0.01～0.15 dB。

在光纤熔接前要把涂覆层剥离。机械接头本身是保护连接光纤的护套，但熔接时在连接处却没有任何保护。熔接光纤时一般采用重新涂覆熔接区域和使用熔接保护套管两种方式来保护光纤。

目前，光纤熔接普遍采用熔接保护套管的方式，保护套管又称热缩管，套在光纤熔接区域，然后对套管进行加热，套管内管是由热缩材料制成的，热缩后能牢固地保护熔接区域。

1．光纤熔接步骤

首先，取出熔接机，检查机器配件、电源等，打开熔接机电源，选择熔接模式（通常选择自动熔接模式），清除熔接机中的灰尘，做好熔接机投入使用前的所有准备工作。

其次，将接续光缆与目标光缆分别穿过光纤盘纤盒或光纤配线架。

最后，按照“剥、洁、切、熔、盘、测、封”的顺序进行光纤熔接。芯数相等时同管束内的对应颜色光纤一一对接，芯数不相等时则按芯数由大到小的顺序进行对接。

（1）剥：开剥光缆（开缆），注意不要伤及束管，开剥长度为1m左右。

（2）洁：清洁光纤，用无尘纸或布（棉）将开缆后的所有光纤擦干净，将不同束管需要接续的光纤按色序分开，并分别套穿热缩管。

（3）切：取标准色序光纤，用专用剥线钳剥除涂覆层，并用清洁棉或无尘纸（布）蘸酒精擦净裸纤。用精密光纤切割刀切割光纤，对于0.25mm（外涂层）的光纤，切割长度为8～16mm；对于0.9mm（外涂层）的光纤，切割长度为16mm。

（4）熔：将光纤置入熔接机V形槽中。接续光纤与目标光纤都要根据切割长度合理确定其在压板中的位置，通过V形槽在熔接机两放电电极之间对准；小心地压上光纤压板，盖上防风罩，熔接机即自动完成熔接。打开防风罩，取出光纤，再将热缩管轻移至光纤熔接区段，放到加热槽中加热，20mm热缩管加热40s，40～60mm热缩管则加热85s。

（5）盘：所有光纤熔接好后，在盘纤盒或配线架上固定热缩管保护部分，然后根据光纤长度及预留盘大小将熔接的光纤盘好并固定（用胶纸贴住）。

（6）测：进行接头损耗测试（熔接机自动进行）和OTDR随机测试。

（7）封：将合格的光纤严密封装入盒。

2．光纤熔接注意事项

开缆就是剥离光缆的外护套、缓冲管。

光纤在熔接前必须去除涂覆层。由于不能损坏光纤，所以剥离涂覆层时必须特别小心，应使用专用剥离钳，不得使用刀片等简易工具，以防损伤纤芯。注意不要损坏其他部位的涂覆层，以防在熔接盒内盘绕光纤时折断纤芯。

光纤的末端需要进行切割，要用专业工具切割光纤以使末端表面平整、清洁，并使之与光纤的中心线垂直。切割对于接续质量十分重要，它可以减少连接损耗。任何未正确处理的表面都会由于末端分离而产生额外损耗。

3．光纤熔接损耗的主要影响因素

（1）光纤本征因素即光纤自身因素，如待连接的两根光纤的几何尺寸不一样，不是同心圆，不规整，折射率不同等。

（2）光纤施工质量不佳，由于光纤在敷设过程中拉伸变形、接续盒中夹固光纤压力太大等原因，造成接续点附近光纤物理变形。

（3）操作技术不当。

（4）熔接机本身质量问题等，光纤熔接机的异常信息和对应措施见表5-5。

提高光纤熔接质量的措施有：统一光纤材料，保障光缆敷设质量，保持安装现场环境清洁，严格遵守操作规程和质量要求，选用精度高的光纤端面切割器加工光纤端面，正确使用熔接机等。

表5-5　光纤熔接时熔接机的异常信息和对应措施

信息	原因	措施
设定异常	光纤在V形槽中伸出太长	参照防风罩内侧的标记，重新放置光纤
	切割长度太大	重新剥除、清洁、切割和放置光纤
	镜头或反光镜脏	清洁镜头、升降镜和防风罩反光镜
光纤不清洁或者镜不清洁	光纤表面、镜头或反光镜脏	重新剥除、清洁、切割和放置光纤，清洁镜头、升降镜和防风罩分光镜
	清洁放电时间太短	必要时增加清洁放电时间
光纤端面质量差	切割角度大于门限值	重新剥除、清洁、切割和放置光纤，如仍发生切割不良，则要确认切割刀的状态
超出行程	切割长度太小	重新剥除、清洁、切割和放置光纤
	切割放置位置错误	重新放置光纤
	V形槽脏	清洁V形槽
气泡	光纤端面切割不良	重新制备光纤端面或检查光纤切割刀
	光纤端面脏	重新制备光纤端面
	光纤端面边缘破裂	重新制备光纤端面或检查光纤切割刀
	预熔时间短	调整预熔时间
太细	“锥形熔接”功能打开	确保“锥形熔接”功能关闭
	光纤送入量不足	执行“光纤送入量检查”指令
	放电强度太大	如不用自动模式，则减小放电强度
太粗	光纤送入量过大	执行“光纤送入量检查”指令

进程二：按上述步骤进行光纤熔接练习

准备室内或室外单模或多模光缆、光纤接续盒、酒精、精密光纤切割刀、医用棉花、卫生纸、光纤剥线钳、熔接机及光缆开缆工具，各类光纤熔接工具如图5-27所示。

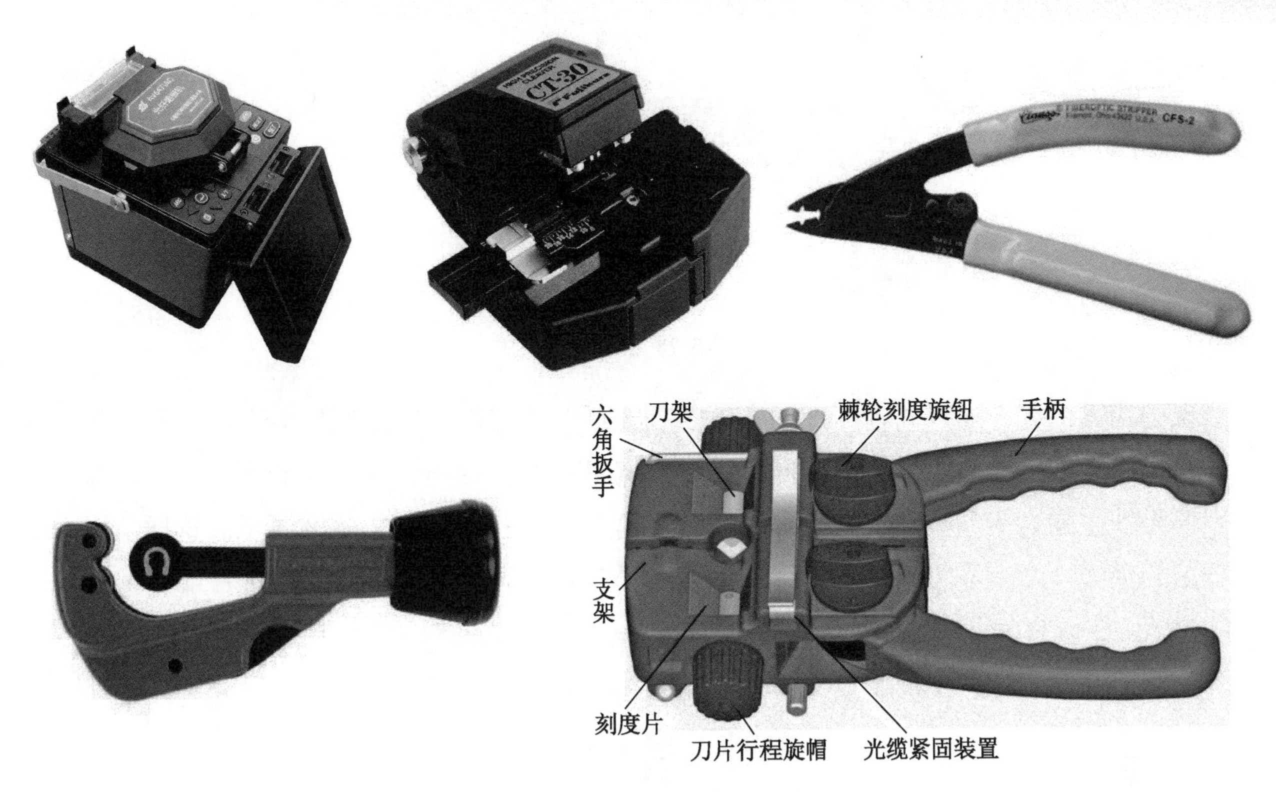

图 5-27　各类光纤熔接工具

技能实训 14　光纤冷接子接续

进程一：光纤冷接子技术准备

目前，综合布线系统不再仅限于 FTTC（光纤到路边），更要求 FTTZ（光纤到社区）、FTTO（光纤到办公室）、FTTB（光纤到大楼）、FTTF（光纤到楼层）、FTTH（光纤到户）。光缆作为传输介质在综合布线系统中的大规模应用，促使光纤快速接续技术趋向成熟。

1. 冷接子

冷接子即光纤快速接续连接器，又称现场连接器，指不需要熔接机熔接，只通过简单的接续工具，进行机械对准即可实现光缆直接成端的端接方式，光纤快速接续连接器在现场组装的过程中无须注胶、研磨。

光纤快速接续技术分预置光纤和非预置光纤两大类。预置光纤的接续点设置在连接器内部，预置匹配液；非预置光纤接续点在连接器表面，不预置匹配液，直接通过适配器与目标光纤相连。冷接子是非预置光纤接续技术产品，具有超低损耗接续、可靠、耐候性强等特点，如图 5-28 所示。

对于非预置光纤接续，光纤快速接续连接器的接续点设置于插芯表面，现场光纤切割表面与标准连接器预研磨光纤球面接续，在两根光纤的活动连接之间只有一个接续点。通过减少一个接续点，实现光纤超低损耗接续。

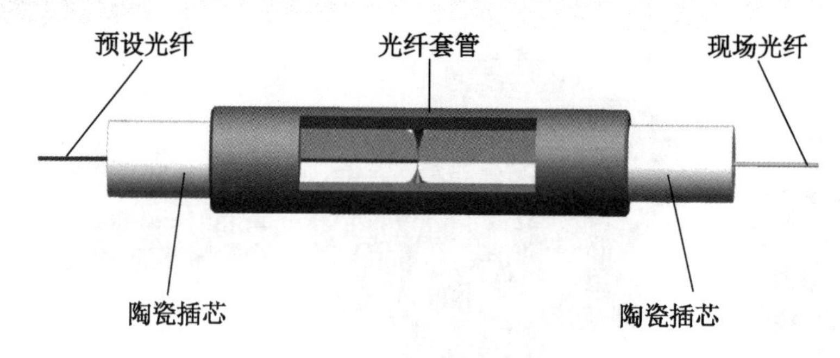

图 5-28　冷接子

现场切割的光纤通过高精度的陶瓷插芯和光纤套管与需要连接的目标光纤对准，并被固定在快速接续连接器插芯后的 V 形槽中，现场光纤切割表面与普通连接器预研磨光纤球面通过现场光纤微弹力变形紧贴，连接器内部无接续点和匹配液，如图 5-29 所示。这样不会由于匹配液的流失而影响光学指标，接续点的接续质量得到可靠保证，经得住客户端各种复杂环境的考验。

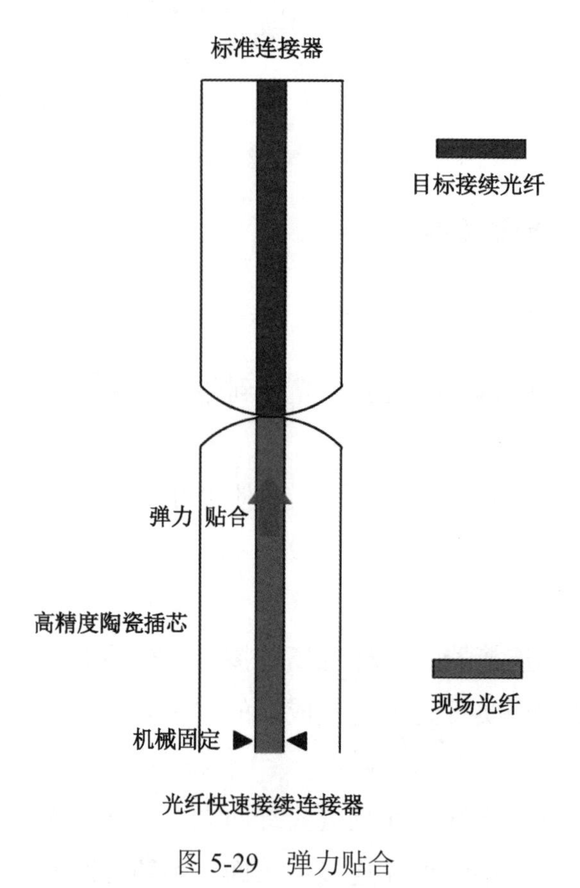

图 5-29　弹力贴合

2. 非预置光纤接续连接器技术要求

UNIKITYT—2007 为非预置光纤接续连接器规定了 6 个技术参数：光纤高度、纤面凹陷、孔径间隙、同心偏差、曲率半径和顶点偏移。

（1）光纤高度。

光纤高度是指光纤端面到插芯端面的距离。该指标用来衡量光纤与光纤的接触，当现场连接器和普通连接器适配时，光纤凹陷会形成光纤接触间的空气间隔，发生菲尼尔反射现象，插入损耗变大，回波损耗变小（绝对值）。光纤凸出过高会增大光纤间的压力，增加光纤动态疲劳，从而损坏光纤，或将压力传递到固定光纤的V形槽，破坏光纤的固定，影响性能的稳定性。

（2）纤面凹陷。

纤面凹陷是指现场切割的光纤端面凹峰到凹谷的距离。该指标也用来衡量光纤与光纤的接触，当现场连接器和普通连接器适配时，纤面凹陷会形成光纤接触间的空气间隔，改变插入和回波损耗。

（3）孔径间隙。

孔径间隙是指快速接续连接器陶瓷插芯的孔径与现场光纤直径的差值。该指标用来衡量光纤与光纤接触的重复一致性，当现场连接器和普通连接器适配时，孔径间隙过大会造成光纤适配状态不稳定，改变插入和回波损耗。

（4）同心偏差。

同心偏差是指快速接续连接器陶瓷插芯外径与光纤通孔的同心度。该指标用来衡量光纤与光纤的接触对准度，当现场连接器和普通连接器适配时，同心度不好会改变插入和回波损耗。

（5）曲率半径。

曲率半径是指插芯端面曲线的半径，现场连接器通过弹簧的压力来确保陶瓷插芯与普通连接器光纤端面紧贴。曲率半径用来控制压缩力以保持光纤中心匹配力。曲率半径不合格将会使光纤受到的压力逐步变大，甚至会损害光纤端面。

（6）顶点偏移。

顶点偏移是指插芯端面曲线的最高点到光纤纤芯的轴线距离。顶点偏移过大将减少光纤的有效耦合区，从而增加插入损耗和回波损耗。

在这几个指标中，光纤高度、纤面凹陷对现场连接器的影响最大，其次是孔径间隙和同心偏差，而曲率半径和顶点偏移基本都能保证，这是因为现场光纤微弹力变形紧贴原理，把曲率半径和顶点偏移的影响降到最低。

3. 非预置光纤接续连接器技术特点

（1）高精度陶瓷插芯保证现场光纤精密定位。

（2）现场光纤在高精度陶瓷插芯中微量浮动，适配时保证其与目标光纤弹力贴合。

（3）现场光纤在靠近陶瓷插芯尾部固定，减少热胀冷缩对接续质量的影响。

如图5-30所示为RSC250P型光纤快速接续连接器（冷接子），其可重复多次开启，插入损耗小，满足相关行业标准，接续时间业内最短，深受用户欢迎。其技术指标如下。

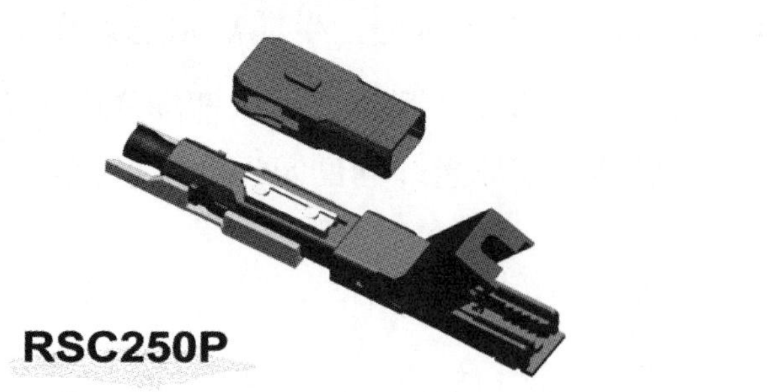

图 5-30　RSC250P 型光纤快速接续连接器

插入损耗（IL）：小于 0.3dB

回波损耗（RL）：大于 40dB

在线抗拉力：大于 20N

最大抗拉力：大于 100N

抗冲击力：4 米 3 向 3 次抗摔

使用温度：-25～+70℃

操作时间：小于 15s

重复操作次数：100 次

接续成功率：大于 98%

RSC250P 型光纤快速接续连接器接续方法如图 5-31 所示。

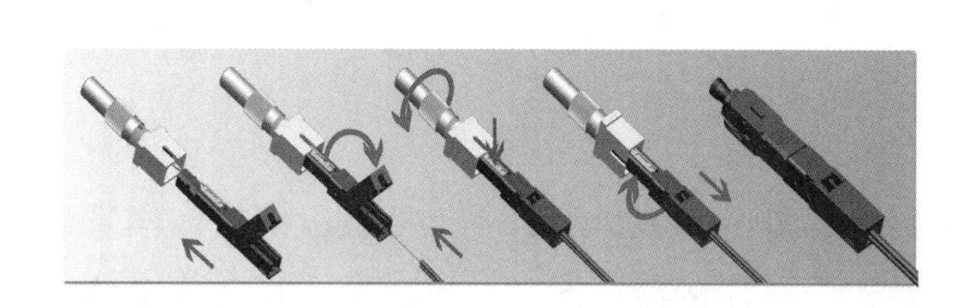

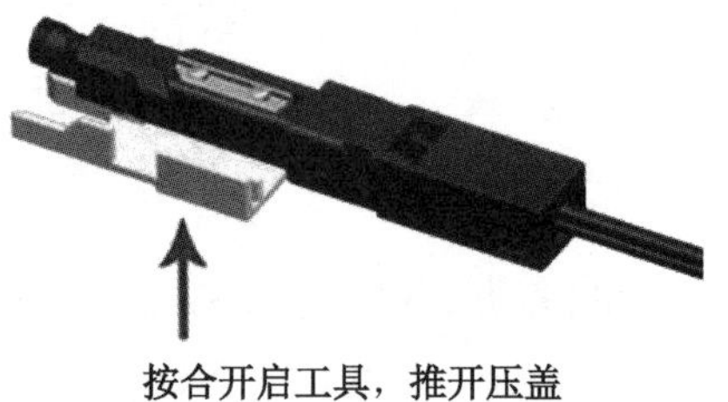

图 5-31　RSC250P 型光纤快速接续连接器接续方法

4．光纤冷接子的应用

光纤冷接子在 FTTH 接入中起着不可替代的作用，光纤冷接子现场端接技术解决了光纤到户的应用难题，其无须熔接，操作方便快捷，接续成本低，真正实现了随时随地接入，如图 5-32 所示。

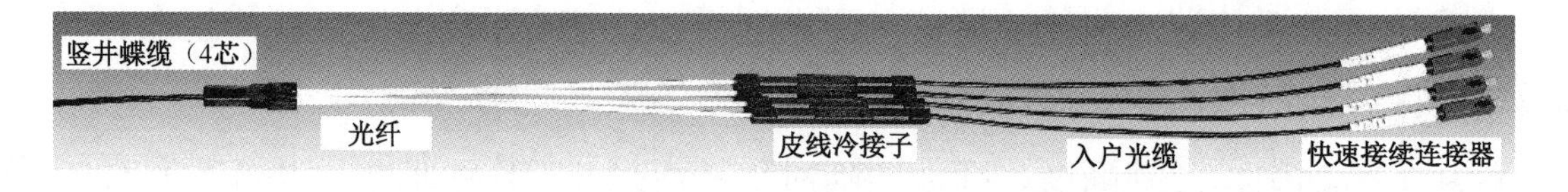

（a）连接图

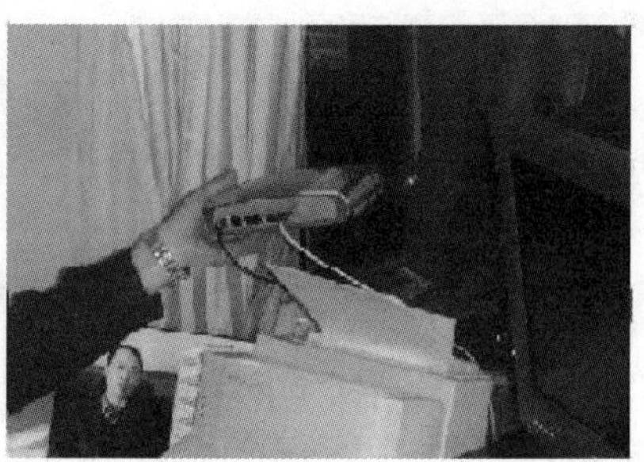

（b）配线箱及光分路器箱　　（c）直接连接 ONU

图 5-32　冷接子的应用

进程二：按照图 5-33 练习光纤冷接子接续

光纤冷接子接续须做到“完整切割，精确对准，弹性贴入，可靠固紧”。

（a）接续前准备工具及用料

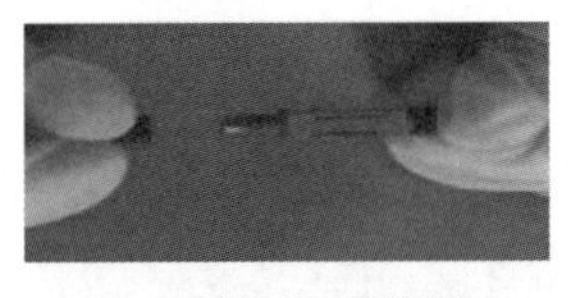

（b）拧开螺母待用

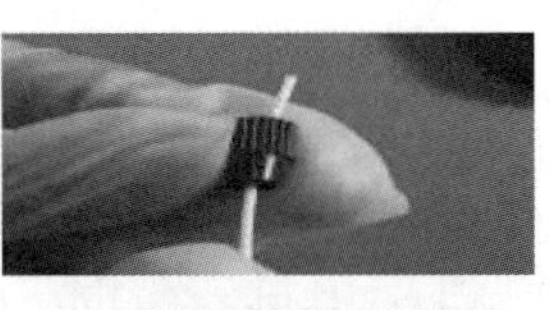

（c）将光纤插入螺母内

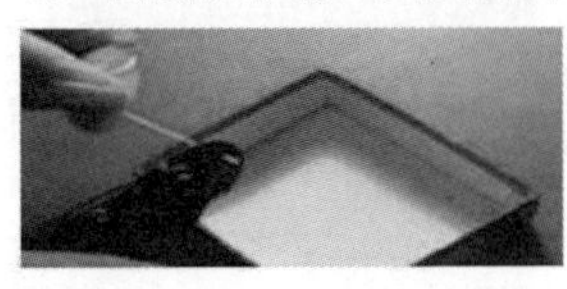

（d）剥掉光纤涂覆层，使裸纤长约 30mm

（e）测量已剥好的裸光纤长度

（f）用无尘纸或无尘布蘸少量酒精紧贴擦拭光纤，务必使光纤洁净

（g）将光纤放入切割位置切割，长度为 11～12mm

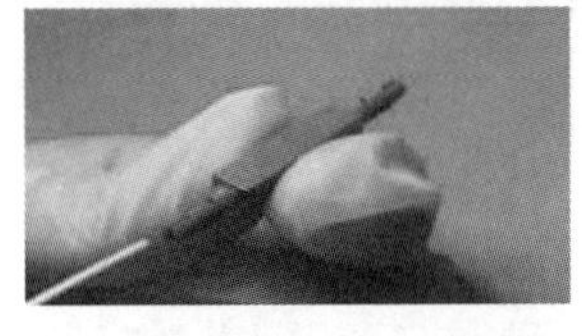

（h）将切割好的光纤小心插入接续导向口内

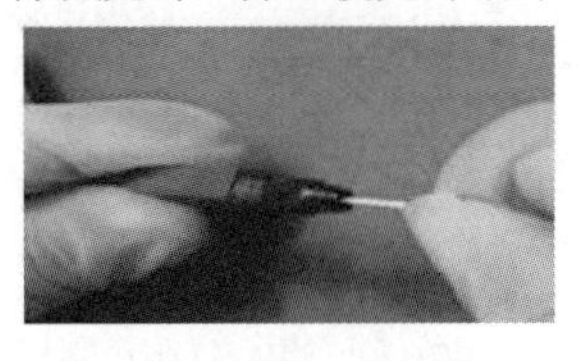

（i）轻推光纤，确保光纤达到对准位置

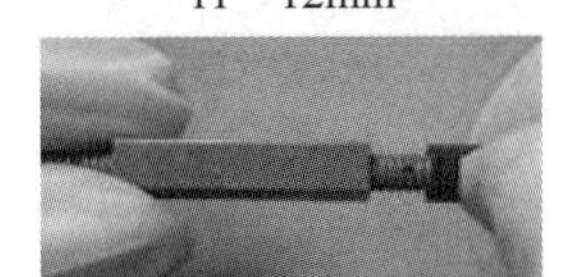

（j）先拧紧一侧螺母

（k）重复（b）～（h），将接续目标光纤放入接续夹具内

（l）将光纤放入海绵内夹好，微弯成拱形

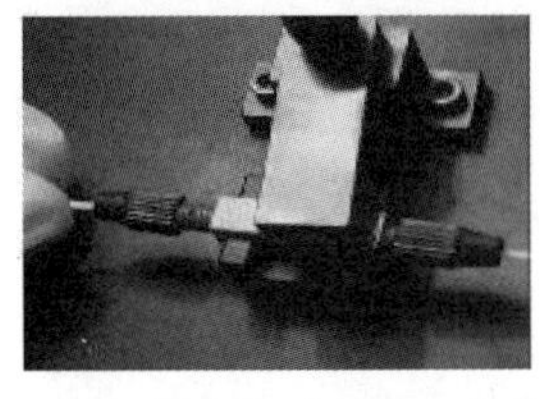

（m）均匀用力推动光纤，使光纤对准

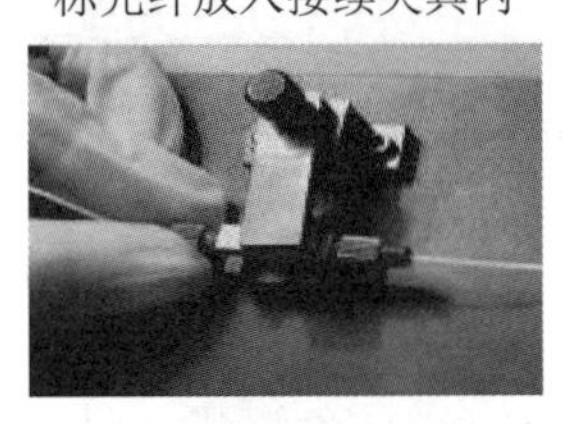

（n）拧紧另一侧螺母

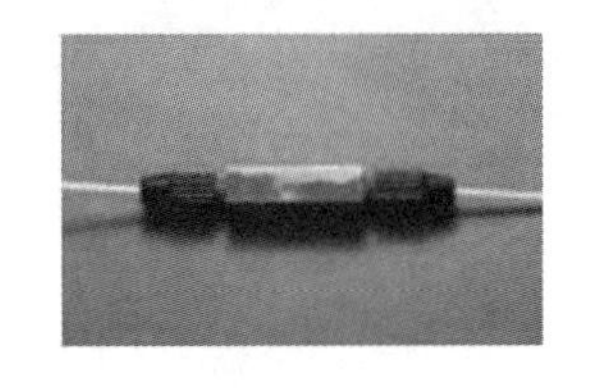

（o）从夹具上取出产品，接续完成

图 5-33　光纤冷接子接续操作步骤

习题

一、判断题

1. 在 380V 10kVA 的电缆周围 1m 内不能平行敷设综合布线缆线。（　　）
2. 缆线布放应平直，可以产生扭绞、打圈等现象，但不应受外力挤压和损伤。（　　）
3. 直线布管每 30m 处应设置过线盒。（　　）
4. 过线盒盒盖应能开启，并与地面齐平，盒盖应具有防灰与防水功能。（　　）
5. 有经验的安装者会快速拉绳。（　　）

6．缆线向下垂放比向上牵引容易。（ ）

二、填空题

1．预埋在墙体中暗管的最大管外径不宜超过________，楼板中暗管的最大管外径不宜超过________，室外管道进入建筑物的最大管外径不宜超过________。

2. 机柜单排安装时，前面净空应不小于_______，后面及机列侧面净空应不小于_______；多排安装时，列间距应不小于_________。

3．光纤连接有______和______两种方式。

三、选择题

1．光缆转弯时，其转弯半径要大于光缆自身直径的（ ）倍。

A．10　　B．15

C．20　　D．25

2．光纤切割刀的刀片总寿命一般在（ ）次左右。

A．1万　　B．2万

C．3万　　D．4万

3. 缆线应有余量以适应终接、检测和变更，光缆布放路由宜盘留，预留长度宜为（ ）。

A．3～6m　　B．0.5～2m

C．3～5m　　D．6～8m

4．机柜安装位置应符合设计要求，垂直偏差度应不大于（ ）。

A．1mm　　B．2mm

C．3mm　　D．5mm

5．桥架及线槽的安装位置应符合施工图要求，左右偏差应不超过（ ）。

A．10mm　　B．30mm

C．50mm　　D．60mm

四、简答题

1．简述光纤熔接步骤。

2．简要说明金属槽盒预埋要求。

06

综合布线系统工程测试技术 模块六

综合布线系统工程测试主要有两个目的：一是确保施工质量，二是确保施工进度，使工程得到应有的质量保证。5e 类以上高品质电缆及相关连接硬件的综合布线系统，必须使用高精度的仪器进行系统工程测试，以确保系统在传输高速信息时不出问题或少出问题。

综合布线系统工程测试不再可有可无，而是变得不可或缺，尤其是伴随着多媒体业务和智慧系统的发展，需要对综合布线的性能进行评估。通过系统工程测试，能够有效应对现有和将来的标准变化。

学习任务一

双绞线电缆链路测试

学习目标：

会区分双绞线电缆网络测试链路模型，了解链路传输信号能力与质量的测试标准，会选定仪表和设定测量参数，熟悉实际网络链路常见故障。

项目一　测试类别与链路模型

一、双绞线电缆链路测试类别

综合布线系统工程测试分为以下3类。

1．验证测试

验证测试又称随工测试，是边施工边测试，主要检测缆线质量和安装工艺，及时发现并纠正问题，通常用于测试系统链路的接线图和长度。

2．认证测试

认证测试又称验收测试，是所有测试工作中最重要的环节，是工程完工的即时验收，主要对布线系统的安装、电气特性、传输性能、设计、选材及施工质量进行全面测试。

认证测试通常以自我认证测试和第三方认证测试两种方式进行。

3．鉴定测试

鉴定测试是在认证测试的基础上，对布线链路上一些网络应用情况进行基本检测，具有一定的网络管理功能。鉴定测试仪能检测被测试链路所能承载的网络信息量的大小，还能检测常见的可导致布线系统传输能力受限制的缆线故障。注意：鉴定测试不能替代认证测试。

二、认证测试模型

1. 永久链路

永久链路又称固定链路，由最长为 90m 的配线（水平）电缆、配线电缆两端的接插件（一端为工作区信息插座，另一端为楼层配线架）和链路可选的转接连接器组成，不包括两端 2m 长的测试电缆。永久链路模型如图 6-1 所示。这种测试模型适用于测试固定链路（水平电缆及相关连接器件）的信息传输性能。

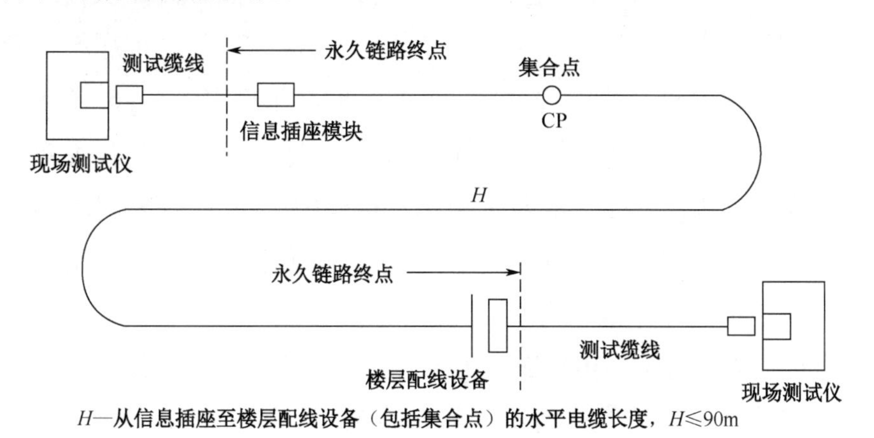

图 6-1 永久链路模型

2. 信道

信道是指从网络设备跳线到工作区跳线的端到端的连接，它包括最长为 90m 的在建筑物中固定的水平电缆、水平电缆两端的接插件（一端为工作区信息插座，另一端为配线架）、一个靠近工作区的可选附属转接连接器、最长为 10m 的楼层配线架和用户终端的连接跳线，双绞线电缆链路信道最长为 100m。信道模型如图 6-2 所示。

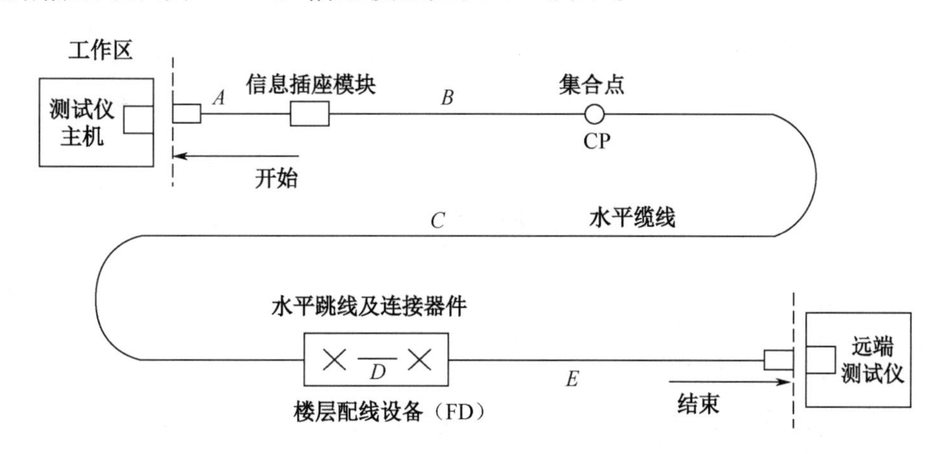

A—工作区终端设备电缆长度；B—CP 缆线长度；C—配线（水平）缆线长度；
D—配线设备连接跳线长度；E—配线设备到设备连接电缆长度；B+C≤90m，A+D+E≤10m

图 6-2 信道模型

项目二 链路认证测试参数及其意义

对于不同级别的布线系统，测试模型、测试内容、测试方式和性能指标是不一样的。参照 TSB—67 标准要求，对于 5 类布线系统，验证测试有接线图、链路长度、衰减、近端串扰 4 个性能指标。ISO 要求增加一项指标，即衰减串扰比（ACR）。对于超 5 类布线系统，性能指标的数量没有发生变化，只是严格程度比 TSB—95 高了许多。而 6 类布线系统已经面向 1000BASE—TX 应用，所以又增加了很多指标，如综合近端串扰、综合等效远端串扰、回波损耗、时延差等。这样，增补后的性能指标包括：接线图、布线链路及信道长度、近端串扰、综合近端串扰、衰减、衰减串扰比、远端串扰与等效远端串扰、传输时延与时延差、结构回波损耗、插入损耗、带宽、直流电阻等。

对于双绞线电缆链路，GB/T 50312—2016《综合布线系统工程验收规范》规定的测试内容有接线图、布线链路及信道长度；对不同的布线系统，测试时可实时增加测试内容和性能指标。

综合布线系统工程的现场测试项目、性能指标和参数，是随链路类别不同而变化的。通常现场验证测试的测试项目只有接线图、布线链路及信道长度、衰减和近端串扰 4 项，而认证测试还有其他项目。

一、认证测试参数

GB/T 50312—2016 规定的综合布线系统双绞线电缆链路工程现场认证测试参数如下。

（1）接线图（开路/短路/反接/跨接/串绕）。

（2）长度。

（3）衰减。

（4）近端串扰。

（5）综合近端串扰。

（6）衰减串扰比。

（7）远端串扰与等效远端串扰。

（8）综合等效远端串扰。

（9）传输时延与时延差。

（10）回波损耗。

二、参数意义

1. 接线图（Wire Map）

接线图能直观反映链路有无端接错误，显示实际连接状态，如图 6-3 所示。

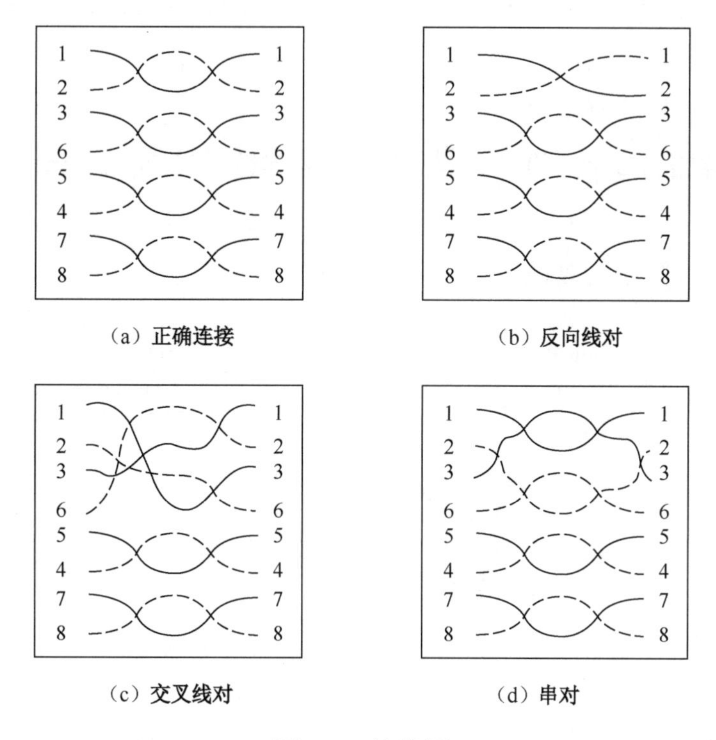

图 6-3 接线图

2. 长度（Length）

布线链路及信道长度（电缆的物理长度），一般通过电子长度测量来估算。

电子长度测量是应用时域反射（Time Domain Reflectometry，TDR）测试技术，基于传输时延和电缆的额定传输速率而实现的。

电信号在电缆中的传输速率与光在真空中的传输速率的比值定义为电缆的额定传输速率，用 NVP 表示，则

$$\mathrm{NVP}=2\times L(T\times c)$$

式中，L 是电缆长度；T 是信号传送与接收之间的时间差；c 是真空状态下的光速（$3\times10^8\mathrm{m/s}$）。

电缆长度为

$$L=\mathrm{NVP}\times(T\times c)/2$$

NVP 值随不同缆线类型而异。通常，NVP 值为 60%～90%。测量准确性取决于 NVP 值，正式测量前用一根已知长度（必须在 15m 以上）的电缆来校正测试仪的 NVP 值，测试样线越长，测试结果越精确。测试时采用延时最短的线对作为参考标准来校正电缆测试仪。典型的非屏蔽双绞线电缆的 NVP 值为 62%～72%。

3．衰减（Attenuation）

衰减是信息传输所造成的信号损耗（单位为 dB）。

当信号在电缆中传输时，其所遇到的电阻会导致传输信号减小，这种现象被称为衰减，如图 6-4 所示。衰减是一种插入损耗，布线链路中所有的布线部件都对链路的总衰减量有贡献。总衰减量由下述各部分构成。

（1）布线电缆对信号的衰减量。

（2）构成通道链路方式的 10m 跳线或构成基本链路方式的 4m 设备接线对信号的衰减量。

（3）每个连接器对信号的衰减量。

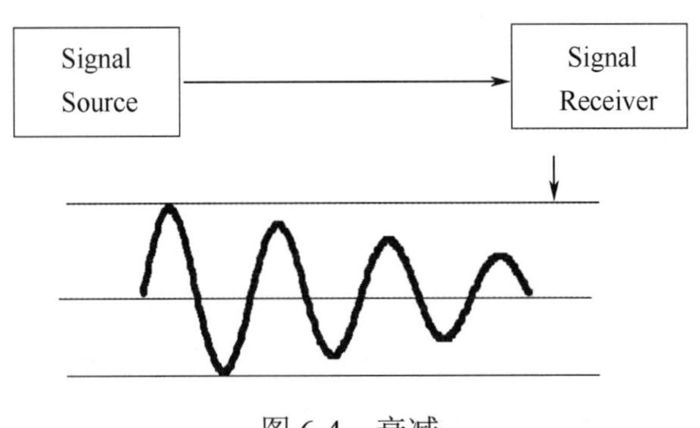

图 6-4　衰减

衰减测试是对电缆和链路连接硬件中信号损耗的测量，衰减随频率而变化，所以应测量应用范围。例如，对于 5 类非屏蔽双绞线电缆，测试频率为 1～100MHz。测量衰减时，值越小越好。温度对某些电缆的衰减也会产生影响。一般说来，随着温度的升高，电缆的衰减增加。因此，国家标准中规定测试温度为 20℃。注意，衰减在特定缆线、特定频率下的要求有所不同。具体而言，温度每升高 1℃，3 类电缆衰减增加 1.5%，4 类和 5 类电缆衰减增加 0.4%；当电缆安装在金属管道内时，温度每升高 1℃，链路的衰减增加 2%～3%。现场测试设备应测量出安装的每一线对衰减最大值，并且通过比较衰减最大值与衰减允许值，给出合格（标记为“PASS”）与不合格（标记为“FAIL”）的结论，具体规则如下。

① 如果合格，则给出处于可用频宽内的最大衰减值，否则给出不合格时的衰减值、测试允许值及所在点的频率。

② 如果测量结果接近测试极限，而测试仪不能确定是否合格，则将此结果标记为“PASS”；若结果处于测试极限的错误侧，则标记为“FAIL”。

③ 测试极限是按链路的最大允许长度（信道链路为 100m，永久链路为 90m）设定的，不是按长度分摊的。若测量出的值大于链路实际长度的预定极限，则在报告中加星号，以示警诫。

衰减产生的原因有电缆材料的电气特性和结构差异、不恰当的端接、阻抗不匹配的反射等，过量衰减会使电缆链路传输数据不可靠。衰减是频率的函数，如图 6-5 所示。

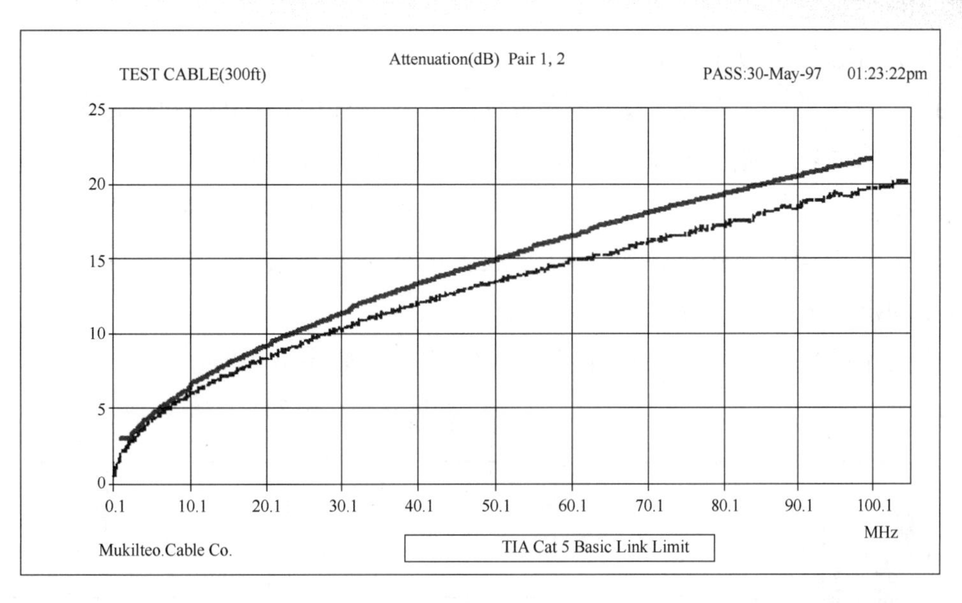

图 6-5 衰减是频率的函数

4．近端串扰（NEXT）

近端串扰如图 6-6 所示。

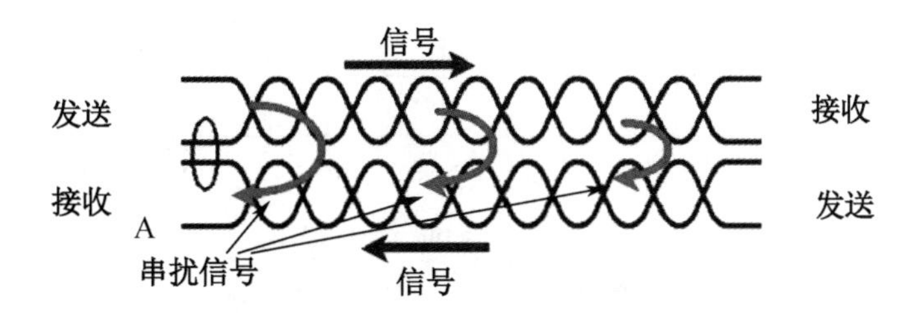

图 6-6 近端串扰

串扰，是同一电缆的一个线对中的信号在传输时耦合进其他线对中的能量。一个发送信号线对泄漏出来的能量被认为是这条电缆的内部噪声，它会干扰其他线对中的信号传输。

串扰分为近端串扰和远端串扰两种。近端串扰是指处于缆线一侧的某发送线对的信号对同侧的其他相邻（接收）线对通过电磁感应所造成的信号耦合。

在仪表测试设置中，近端串扰是用近端串扰损耗值来度量的，测量的是线对彼此耦合过来的信号损耗值，该值越大越好。该值大，意味着只有很少的能量从发送信号线对耦合到同一电缆的其他线对中，也就是耦合过来的信号损耗高；该值小，意味着有较多的能量从发送信号线对耦合到同一电缆的其他线对中，也就是耦合过来的信号损耗低。

近端串扰损耗的测量，应包括每一个缆线通道两端的设备接插软线和工作区电缆。近端串扰并不表示在近端所产生的串扰，它只表示在近端所测量到的值，测量值会随电缆的长度不同而变化，电缆越长，近端串扰值越小。实践证明，在 40m 内测得的近端串扰值是真实的，并且近端串扰损耗应分别从通道的两端进行测量。

对于近端串扰的测试，采样样本越大，步长越小，测试就越准确，TIA/EIA 568B2.1 定义了近端串扰测试时的最大频率步长。

近端串扰与缆线类别、端接工艺和频率有关，双绞线电缆的两条导线绞合在一起后，相位差为 180°，从而抵消相互间的信号干扰，绞距越小，抵消效果越好，也就越能支持较高的数据传输速率。在端接施工时，为减少串扰，打开绞接的长度不能超过 13mm。

近端串扰类似于噪声干扰，足够大时会破坏正常传输的信号，会被错误地识别为正常信号，造成站点间歇锁死，使网络连接完全失败。

近端串扰也是频率的函数，近端串扰与频率的关系如图 6-7 所示。

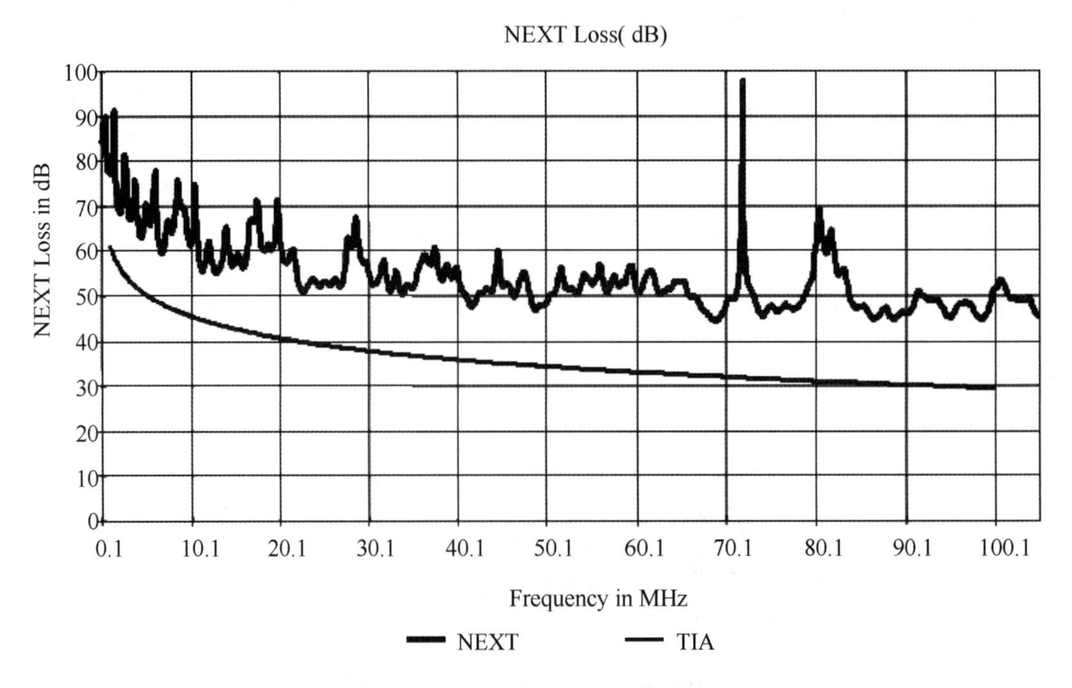

图 6-7　近端串扰与频率的关系

5. 综合近端串扰（PS NEXT）

近端串扰是一个发送信号的线对对于被测线对在近端的串扰。实际上，在 4 对双绞线电缆中，其他三个线对发送信号时都会对被测线对产生串扰。这三个发送信号的线对对另一相邻接收线对产生的总串扰就称为综合近端串扰，如图 6-8 所示。

综合近端串扰是双绞线电缆布线系统中一个新的测试指标，只有超 5 类和 6 类电缆才要求测试 PS NEXT，这种测试在用多个线对传送信号的 100BASE—T4 和 1000BASE—T 等高速以太网中非常重要。因为电缆中多个传送信号的线对把更多的能量耦合到接收线对中，在测量中综合近端串扰值要低于同种电缆线对间的近端串扰值，比如在 100MHz 时，超 5 类通道模型下综合近端串扰最小极限值为 27.1dB，而近端串扰最小极限值为 30.1dB。

6. 衰减串扰比（ACR）

通信链路在传输信号时，衰减和串扰都会存在，串扰反映电缆系统内的噪声，衰减反映线对本身的传输质量，这两种性能参数的混合效应可以反映出电缆链路的实际信息传输质量，用衰减串扰比来表示这种混合效应，衰减串扰比定义为：被测线对受相邻发送线对串扰的近端串扰损耗值与本线对传输信号衰减值的差值（单位为 dB），即衰减串扰比=近端串扰-衰减，其数值越大越好。

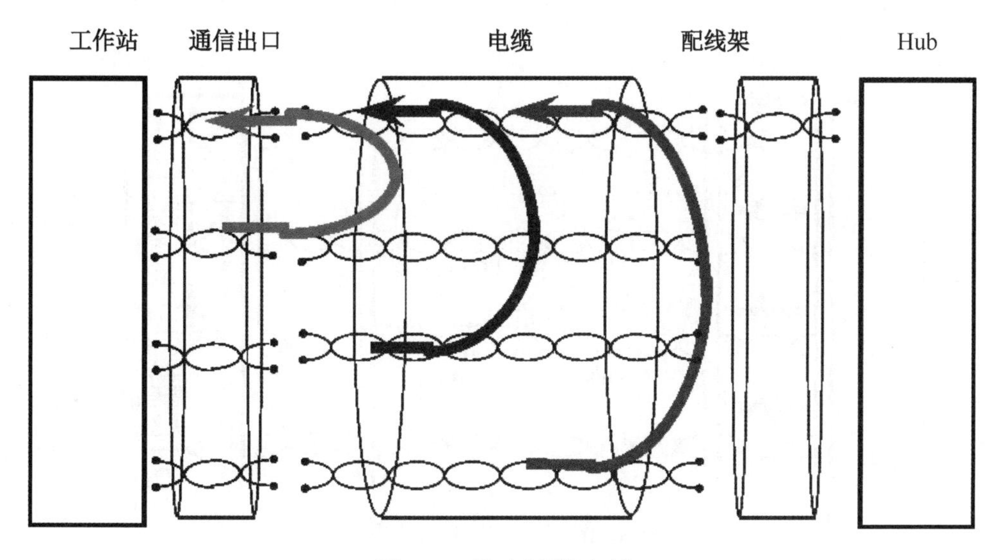

图 6-8　综合近端串扰

7．远端串扰（FEXT）与等效远端串扰（ELFEXT）

远端串扰是信号从近端发出，而在链路的另一侧（远端），发送信号的线对对其同侧相邻（接收）线对通过电磁感应耦合而造成的串扰。

因为信号的强度与它所产生的串扰及信号的衰减有关，所以电缆长度对测量到的 FEXT 值影响很大，FEXT 并不是一个很有效的测试指标，在实际测量中用 ELFEXT 值代替 FEXT 值。

等效远端串扰，是指某线对上远端串扰损耗与该线路传输信号衰减之差，如图 6-9 所示。

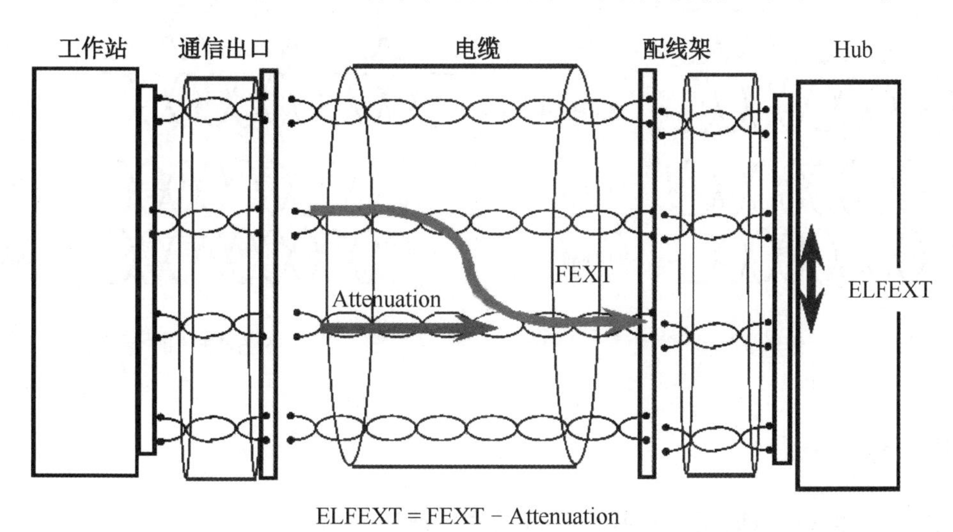

图 6-9　等效远端串扰

实际应用时，首先测试衰减值，然后测试远端串扰值，最后用远端串扰值减去衰减值。

8．综合等效远端串扰（PS ELFEXT）

综合等效远端串扰如图 6-10 所示，它是几个同时传输信号的线对在接收线对中形成的 ELFEXT 总和。对于 4 对 UTP 电缆而言，它组合了其他 3 个线对对被测线对的 ELFEXT。

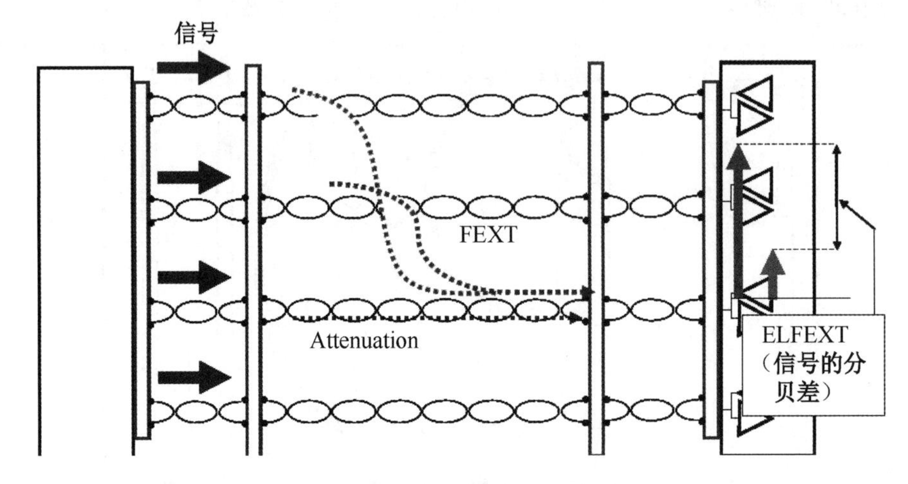

图 6-10　综合等效远端串扰

9．传输时延（Propagation Delay）与时延差（Delay Skew）

传输时延如图 6-11 所示，它是信号在电缆线对中传输所需要的时间。传输时延随着电缆长度的增加而增加，测量标准是信号在 100m 电缆中的传输时间，单位是纳秒（ns），它是衡量信号在电缆中传输快慢的物理量。

时延差又称时延偏离，如图 6-12 所示，它指同一 UTP 电缆中信号传输最快线对和信号传输最慢线对的传输时延差值，它以同一缆线中信号传输时延最小的线对作为参考，其余线对相对于参考线对都有时延差。最大的时延差即是电缆的时延差。

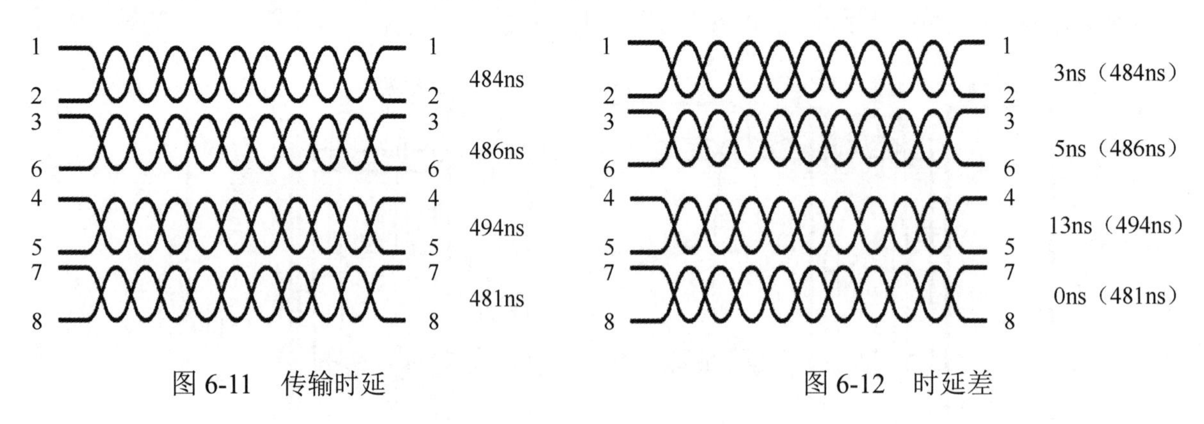

图 6-11　传输时延　　图 6-12　时延差

10．回波损耗（RL）

回波损耗是缆线与接插件阻抗不匹配导致的一部分能量反射。

当端接阻抗（部件阻抗）与电缆的特性阻抗不一致时，在通信链路上就会出现阻抗不匹配。阻抗的不连续性引起链路偏移，电信号到达链路偏移区时，必须消耗掉一部分来克服链路偏移，这样会导致两个后果，一是信号损耗，二是少部分能量被反射回发送端。被反射回发送端的能量会形成噪声，导致信号失真，降低通信链路的传输性能。

回波损耗=发送信号/反射信号，回波损耗越大，则反射信号越小，意味着通道采用的电缆和相关连接硬件阻抗一致性越好，传输信号越完整，在通道上的噪声越小。因此，回波损耗越大越好。

负载端反射如图 6-13 所示。

传输链路端接处反射如图 6-14 所示。

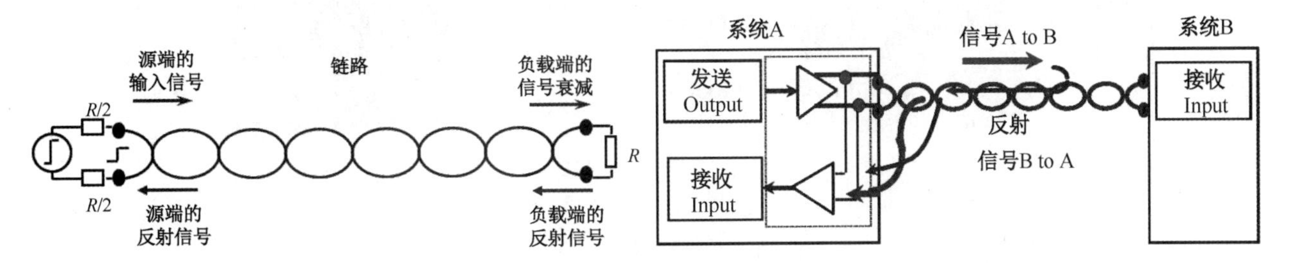

图 6-13　负载端反射　　　图 6-14　传输链路端接处反射

回波损耗的测试曲线如图 6-15 所示。

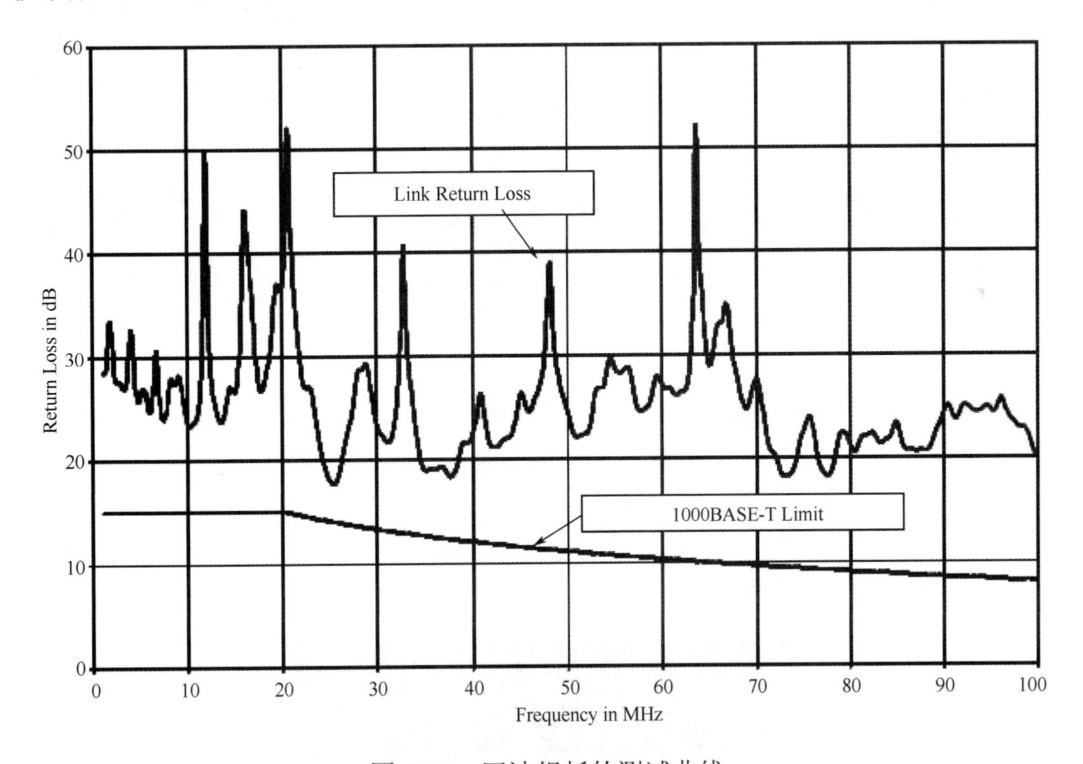

图 6-15　回波损耗的测试曲线

技能实训 15　DTX 测试仪的操作

进程一：认识 DTX 测试仪

DTX 测试仪主机与远端机分别如图 6-16 和图 6-17 所示。

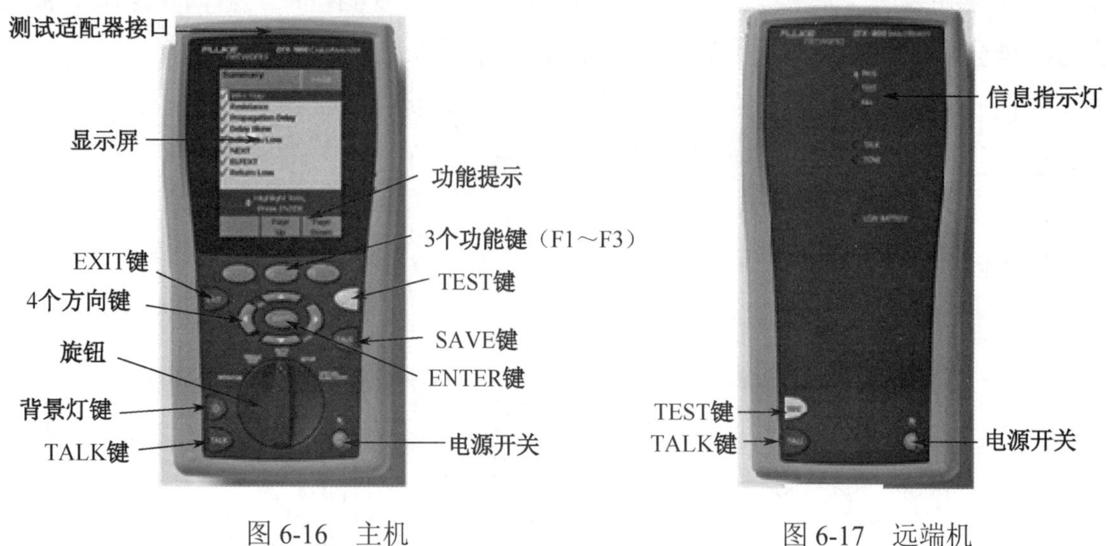

图 6-16　主机

图 6-17　远端机

DTX（1800/1200/LT）测试仪的接口如图 6-18 所示。

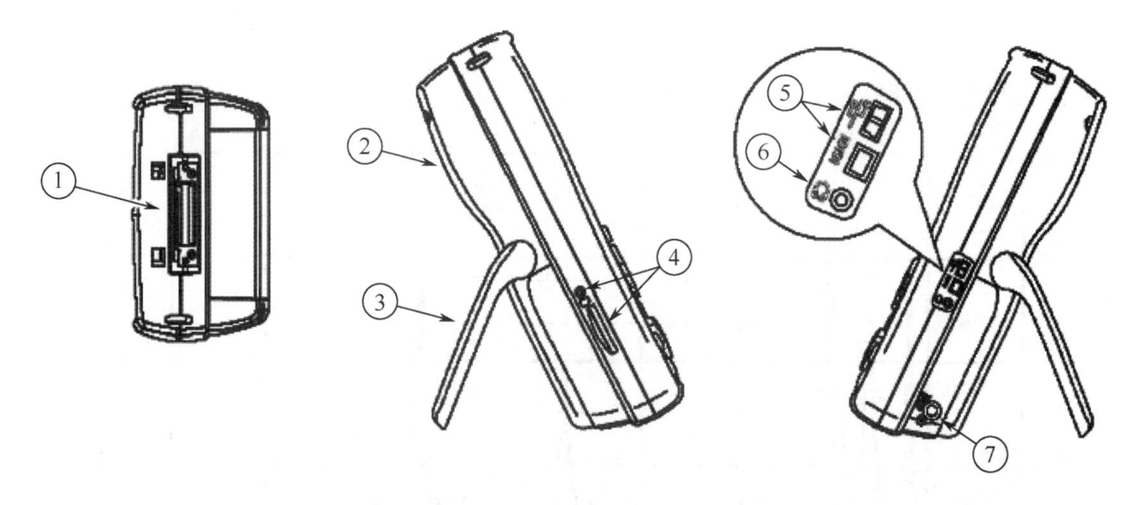

①—电缆适配器接口；②—模块托架盖，打开可安装可选模块；③—支架；④—存储卡接口（1800/1200 都有）；⑤—USB 和 RS-232 接口（1800/1200 都有）；⑥—耳机接口（1800/1200 都有）；⑦—充电适配器接口

图 6-18　DTX（1800/1200/LT）测试仪的接口

主机旋钮（转换开关）如图 6-19 所示，具体功能如下。

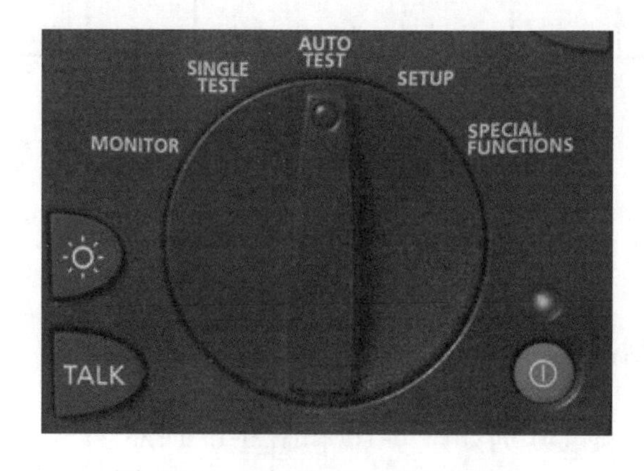

图 6-19　主机旋钮（转换开关）

（1）监视（MONITOR）。

（2）单项测试（SINGLE TEST）。

（3）自动测试（AUTO TEST）。

（4）设置（SET UP）。

（5）特殊功能（SPECIAL FUNCTIONS）。

进程二：完成使用前的准备工作

1．DTX 测试仪校准（见图 6-20）

（1）将永久链路适配器和通道适配器连接至主机和远端机并开机。

（2）主机旋钮转到 SPECIAL FUNCTIONS 挡。

（3）选择“设置基准”项，按 TEST 键开始校准。

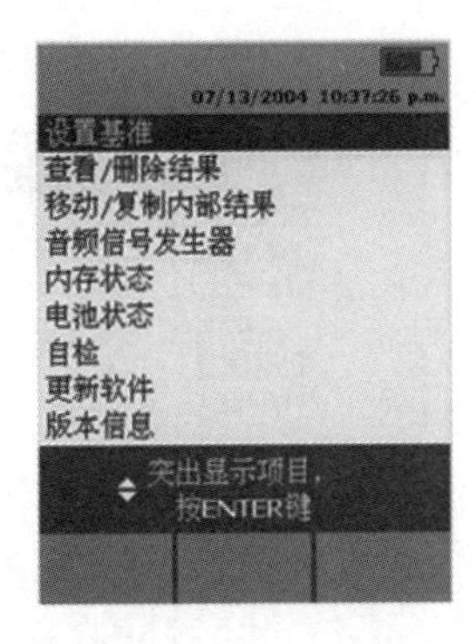

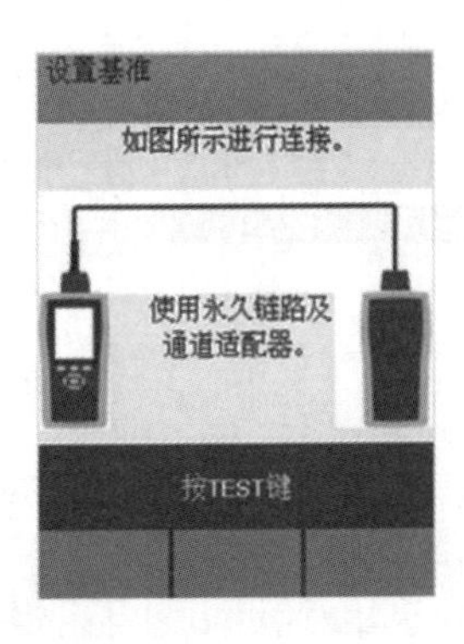

图 6-20　DTX 测试仪校准

2．DTX 测试仪自检（见图 6-21）

（1）将永久链路适配器和通道适配器连接至主机和远端机后开机。

（2）主机旋钮转到 SPECIAL FUNCTIONS 挡。

（3）选择“自检”项，按 TEST 键开始自检。

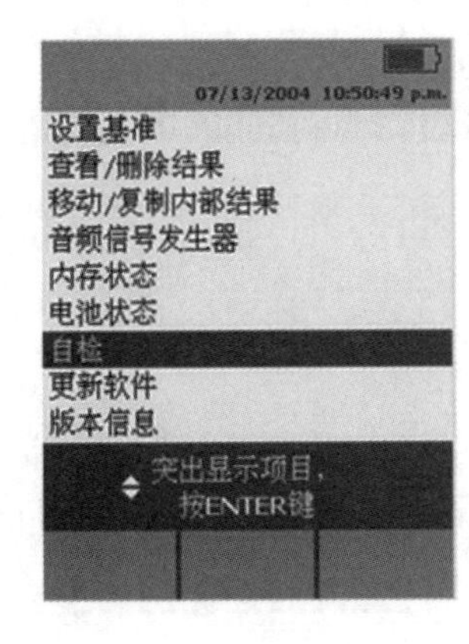

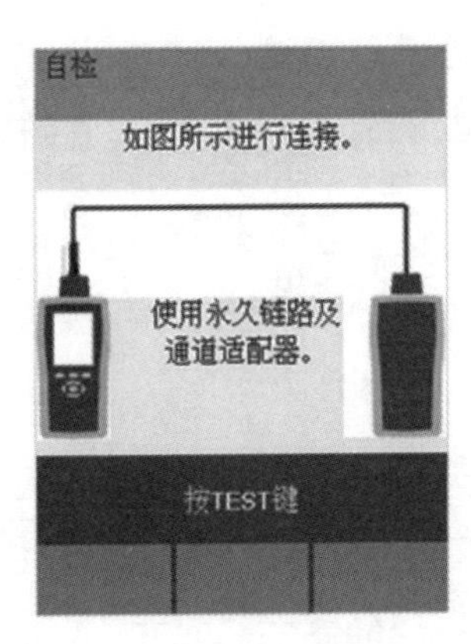

图 6-21　DTX 测试仪自检

进程三：DTX 测试仪参数设置

（1）设置语言，如图 6-22 所示。

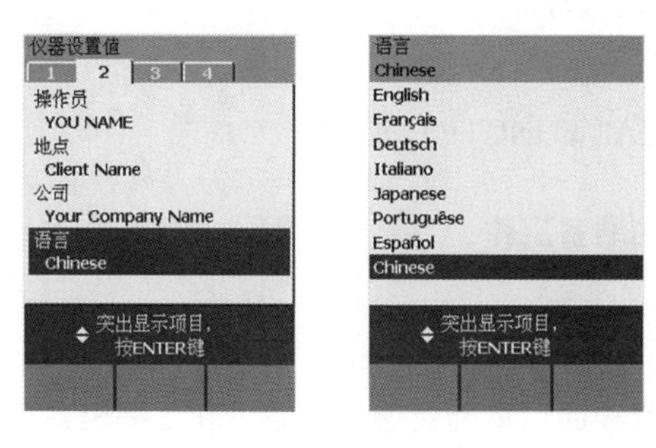

图 6-22　设置语言

（2）选择缆线类型，如图 6-23 所示。

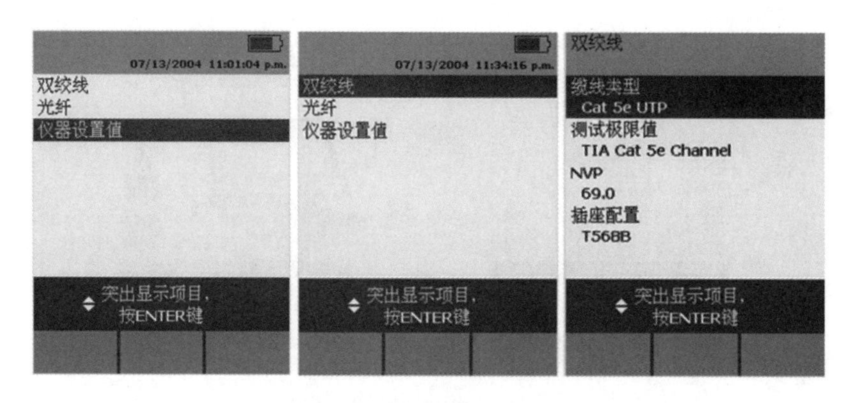

图 6-23　选择缆线类型

缆线类型及制造商如图 6-24 所示。

UTP（100Ω）——非屏蔽双绞线。

FTP（100Ω、120Ω）——箔制屏蔽双绞线。

SSTP——屏蔽双绞线。

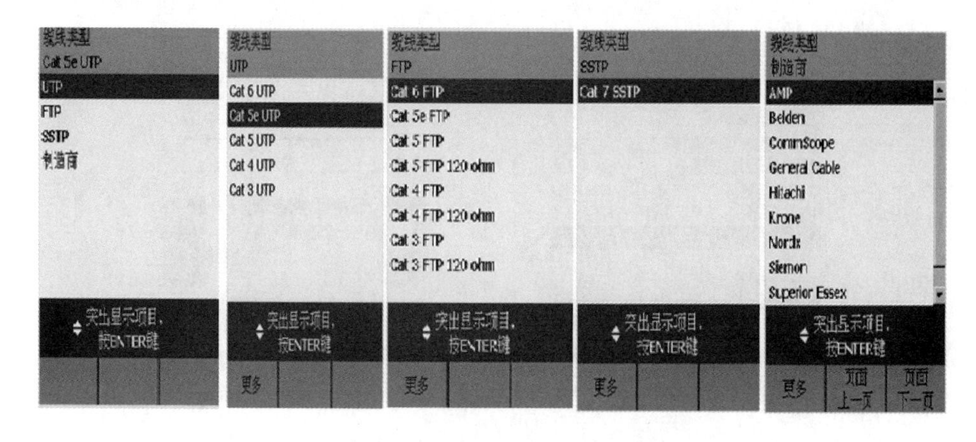

图 6-24　缆线类型及制造商

（3）确定测试标准，如图 6-25 所示。

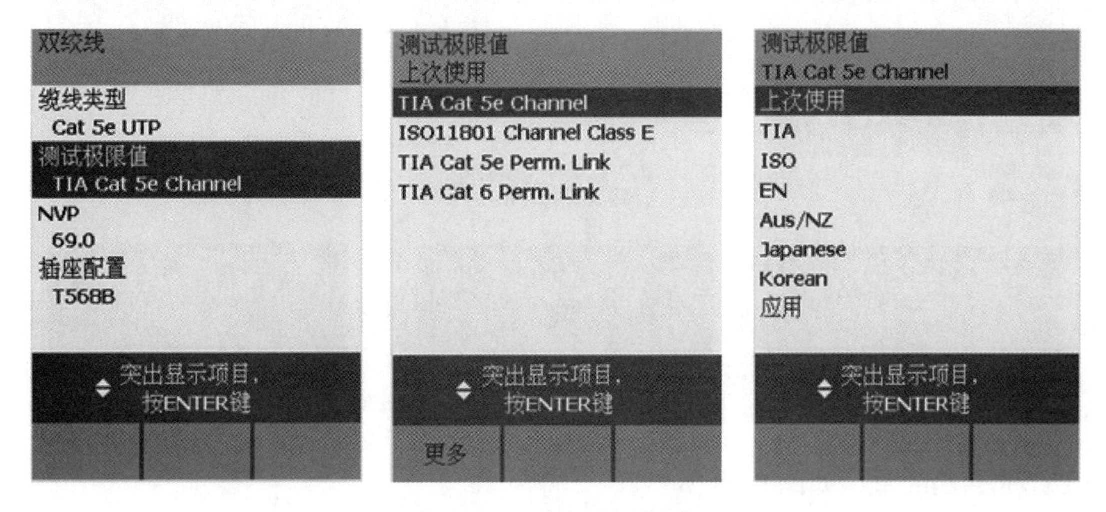

图 6-25　确定测试标准

（4）设定 NVP 值。

NVP 是信号在电缆中传输速度与光速的比值，如图 6-26 所示，默认值为 69%。

各电缆制造商生产的电缆 NVP 值受各种因素影响而有所差别。精确测量电缆长度时，须测定电缆的 NVP 值。

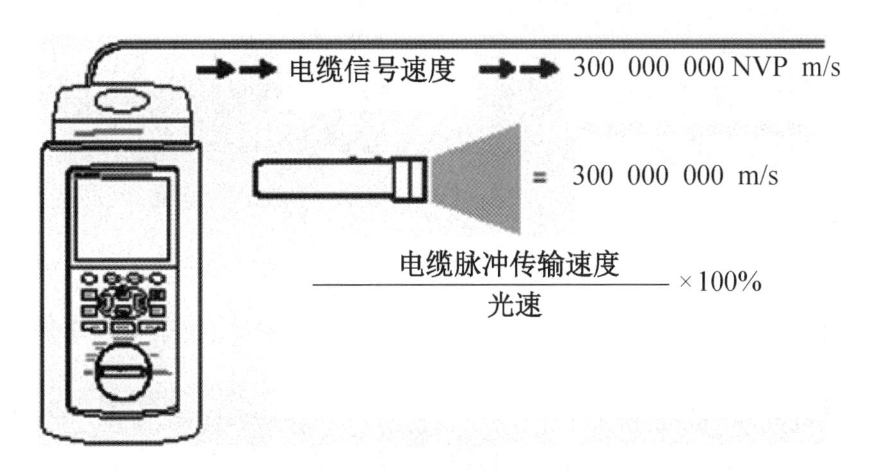

图 6-26　信号在电缆中传输速度与光速的比值

设定 NVP 值的方法如图 6-27 所示。

① 选择“NVP”项，按 ENTER 键。

② 截取一段 30m 长的 UTP 缆线连接至测试仪的主机和远端机。

③ 按 TEST 键开始测试。注意：测试完毕后，调整缆线测试长度至 30m，而 NVP 值会随长度调整而改变。

④ 按 F4 键将调整后的 NVP 值存储为默认值，以便精确测量缆线长度。

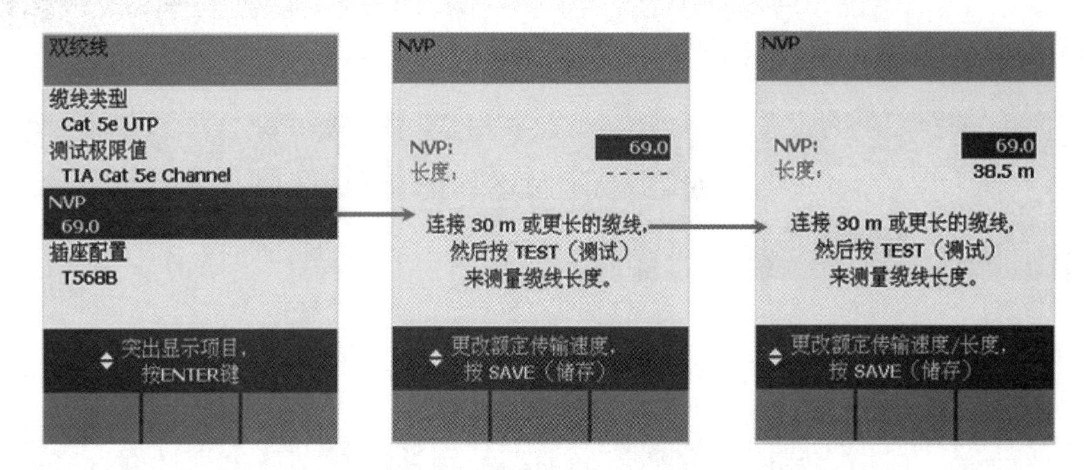

图 6-27　设定 NVP 值的方法

（5）完成插座配置，如图 6-28 所示。

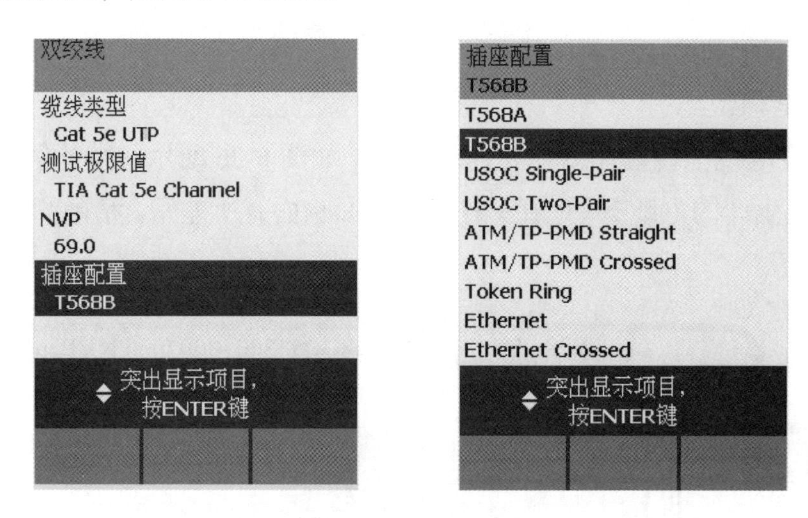

图 6-28　完成插座配置

（6）设置缆线标识码来源，如图 6-29 所示，目的是使测试时存储数据更加方便。

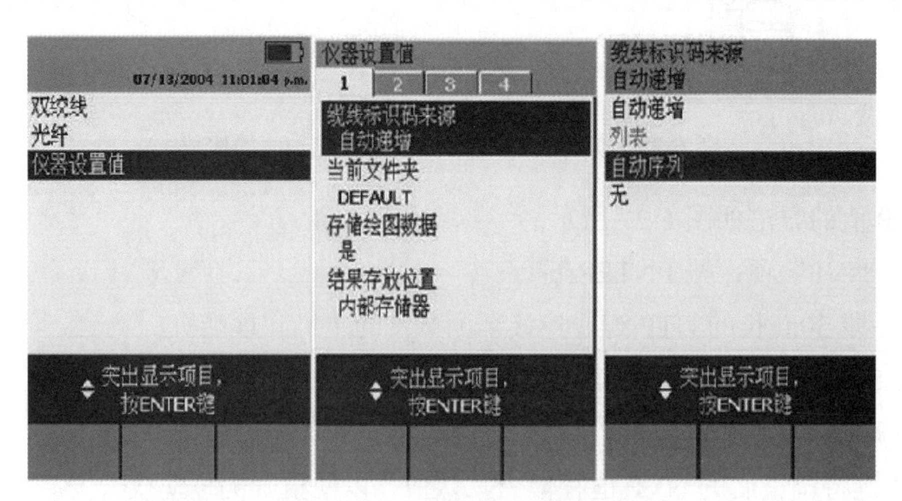

图 6-29　设置缆线标识码来源

（7）设置当前文件夹，如图 6-30 所示，目的是设置测试结果的存储路径。

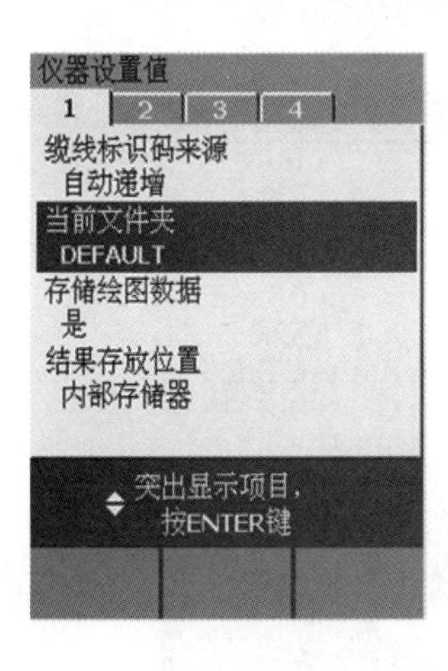

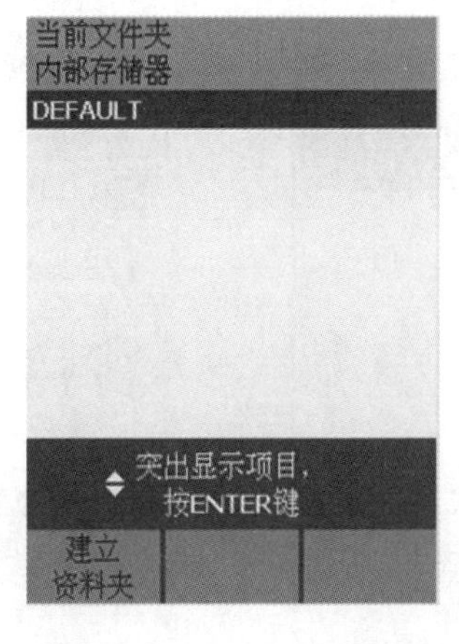

图 6-30　设置当前文件夹

（8）设置存储数据，如图 6-31 所示，可确定是否存储绘图数据。

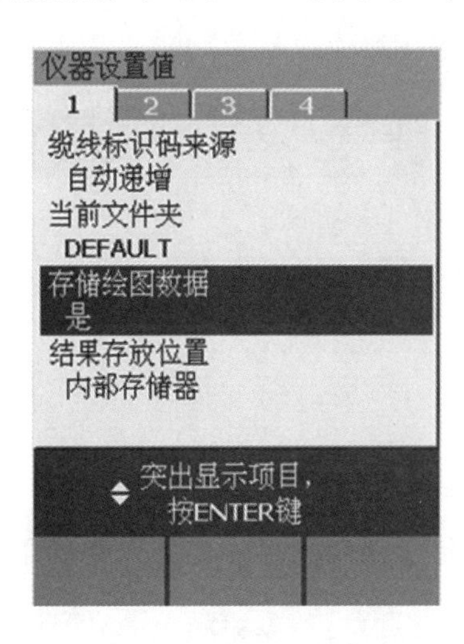

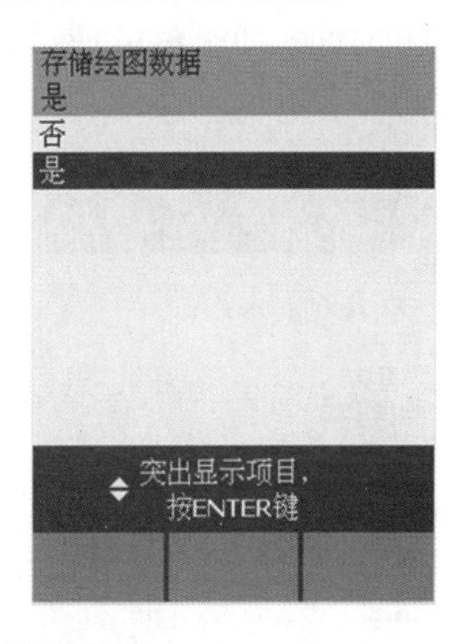

图 6-31　设置存储数据

（9）设置结果存放位置，如图 6-32 所示，可确定结果是存在内部存储器中还是内存卡中。

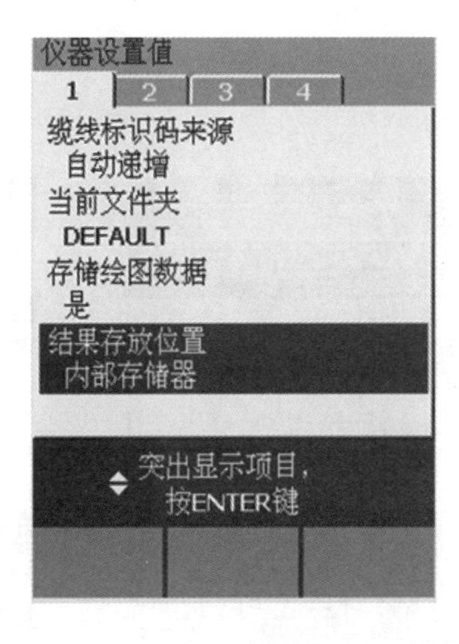

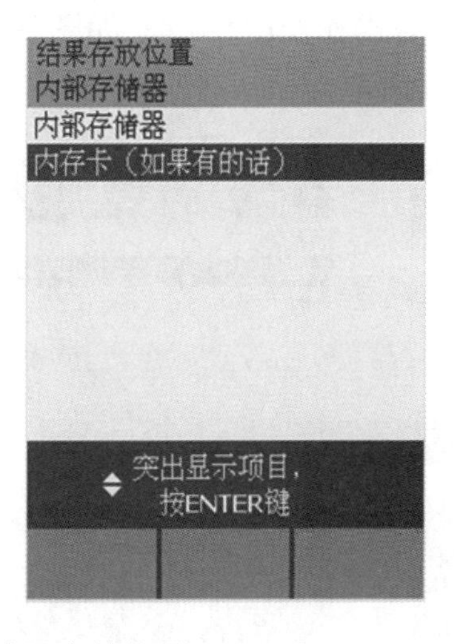

图 6-32　设置结果存放位置

（10）设置报告信息，包括操作员、地点、公司的名称，如图 6-33 所示。

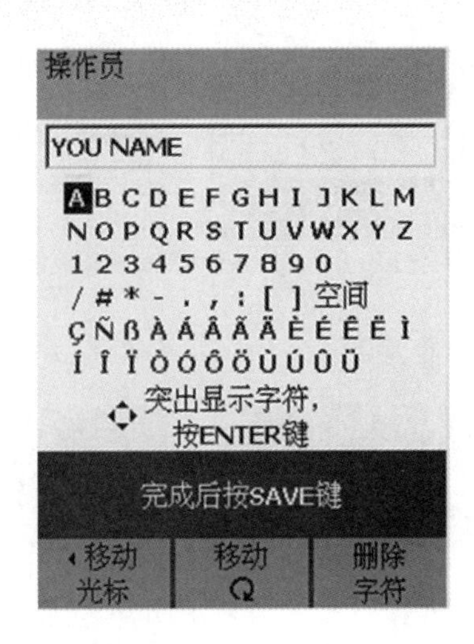

图 6-33　设置报告信息

（11）设置日期和时间，如图 6-34 所示。

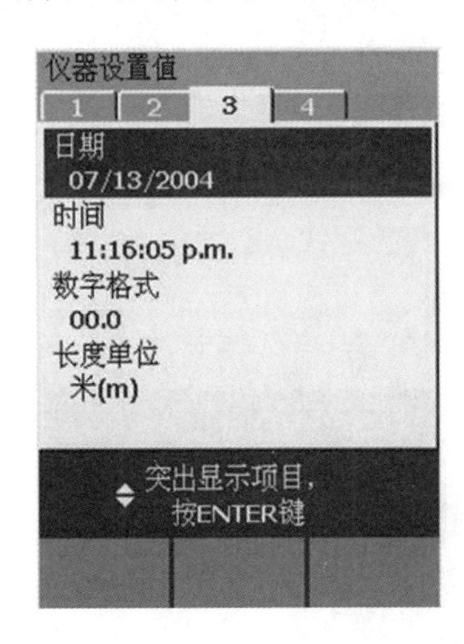

图 6-34　设置日期和时间

（12）设置数字格式和长度单位，如图 6-35 所示。

（13）设置电源管理，如图 6-36 所示。

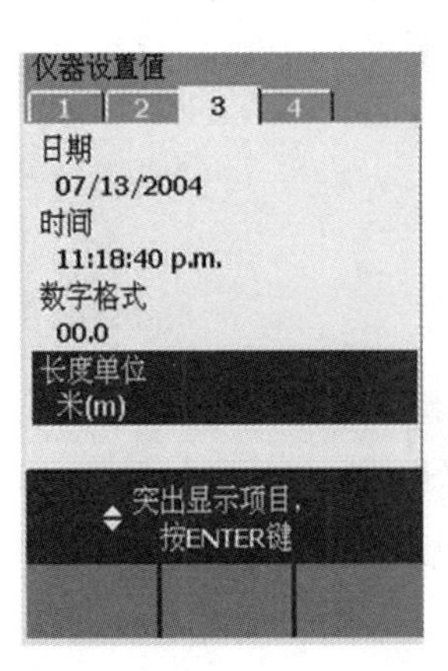

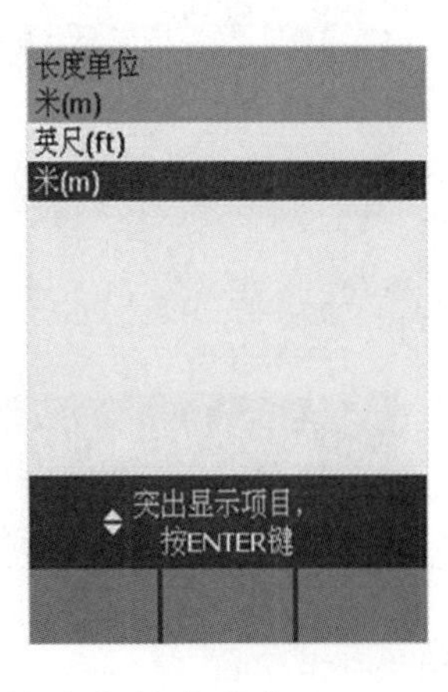

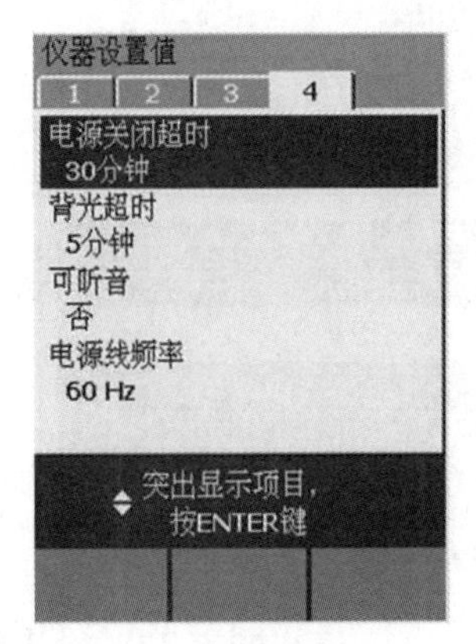

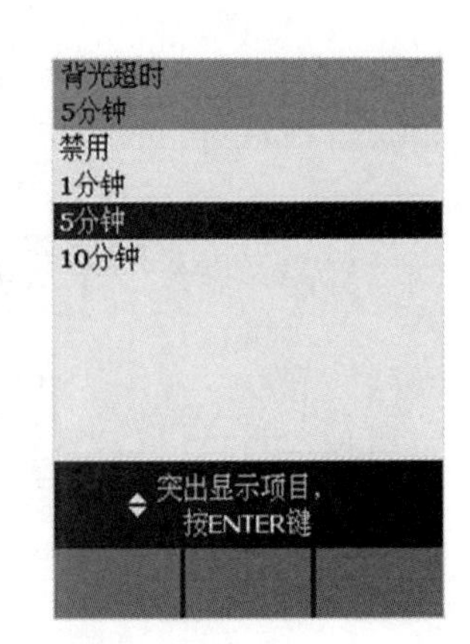

图 6-35　设置数字格式和长度单位　　　　图 6-36　设置电源管理

（14）设置听音，即按键时是否发出声音，如图 6-37 所示。

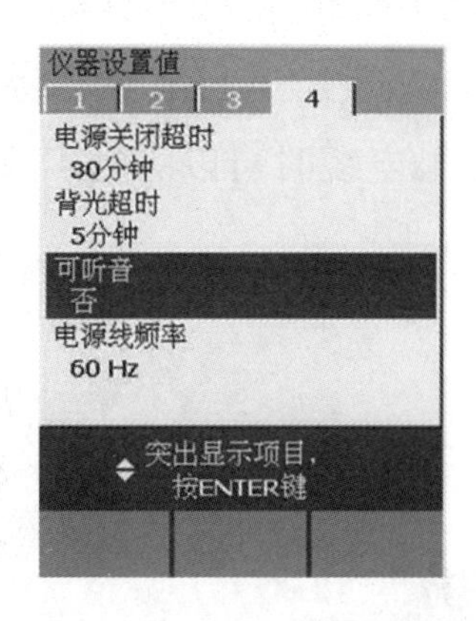

图 6-37 设置听音

（15）设置电源频率，如图 6-38 所示。

（16）特殊功能菜单如图 6-39 所示，其中提供了一些特殊使用功能，将主机旋钮置于 SPECIAL FUNCTIONS 挡即可显示该菜单。

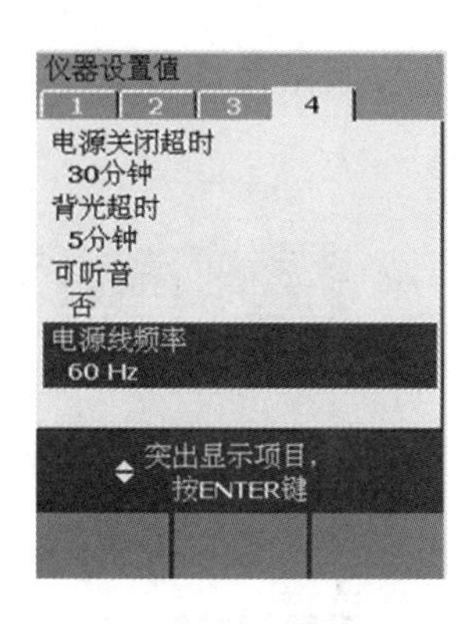

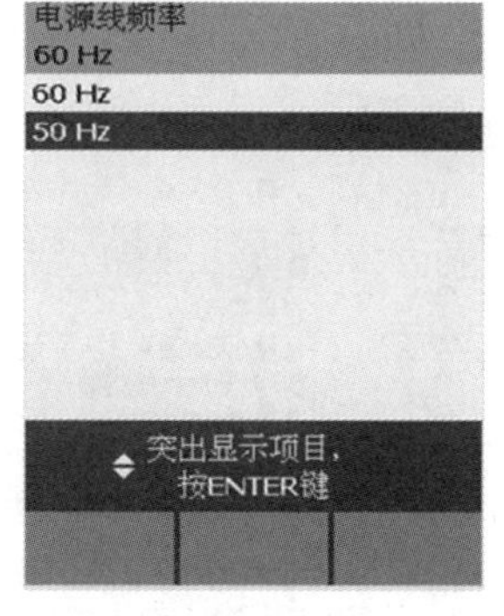

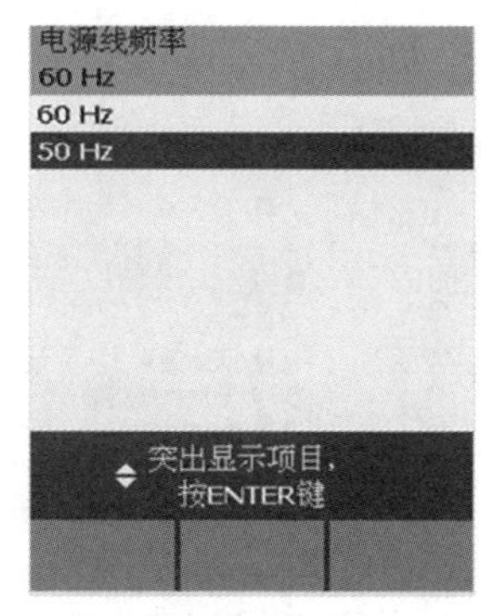

图 6-38 设置电源频率

图 6-39 特殊功能菜单

① 如图 6-40 所示，选中“查看/删除结果”项，按 ENTER 键，即可显示机内存储的测试数据。按上下方向键选择，按 ENTER 键确认，按 F1 键更改资料夹，按 F2 键删除，按 F3 键分类排序。

② 如图 6-41 所示，选中“移动/复制内部结果”项，按 ENTER 键，即可显示提示信息。按上下方向键选择，按 ENTER 键确认。

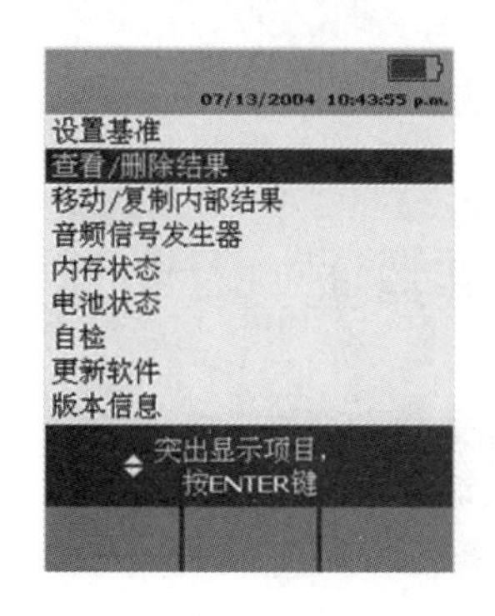

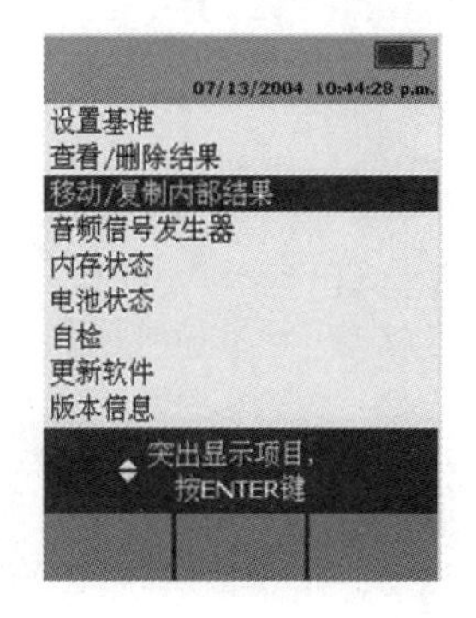

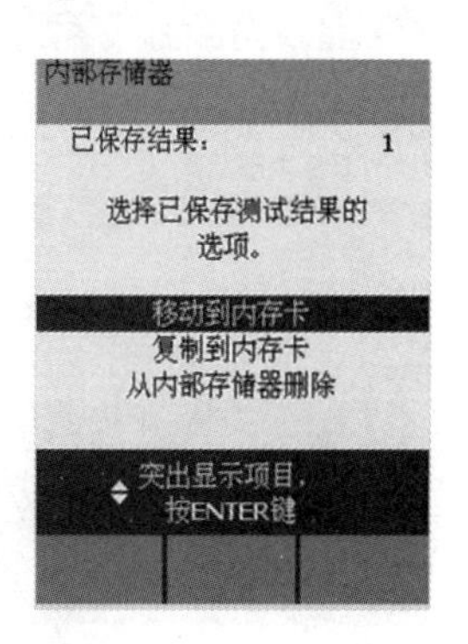

图 6-40 选中“查看/删除结果”项

图 6-41 选中“移动/复制内部结果”项

③ DTX 测试仪具有音频信号发生器，可发出音频信号，通过音频探测器可以定位电缆

走向。如图 6-42 所示，选中“音频信号发生器”项，按 ENTER 键；将电缆连至测试仪主机，按 TEST 键开始发出音频信号；当音频探测器接触电缆时可以听到声音。

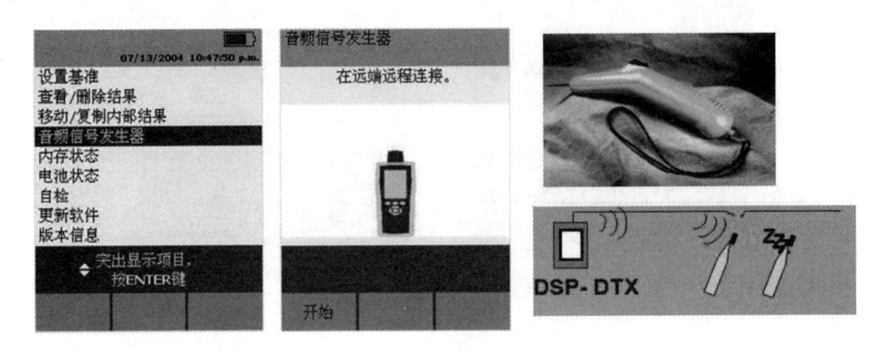

图 6-42　选中“音频信号发生器”项

④ 如图 6-43 所示，选中“内存状态”项，可查看测试仪内存状态。按 F2 键格式化，按 EXIT 键以关闭。

⑤ 如图 6-44 所示，选中“电池状态”项，按 ENTER 键，可显示测试仪电量。按 EXIT 键以关闭。

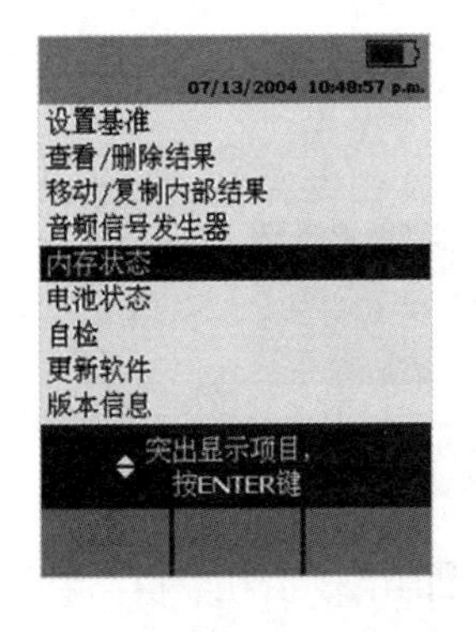

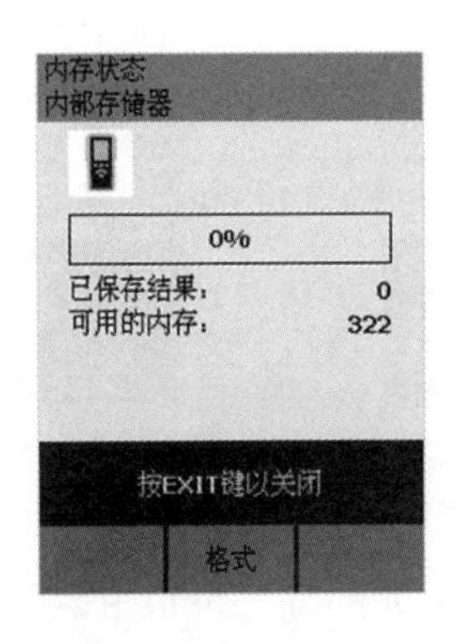

图 6-43　选中“内存状态”项

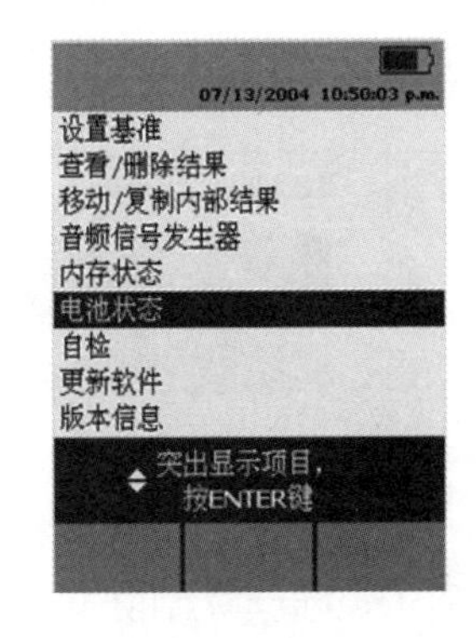

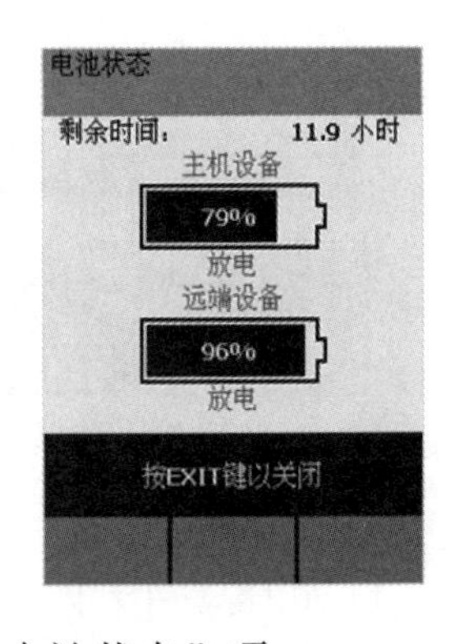

图 6-44　选中“电池状态”项

⑥ 如图 6-45 所示，选中“版本信息”项，按 ENTER 键，可查看测试仪版本信息。按 F1 键可查看主机/远端设备信息，按 F2 键可查看适配器信息，按 EXIT 键以关闭。

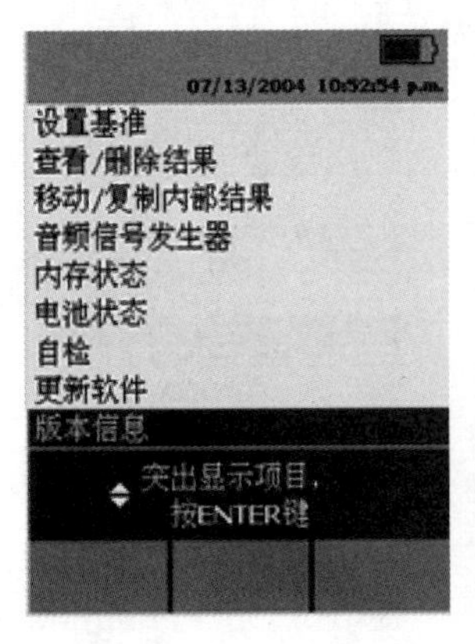

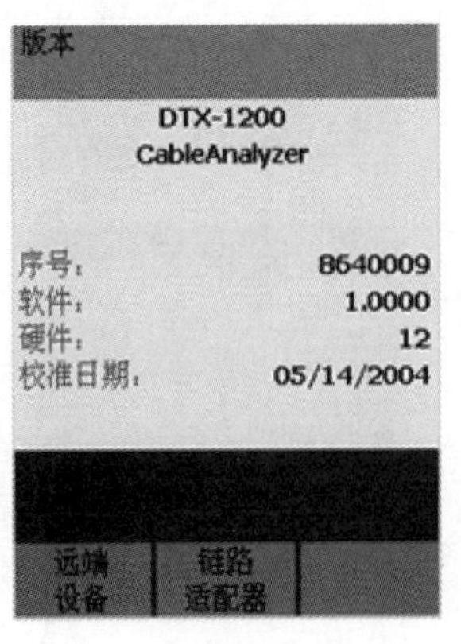

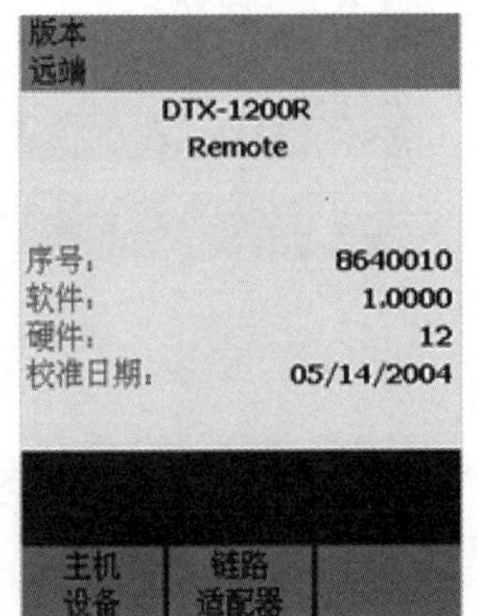

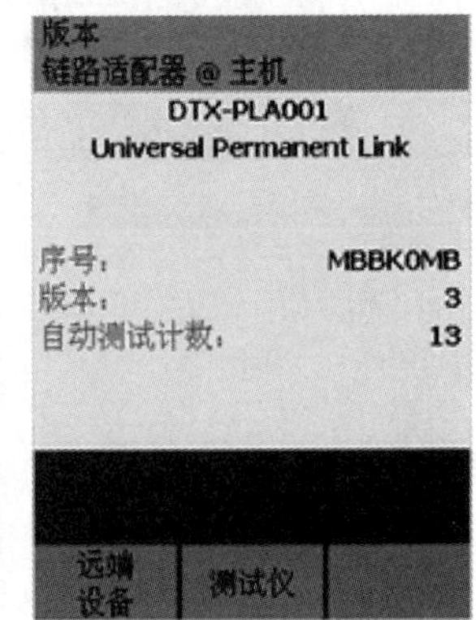

图 6-45　选中“版本信息”项

进程四：自动测试

按图 6-46 所示对 4 对双绞线电缆（Cat5e UTP）链路进行自动测试。

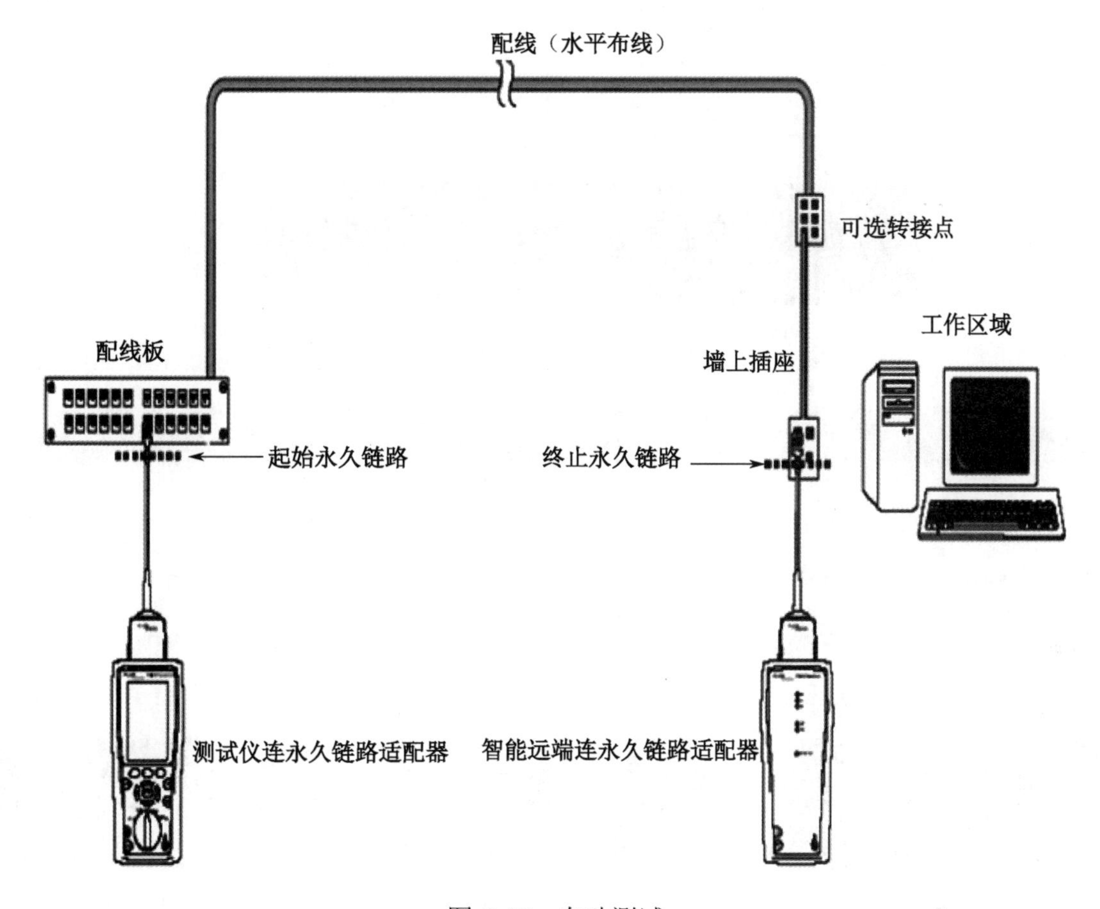

图 6-46　自动测试

1．操作步骤

（1）连接主机/远端机。

（2）将主机旋钮转到 AUTO TEST 挡，同时开机。

（3）设置所用测试标准及电缆类型。

（4）按 TEST 键开始测试。

注意：测试项目数量和测试时间随所选标准不同而不同。

2．测试结果

参数概要如图 6-47 所示，按 F2、F3 键可翻页查看各参数测试结果，按上下方向键可选择各项测试参数，按 ENTER 键可查看详细结果。

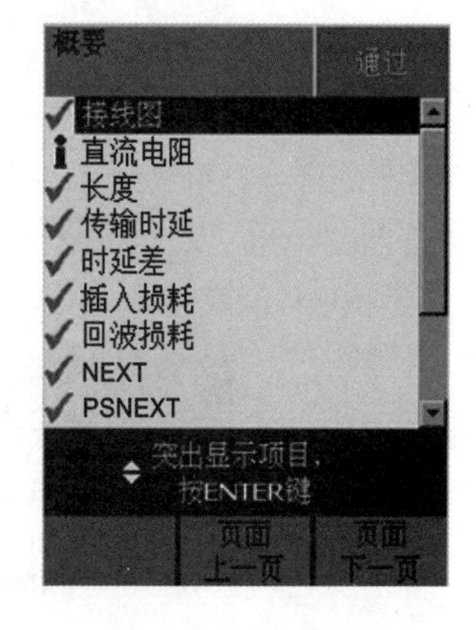

图 6-47　参数概要

接线图、直流电阻、长度、传输时延和时延差测试结果如图 6-48 所示。

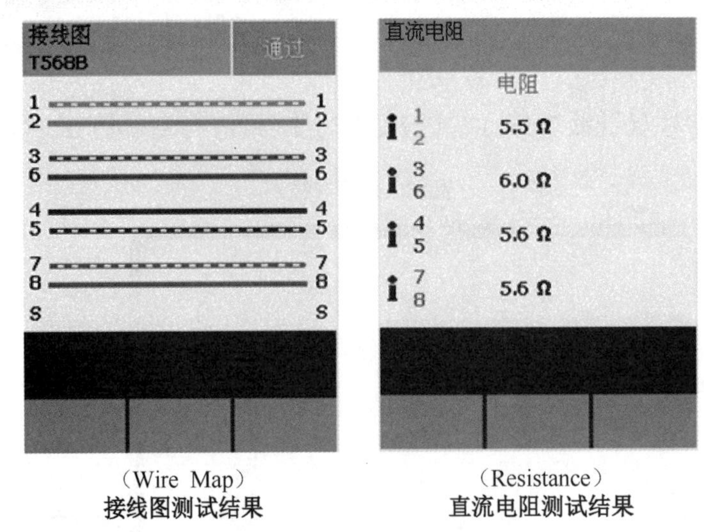

(Wire Map)
接线图测试结果

(Resistance)
直流电阻测试结果

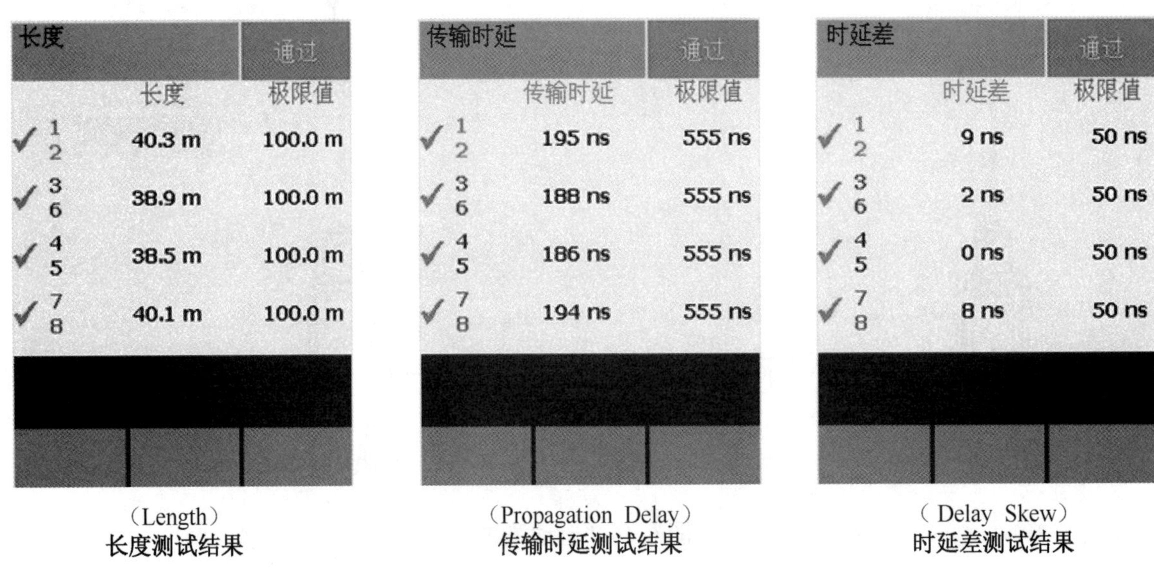

(Length)
长度测试结果

(Propagation Delay)
传输时延测试结果

(Delay Skew)
时延差测试结果

图 6-48 接线图、直流电阻、长度、传输时延和时延差测试结果

衰减测试结果如图 6-49 所示。

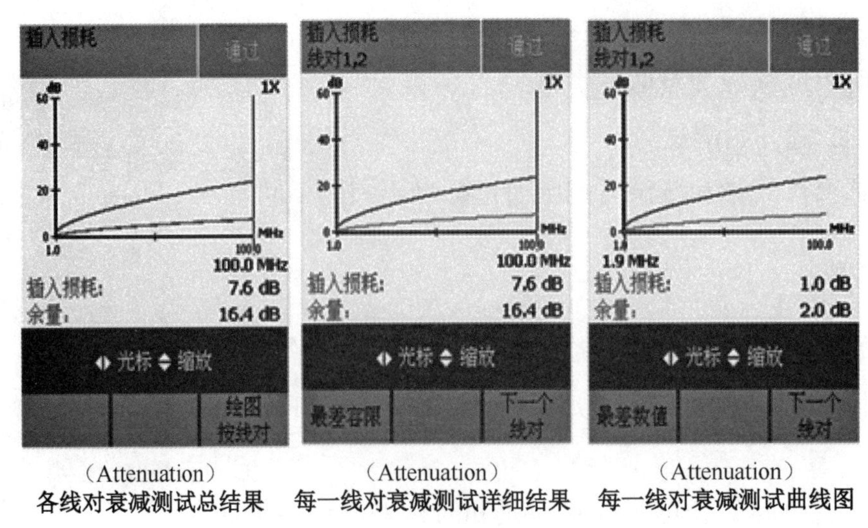

(Attenuation)
各线对衰减测试总结果

(Attenuation)
每一线对衰减测试详细结果

(Attenuation)
每一线对衰减测试曲线图

图 6-49 衰减测试结果

近端串扰测试结果如图 6-50 所示。

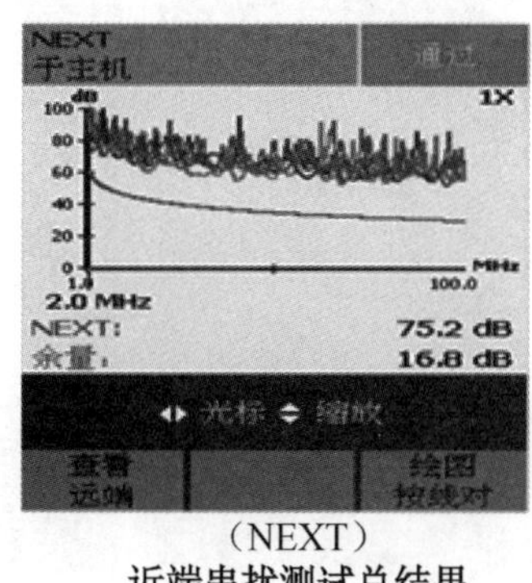

（NEXT）
近端串扰测试总结果

（NEXT）
线对间近端串扰详细测试结果

图 6-50 近端串扰测试结果

进程五：单项测试（见图 6-51）

1. 操作步骤

（1）将主机旋钮转到 SINGLE TEST 挡。

（2）按上下方向键选择测试项目。

（3）按 TEST 键或 ENTER 键开始测试。

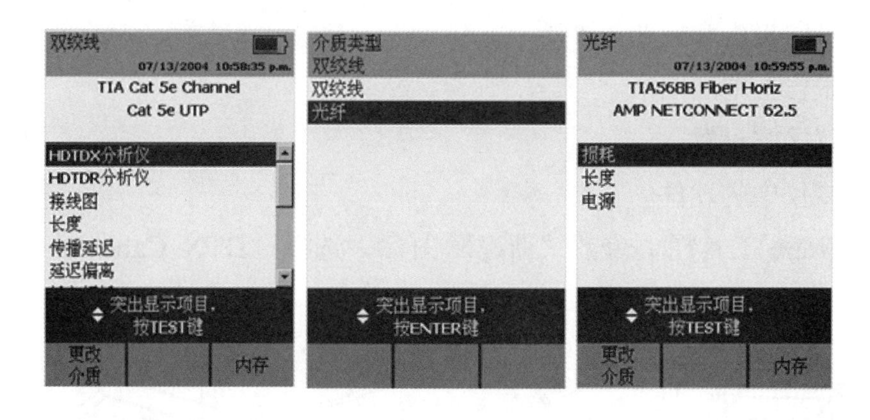

图 6-51 单项测试

2. 实时监测

双绞线脉冲噪声如图 6-52 所示。

操作步骤：将主机旋钮转到 MONITOR 挡，用上下方向键选择监测项目，按 TEST 键或 ENTER 键开始监测。

3. 网络监测

选择“脉冲噪声”项，可以对静态双绞线电缆的电气噪声进行监测。

超过脉冲噪声阈值的电压被当作噪声，如图 6-53 所示。

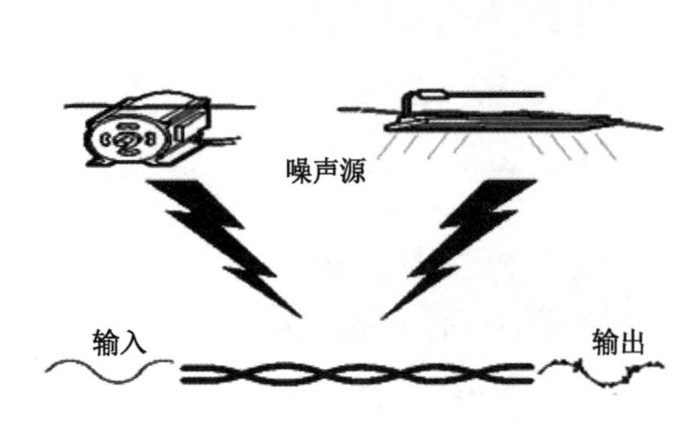

图 6-52　双绞线脉冲噪声

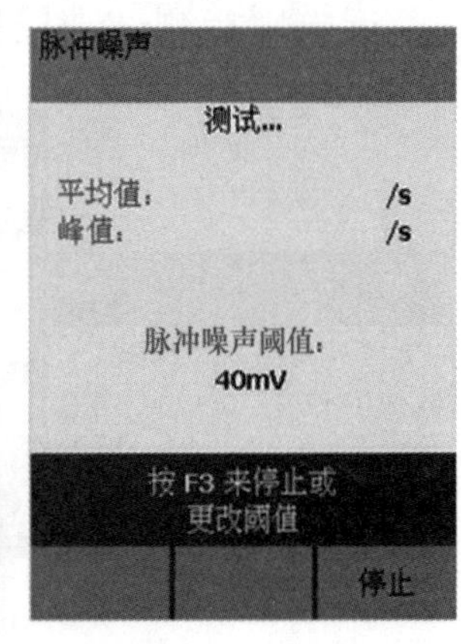

图 6-53　脉冲噪声阈值

进程六：使用最新版电缆管理软件 Link Ware 制作测试报告

（1）首先连接 PC 并安装软件，如图 6-54 所示。安装完毕，可选择“开始”→“程序”→“Fluke Networks”→“LinkWare”→“LinkWare”启动软件，第一次启动软件显示为英文，可以选择“Options”菜单下的“Language”→“Chinese”选项，将英文转换为中文。

（2）把所保存的自动测试报告和报告摘要从测试仪或存储卡中导入 PC。

（3）排序和编辑自动测试报告。

（4）自定义打印报告和摘要的外观。

（5）在测试报告上增加图形。

（6）从测试仪接收设置。

（7）更新测试仪中的软件。

（8）在 LinkWare 工具栏上单击“新建”图标，选择“DTX CableAnalyzer”选项，如图 6-55 所示。

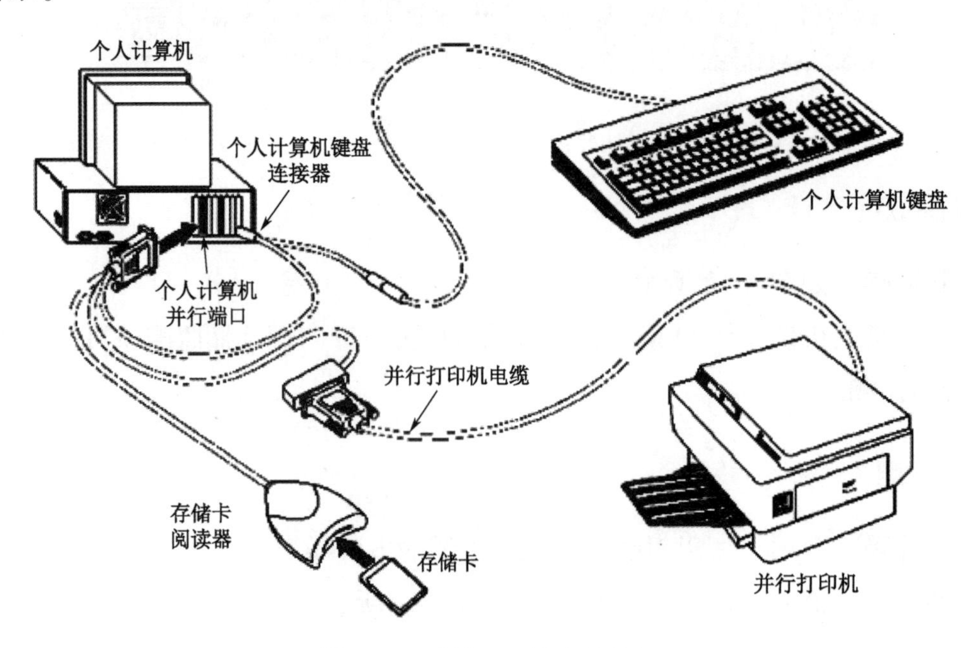

图 6-54　连接 PC 并安装软件

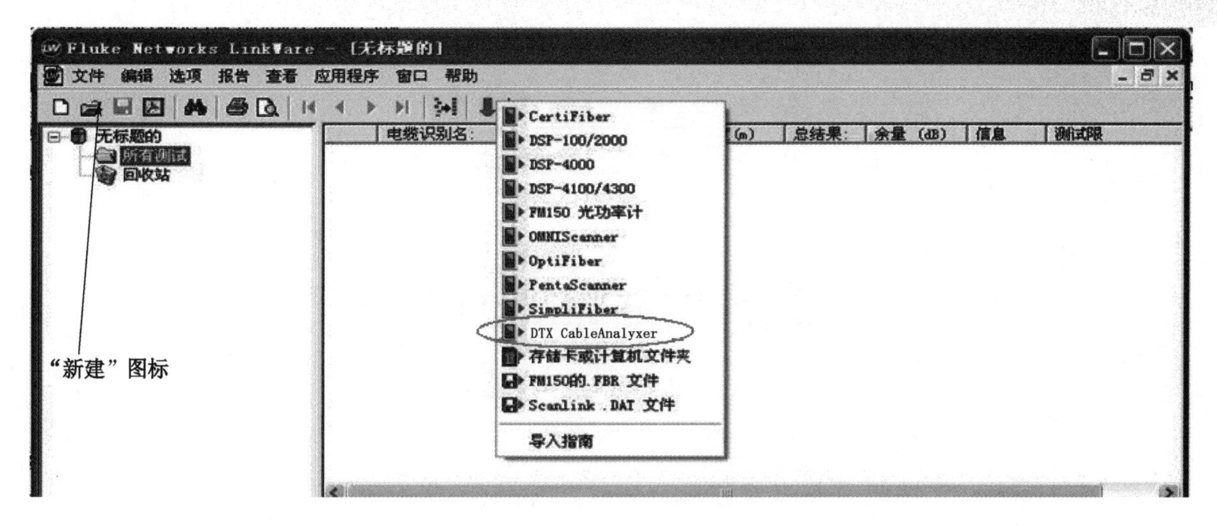

图 6-55 单击"新建"图标

（9）在"自动测试报告"窗口中导入报告，如图 6-56 所示。

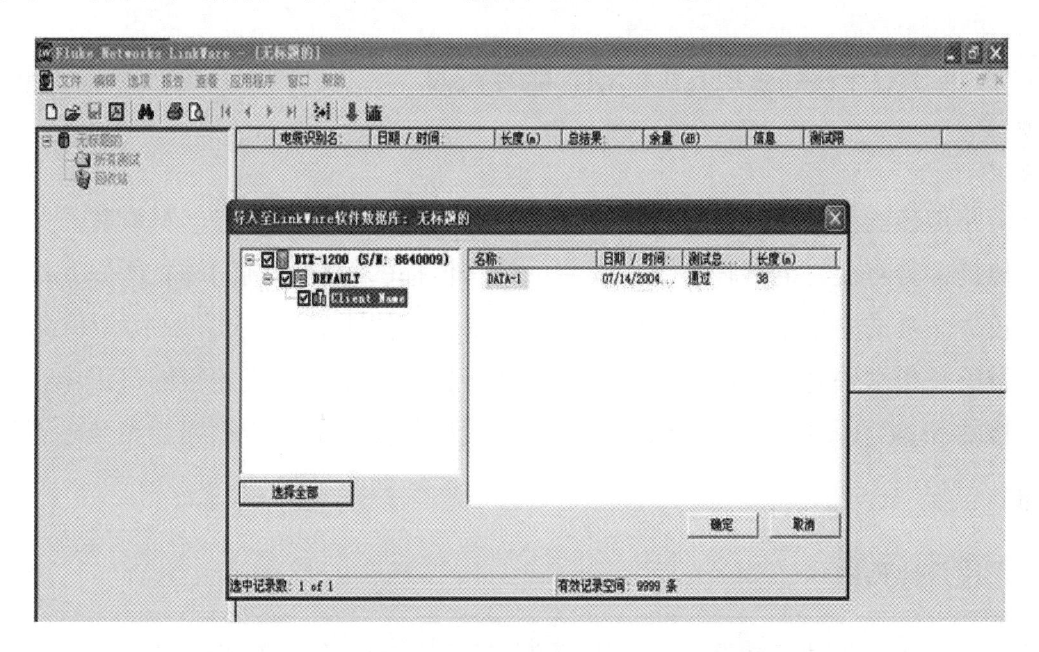

图 6-56 在"自动测试报告"窗口中导入报告

技能实训 16 用 Fluke DTX 1800 测试仪进行信道认证测试

选择学校教学楼二层几个信息点，用 Fluke DTX 1800 测试仪进行信道认证测试，打印测试报告。

进程一：重复技能实训 15 中操作

进程二：选择 3 个信息点，确定每个信息点的信道

进程三：进行测试并打印测试报告

进程四：写出测试体会

学习任务二

光纤链路测试

学习目标：

了解光纤链路测试标准与等级，会使用专用测试仪进行光纤链路测试，熟悉实际光纤链路常见故障。

项目一 光纤链路测试标准与等级

光纤链路传输的信号是具有一定带宽和稳定频率的光波。光波在塑料或者石英玻璃材质的光纤中传播，具有良好的传输特性，没有电信号传播的各种干扰问题，所以光纤布线工程测试参数较少。测试内容主要包括光纤的连通性测试、性能参数测试和故障定位测试。

光纤链路是指水平光纤链路和主干多模光纤链路。光在纤芯里传输的过程中，必然存在光纤、连接器和接续子的损耗，测试的目的就是检测其关联的光传输损耗参数是否符合标准要求。

一、通用标准

安装光纤的认证测试标准是基于光缆长度、适配器及接合的可变标准，如 ANSI/TIA/EIA 568B.3 通用标准、ISO 11801.EN 50173 通用标准等。

ANSI/TIA/EIA 568B.3 通用标准如图 6-57 所示。

1. Cable—光纤
- 光纤每千米最大衰减（850nm）：3.75dB
- 光纤每千米最大衰减（1300nm）：1.5dB
- 光纤每千米最大衰减（1310nm）：1.0dB
- 光纤每千米最大衰减（1550nm）：1.0dB

2. 光纤连接点
- 适配器（双工SC或ST）最大衰减：0.75dB
- 熔接最大衰减：0.3dB

3. 链路长度（主干）

分段	建筑物主干	建筑群主干
62.5/125μm多模	500m	1500m
8/125μm单模	500m	2500m

图 6-57 ANSI/TIA/EIA 568B.3 通用标准

二、LAN应用标准

LAN应用标准是指特定应用的标准，其中每种应用的测试标准是固定的，如10BASE—FL、Token Ring、100BASE—FX、1000BASE—SX、1000BASE—LX、ATM、Fiber Channel。

IEEE 802.3z应用标准如图6-58所示。

IEEE 802.3z（千兆光纤以太网）

	衰减	长度
1. 1000BASE—SX（850nm激光）		
◆ 62.5μm多模光纤：	3.2dB	220m
◆ 50μm多模光纤：	3.9dB	550m
2. 1000BASE—LX（1300nm激光）		
◆ 62.5μm多模光纤：	4.0dB	550m
◆ 50μm多模光纤：	3.5dB	550m
◆ 8/125μm单模光纤：	4.7dB	5000m

图6-58 IEEE 802.3z应用标准

在测试中往往存在使用网络应用标准测试合格，而使用综合布线系统工程标准认证测试不合格的情况。因此，在光纤通信链路测试中要使用ANSI/TIA/EIA 568B.3、ISO 11801—2002等光纤链路布线标准进行测试，而不仅是网络应用标准。

三、光纤信道和链路测试等级

1. TIA TSB—140标准

光纤链路传输质量受光纤和连接硬件质量的影响，也受安装工艺水平和应用环境的影响。2004年2月通过的TIA TSB—140标准定义了光纤测试等级。光纤测试等级是指在现场进行光纤测试时的测试级别，一般分为两个级别，即等级1（Tier 1）和等级2（Tier 2）。

（1）等级1：对光纤只进行衰减、长度和极性测试，使用光纤损耗测试设备如光功率计来测试链路的衰减，通过光学测量延迟量或借助缆线护套的标记来计算长度，用可视光源如可视故障定位器（VFL）或OLTS查找极性。测试骨干光缆（Tier 1）有三种仪器：光功率损耗测试仪（如功率计和光源）、单波长光缆适配器和双波长光缆适配器。

（2）等级2：除衰减及长度测试外，还可以选择对链路进行OTDR追踪评估，需要用到光时域反射仪。

2. 国家标准GB/T 50312—2016

（1）等级1测试。

① 测试内容：光纤信道或链路的衰减、长度和极性。

② 用光损耗测试仪（OLTS）测量每条光纤链路的衰减并计算光纤长度。

（2）等级 2 测试。

等级 2 测试除包括等级 1 测试内容外，还应利用 OTDR 曲线获得信道或链路中各点的衰减、回波损耗值。

光纤信道最大衰减值及范围见 GB/T 50312—2016 附录 C。

（3）光纤信道或链路测试连接。

光纤链路测试连接（单芯）如图 6-59 所示。

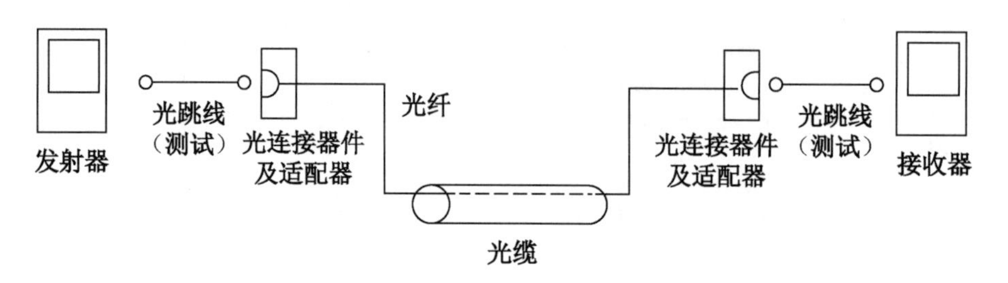

图 6-59　光纤链路测试连接（单芯）

项目二　常用光纤测试仪

国外有代表性的光纤测试仪如图 6-60、图 6-61 所示。

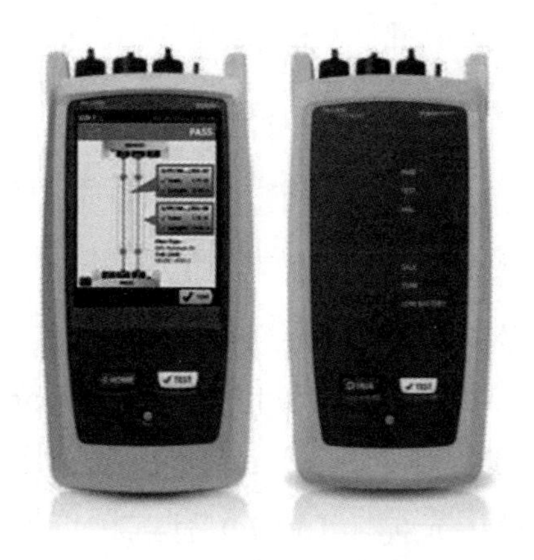

图 6-60　TIA TSB—140 Tier 1 测试仪

图 6-61　光时域反射仪

国内有代表性的光纤测试仪如图 6-62、图 6-63 所示。

AE3000 光时域反射仪性能指标：最短盲区小于 1.5m，可查找实际线路 3m 事件点；最短测试时间可设置为 10s，测试速度为 100km/min；一键式操作，测试分析一步智能完成，便携，适于野外作业；可实现点对点、点对多点的数据共享及计算机远程控制；RJ-45 接口可实现计算机远程数据共享；USB 接口可插 U 盘或直接连接电脑，数据存取方便；SD 卡接口支持 1G 内存 SD 卡；机器内置超大内存，可存储 2000 条曲线数据，光适配器易于拆装。

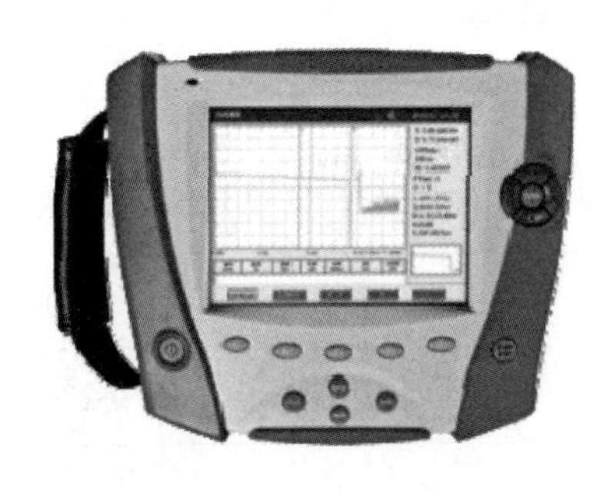

图 6-62 AE3000 光时域反射仪

图 6-63 DS3023 型光功率计

AE3000 光时域反射仪能快速、准确地完成整条光纤链路的特性测试，自动判断事件点的位置并给出相应的标识；具有双游标控制功能，能指示光纤上任意两点间的衰减特性；事件以列表形式显示于主界面，相关信息包括事件号、类型、事件位置（距离）、损耗、反射、事件点间斜率（衰减）、总损耗。

AE 3000 光时域反射仪性能指标与常规参数见表 6-1 和表 6-2。

表 6-1 AE 3000 光时域反射仪性能指标

型号	波长（nm）	动态范围（dB）	事件盲区（m）	衰减盲区（m）
AE3000L	1310±20/1550±20	33/31	＜5	＜25
AE3000	1310±20/1550±20	35/33	＜3	＜17
AE3000H	1310±20/1550±20	37/35	＜1.5	＜10

表 6-2 AE 3000 光时域反射仪常规参数

项目	内容
距离范围	5m～200km
脉冲宽度	5ns～20μs
测量时间	用户自定义（智能关联） 具备实时测量功能
距离精度	±（0.5m+0.001%×距离+采样分辨率）
衰减精度	±0.01dB
损耗门限	0.01dB
损耗分辨率	0.001dB
距离分辨率	0.1m
采样点	64000
数据存储	1000 条（AE3000L/AE3000），2000 条（AE3000H）
显示屏类型	6.4 英寸 TFT 彩屏
光适配器	FC/PC，SC/PC
接口	USB（主从模式各一个），SD，RJ-45
电池	内置可充电锂电池，充电时间小于 4h，工作时间大于 10h
电源	AC/DC 适配器，输入 AC 90～240V（±10%），输出 18V
工作温度	0～40℃
保存温度	-10～+50℃
相对湿度	＜80%
重量	＜2.5kg
外形尺寸	248mm×201mm×75mm

DS3023 型光功率计是用于光纤安装测试的高精密仪器，其性能指标见表 6-3。

表 6-3　DS3023 型光功率计性能指标

指标项目	DS3023	DS3023S	DS3026
光探测器	3000μm 大敏面 Ge 探测器	2000μm 大敏面 InGaAs 探测器	1500μm InGaAs 探测器
测量波长	780～1680nm	780～1680nm	780～1680nm
测量动态	-43～+27dBm	-43～+27dBm	-43～+27dBm
基本精度	±1%（±0.05dB），-20dBm，(22.5±2.5)℃，1300nm/1310nm/1550nm（PC/APC）	±1.6%（±0.07dB），-20dBm，(22.5±2.5)℃，1300nm/1310nm/1550nm（PC/APC）	±2.3%（±0.10dB），-20dBm，(22.5±2.5)℃，1300nm/1310nm/1550nm（PC/APC）
满量程精度	±5%（±0.21dB），(22.5±2.5)℃	±5.4%（±0.23dB），(22.5±2.5)℃	±6%（±0.26dB），(22.5±2.5)℃
最大非线性误差	0.07dB/10dB	0.07dB/10dB	0.07dB/10dB
短期稳定性	2h，22℃，<0.1dB	2h，22℃，<0.1dB	2h，22℃，<0.1dB
测量分辨率	0.001dB	0.003dB	0.005dB
显示分辨率	0.01dB	0.01dB	0.01dB
连接器方式	FC 或 SC 可选	FC、SC、ST、万用头，用户自行更换	FC、SC、ST、万用头，用户自行更换
供电方式	2 节 AA 电池或充电电池（2.4V）	2 节 AA 电池或充电电池（2.4V）	2 节 AA 电池或充电电池（2.4V）
充电器工作电压	90～263V	90～263V	90～263V
连续工作时间	>30h	>30h	>30h
存储温度	-40～+80℃	-40～+80℃	-40～+80℃
工作温度	-20～+50℃	-20～+50℃	-20～+50℃
尺寸	约 119mm×70mm×29mm	约 119mm×70mm×29mm	约 119mm×70mm×29mm
整机重量（含护套）	约 200g	约 200g	约 200g
附件	镍氢充电电池 2 节，充电器，挂绳，护套	镍氢充电电池 2 节，充电器，挂绳，护套	镍氢充电电池 2 节，充电器，挂绳，护套

光纤测试仪的选择必须满足所用光纤布线系统的测试标准及精度，具体要求如下。

（1）多模光纤布线系统现场测试工具必须满足 ANSI/TIA/EIA 526-14A 标准的要求。

（2）光源必须满足 ANSI/TIA/EIA 455-50B 标准的要求，测试波长为 1300nm 和 850nm。

（3）对多模光纤，可以用现场测试工具，也可以通过 ANSI/TIA/EIA 568B.1 标准所述方式进行测试。

（4）单模光纤布线系统现场测试工具必须满足 ANSI/TIA/EIA 526-7 标准的要求。

项目三 光纤链路认证测试项目内容

一、光纤传输信道的光学连通性测试

光纤传输信道的光学连通性表示光纤通信系统传输光功率的能力。进行光纤传输信道的连通性测试时，通常在光纤通信系统的一端连接光源，把红色激光、发光二极管或者其他可见光注入光纤；在另一端连接光功率计并监视光的输出，通过检测到的输出光功率确定光纤通信系统的光学连通性。如果光纤中有断裂点或其他的不连续点，光纤输出端的光功率就会减少或者根本没有光输出。当输出端测到的光功率与输入端实际输入的光功率的比值小于一定数值时，则认为这条链路光学不连通。

按照 GB/T 50312—2016 的规定，在光纤链路施工前进行器材检验时，一般应检查光纤的连通性，必要时宜采用光纤损耗测试仪（或稳定光源和光功率计组合）对光纤链路的插入损耗和光纤长度进行测试。

二、光功率测试与光功率损失测试

对光纤布线工程最基本的测试是 EIA FOTP-95 标准中定义的光功率测试，它确定了通过光纤传输信号的强度，是光功率损失测试的基础。测试时把光功率计放在光纤的一端，把光源放在光纤的另一端。

光功率损失表示光纤通信链路的衰减。衰减是光纤通信链路一个重要的传输参数，单位是分贝（dB）。它表明了光纤通信链路对光能的传输损耗（传导特性），对光纤质量的评定和光纤通信系统中继距离的确定起到决定性的作用。光信号在光纤中传播时，平均光功率沿光纤长度方向呈指数规律减少。在一根光纤中，发送端与接收端之间存在的衰减越大，两者之间可能传输的最大距离就越短。衰减对所有种类的布线系统在传输速度和传输距离上都产生负面影响。由于在光纤传输中不存在串扰、EMI、RFI 等问题，所以光纤传输对衰减的反应特别敏感。

三、光纤链路的分类测试

通常光纤链路的测试包括水平和干线两种。典型的（水平）配线连接段是从位于工作区的信息插座/连接器到电信间。对于水平连接段来说，在一个波长（850nm 或 1300nm）上进行测试就足够了；对于干线连接段来说，通常采用光时域反射仪（OTDR）或其他光纤测试仪进行测试。建议无论是单模（SM）还是多模（MM）光纤，都要在两个波长（SM 在 1310nm

和 1550nm，MM 在 850nm 和 1300nm）上进行测试，这样可以综合考虑在不同波长上的衰减情况。

四、光纤链路测试注意事项

（1）对光纤信道进行连通性、端到端损耗、收发功率和反射损耗 4 种测试时，要严格区分单模光纤和多模光纤的基本性能指标、基本测试标准、测试仪器或测试附件。

（2）为了保证测试精度，应选用动态范围大（通常为 60dB 或更大）的测试仪器。在这一动态范围内功率测量的精确度通常被称为动态精确度或线性精度。

（3）为使测量结果更准确，测试前应对所有的光连接器件进行清洗，并将测试接收器校准至零位。值得注意的是，即使是经过了校准的功率计也有大约 ± 5%（0.2dB）的不确定性，测量时所使用的光源与校准时所用的光谱必须一致。其次，要确保光纤中的光有效地耦合到功率计中，最好在测试中采用发射电缆和接收电缆（电缆损耗低于 0.5dB）。最后，必须使全部光都照射到检测器的接收面上，同时又不使检测器过载。

五、测试内容

1．光功率测试

对已敷设的光缆，可用插损法来进行衰减测试，即用一个光功率计和一个光源来测量两个功率的差值。首先测量光源注入光缆的能量，再测量光缆另一端的光射出的能量。测量时为了确定光缆的注入功率，必须对光源和光功率计进行校准，校准后的结果可为所有被测光缆的光功率损耗测试提供一个基点，两个功率的差值就是光纤链路的损耗。

（1）测试设备：光功率计、光源、参照适配器（耦合器）、测试用光缆跳线等。

（2）光纤衰减测试准备工作。

确定要测试的光缆。

确定要测试的光纤类型。

确定光功率计和光源与要测试的光纤类型匹配。

校准光功率计。

确定光功率计和光源处于同一波长。

（3）光纤链路的测试。

按图 6-64 进行连接，连接前应对光连接的插头、插座进行清洁处理，防止由于接头不干净带来附加损耗，造成测试结果不准确。

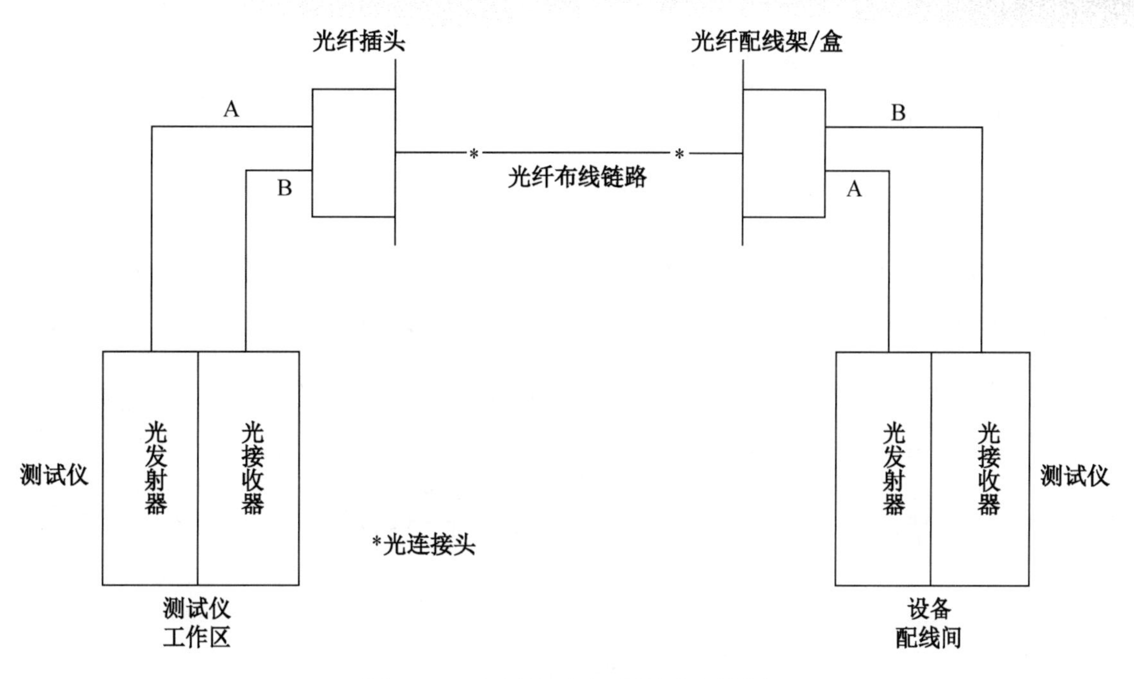

图 6-64　光纤链路衰减测试连接图

2．OTDR 测试

光功率计只能测试光功率损耗，如果要确定损耗的位置和损耗的起因，就要采用光时域反射仪（Optical Time Domain Reflectometer，OTDR）。

OTDR 是光纤测试中最主要的仪器，被广泛应用于光缆工程的测量、施工、维护及验收工作中，是光纤系统中使用频率最高的现场仪器，被人们形象地称为光通信中的“万用表”。

OTDR 测试是通过发射光脉冲到光纤内，然后在 OTDR 端口接收返回的信息来进行的。光脉冲在光纤内传输时，会由于光纤本身的性质、连接器、接合点、弯曲或其他类似的事件而产生散射、反射。其中一部分散射和反射会返回到 OTDR 中，返回的信息由 OTDR 的探测器来测量，由此描绘光纤内不同位置上的时间或曲线片段，将光纤链路的完好情况和故障状态，以一定斜率直线（曲线）的形式清晰地显示在液晶屏上。

OTDR 能根据事件表中的数据，迅速确定故障点的位置和判断障碍的性质及类别，为分析光纤的主要特性参数提供准确的数据。

（1）OTDR 主要功能。

① 观察整个光纤线路。

② 定位端点和断点。

③ 定位接头点（故障点）。

④ 测试接头损耗。

⑤ 测试端到端损耗。

⑥ 测试反射值。

⑦ 测试回波损耗。

⑧ 建立事件点与地标的相对关系。

⑨ 建立光纤数据文件。

⑩ 数据归档。

（2）OTDR 基本原理。

如图 6-65 所示，OTDR 的激光光源向被测光纤发送光脉冲，在光纤本身及各特征点上会有光信号反射回 OTDR，反射回的光信号定向耦合到 OTDR 的接收器中，并由接收器转换成电信号，最终在显示屏上显示出结果曲线。

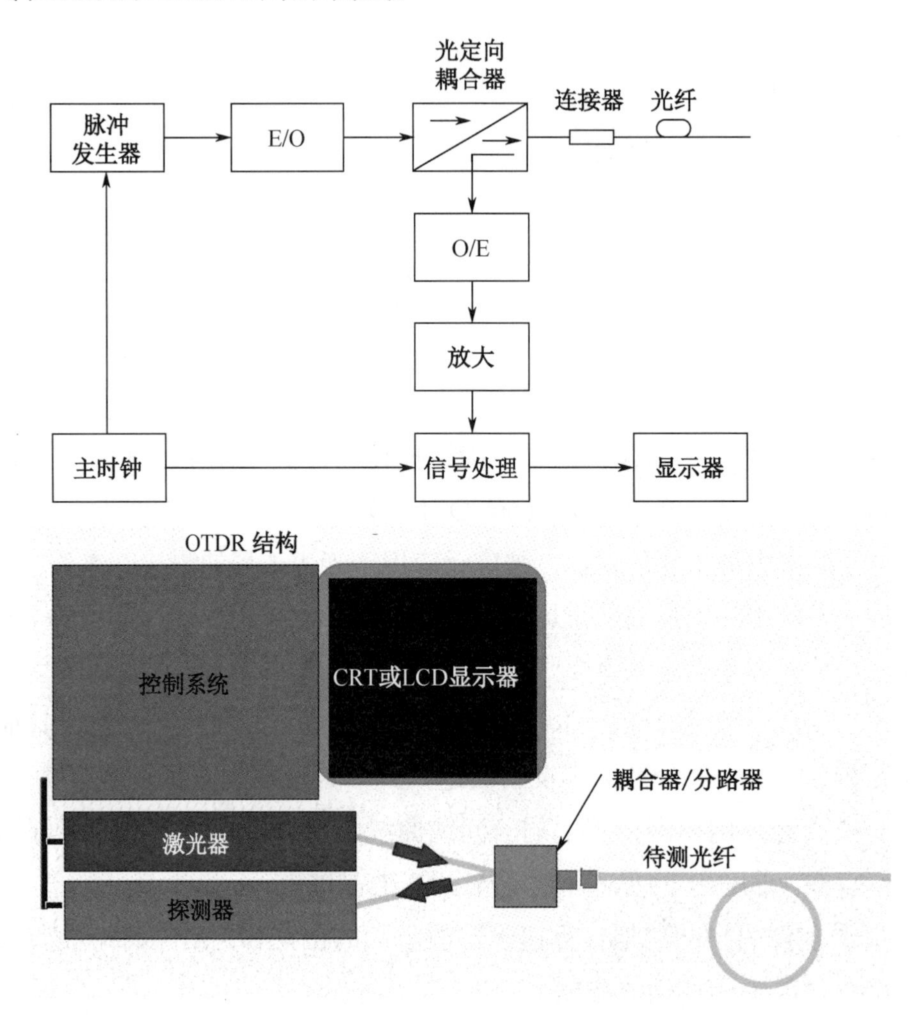

图 6-65　OTDR 基本原理

（3）OTDR 测试用基本术语。

OTDR 测试中经常用到的几个基本术语为背向散射、非反射事件、反射事件和光纤末端。

① 背向散射。

如果线路中有折射率突变、光纤断裂、机械连接、法兰盘和活动连接器，在 OTDR 曲线上就可以看到刺状峰，如图 6-66 所示。OTDR 收到回波信号后会根据回波时间计算出断点与接头的距离，这就是 OTDR 基本原理。

② 非反射事件。

光纤中的熔接头和微弯都会带来损耗，但不会引起反射或对光传输反射较小，称之为非反射事件。

③ 反射事件。

活动连接器、机械接头和光纤中的断裂点都会引起损耗和反射，把这种反射幅度较大的事件称为反射事件。

④ 光纤末端。

即被测光纤的远端。

事件类型及显示如图 6-67 所示。

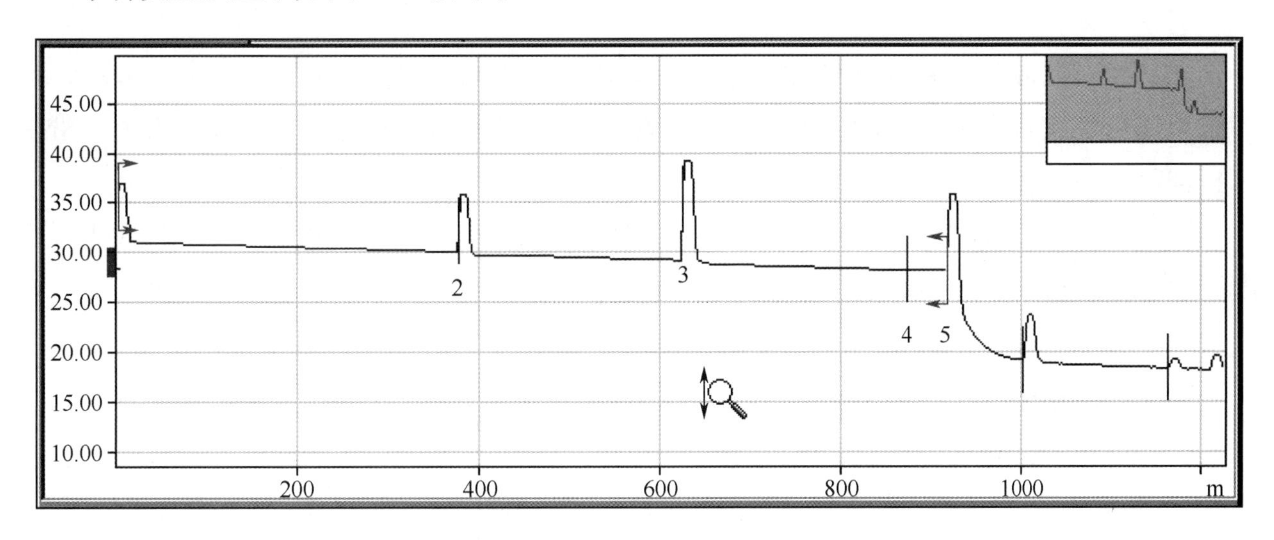

图 6-66　OTDR 曲线刺状峰

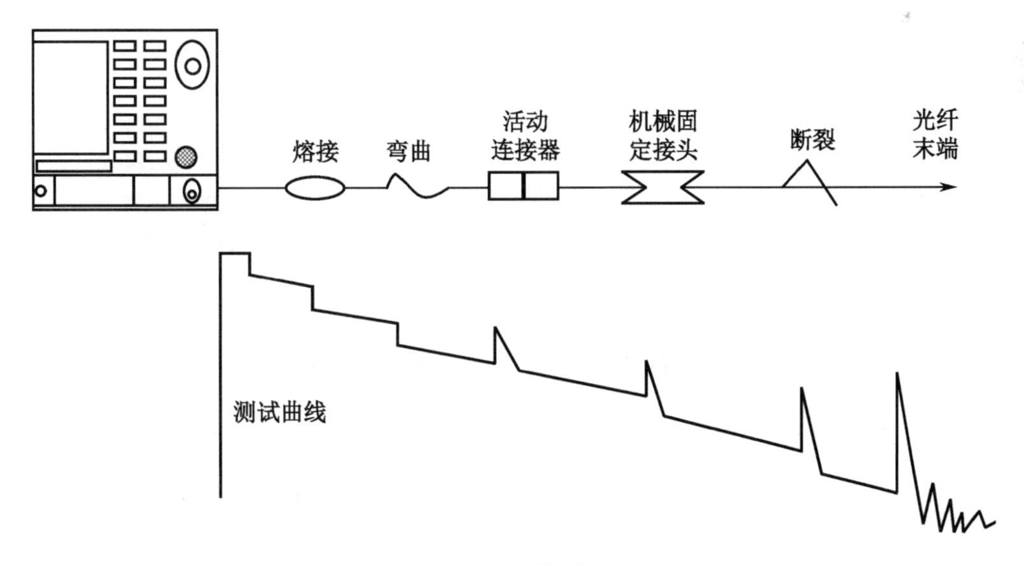

图 6-67　事件类型及显示

两种光纤末端及曲线显示如图 6-68 所示。

（4）性能参数。

OTDR 性能参数一般包括动态范围、盲区、距离精确度、OTDR 接收电路设计和光纤的回波损耗、反射损耗。

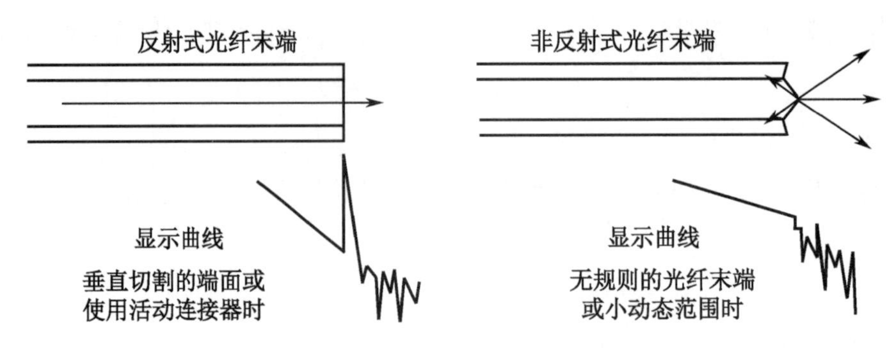

图 6-68　两种光纤末端及曲线显示

① 动态范围。

把初始背向散射电平与噪声电平的差值（单位为 dB）定义为动态范围，如图 6-69 所示。动态范围可决定最大测量长度，动态范围有峰-峰值（又称峰值动态范围）和信噪比（SNR＝1）两种表示方法。

该指标决定了 OTDR 能够分析的最大光损耗值，即决定了 OTDR 可以测量的最大光纤长度。动态范围越大，OTDR 可以分析的距离越远。

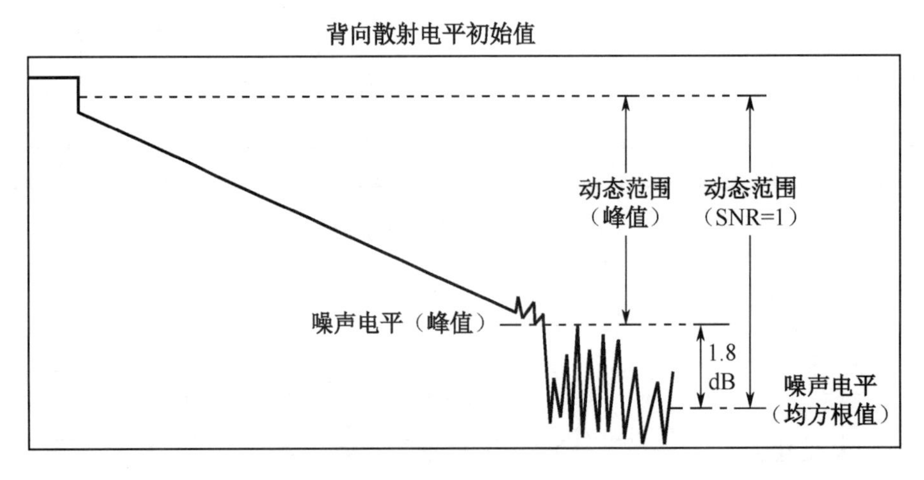

图 6-69　动态范围

② 盲区。

盲区是由光纤线路上的反射事件引起的（接头或活动连接器等）。反射光进入 OTDR 后，探测电路会在某一段时间（一段距离）内处于饱和状态，结果就是在光纤线路上，不能够“看到”反射事件之后的一段光纤或该区域内所发生的事件，所以称为盲区。

事件盲区与衰减盲区如图 6-70 所示。

- 事件盲区描述的是能够区分开的两个反射事件的最短距离。
- 如果一个反射事件在事件盲区之外，则该事件可以被定位，距离可以计算出来。
- 衰减盲区是指可以测量随后的一个反射或非反射事件衰减的最小距离。
- 如果一个反射或非反射事件在衰减盲区之外，则该事件可以被定位，损耗也可以测量出来。

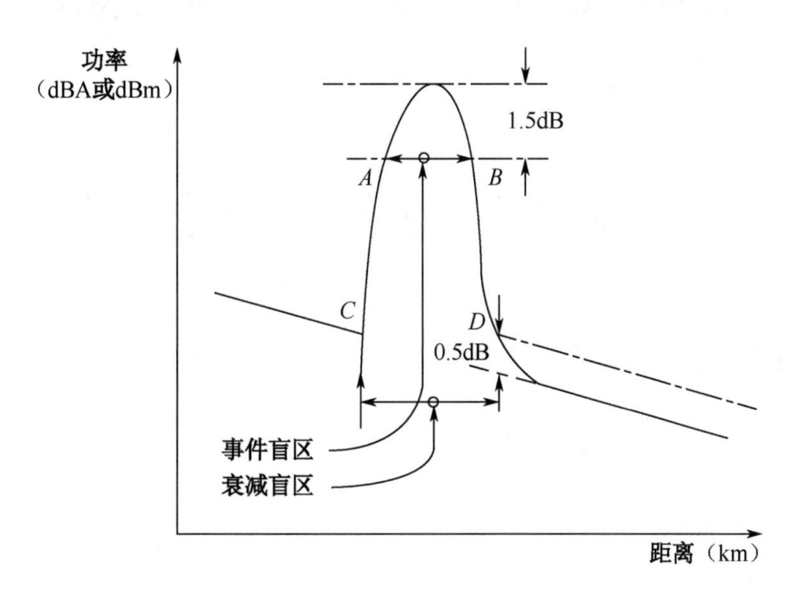

图 6-70 事件盲区与衰减盲区

OTDR 测试曲线如图 6-71 所示。

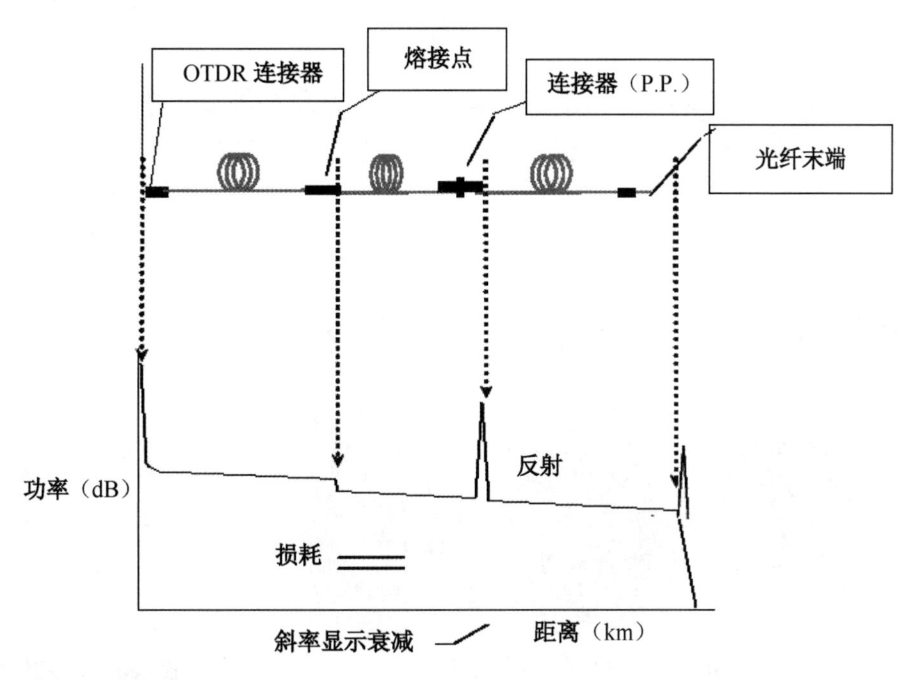

图 6-71 OTDR 测试曲线

OTDR 测距原理如图 6-72 所示，计算公式为

$$d = \frac{tc}{2n}$$

$$t = t_1 - t_0$$

$$c = 3 \times 10^8 \text{m/s}$$

式中，n 为所测光纤的折射率。使用 OTDR 测距时，折射率 n 的设置很重要，如果设置不正确，所测出的距离也将是错误的。

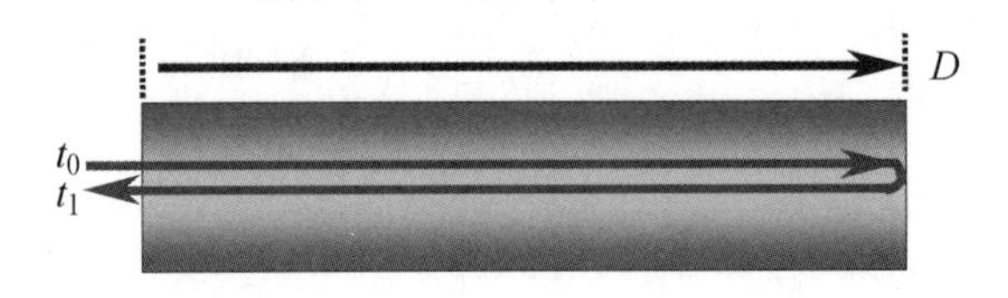

图 6-72　OTDR 测距原理

（5）OTDR 可测试的主要参数。

① 纤长和事件点的位置。

② 光纤的衰减和衰减分布情况。

③ 光纤的接头损耗。

④ 光纤全回损。

技能实训 17　FLUKE CertiFiber Pro 认证测试

进程一：认识测试设备

选择 FLUKE CertiFiber Pro 系列的光纤认证测试仪进行光损耗测试，该测试仪具有双光源/双向测试功能，内置可视故障定位仪（VFL），可以满足 TIA Tier 1 一级测试标准要求，如图 6-73 所示。

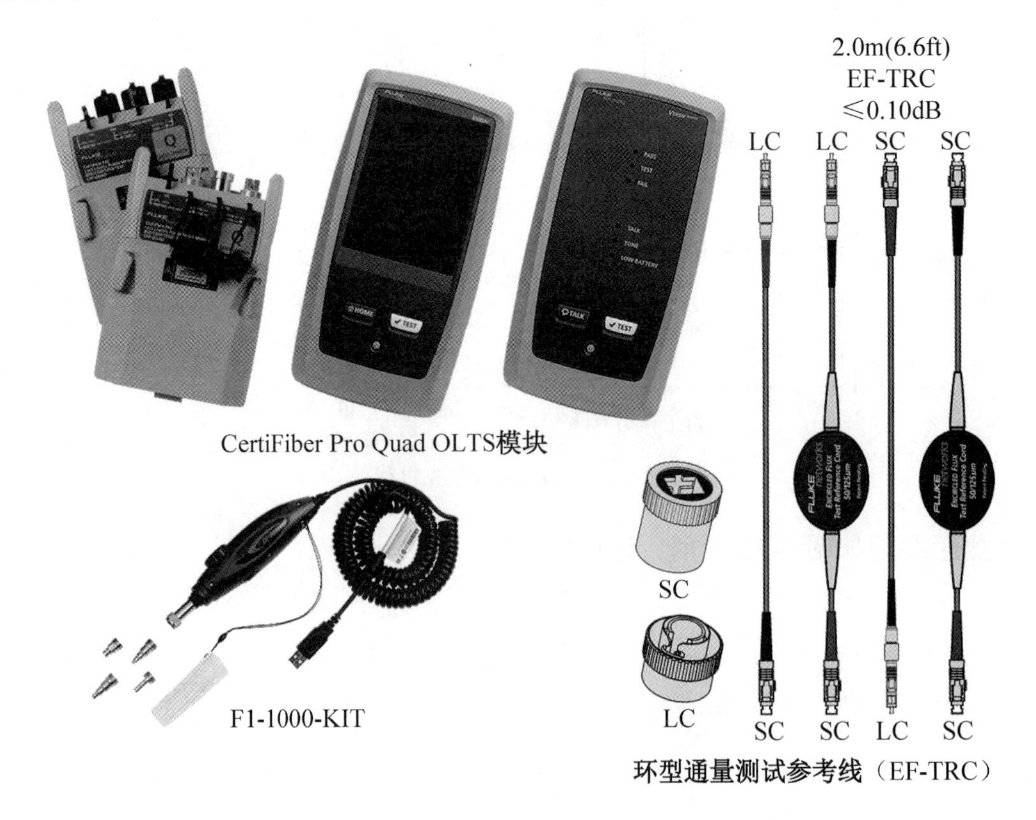

图 6-73　FLUKE CertiFiber Pro 主机和模块附件

FLUKE CertiFiber Pro 光纤认证测试仪简介如下。

（1）设置参考向导可根据 ISO/IEC 验证测试参考线（TRC）是否合格并避免负损耗错误。

（2）ANSI/TIA 和 ISO/IEC 标准需要符合环通量要求的光发射条件。

（3）根据 IEC 61300-3-35 进行双端光纤端面认证。

（4）三秒自动测试，包括对两种波长的两根光纤进行光损耗测量、距离测量和光损耗预算。

（5）可根据产业标准或定制的测试极限值进行自动通过/失败分析。

（6）识别造成“负损耗”结果的不正确测试程序。

（7）双端通过/失败光纤连接器端面认证。

（8）内置可视故障定位器（VFL），可执行基本诊断和极性检测。

（9）无须其他设备或流程即可符合 TIA-526-14-B 和 IEC 61280-4-1 环通量要求。

进程二：选择测试模型

一级测试分三种测试模型，对应三种不同的参考跳线设置方法，一跳线法适用于工程验收，即两端都是适配器的链路；二跳线法适用于一端是跳线连接头，一端是适配器；三跳线法适用于两端都是跳线连接头的链路。

测试时，参考设置如下：

（1）一跳线法，针对光纤永久链路，如图 6-74 和图 6-75 所示。

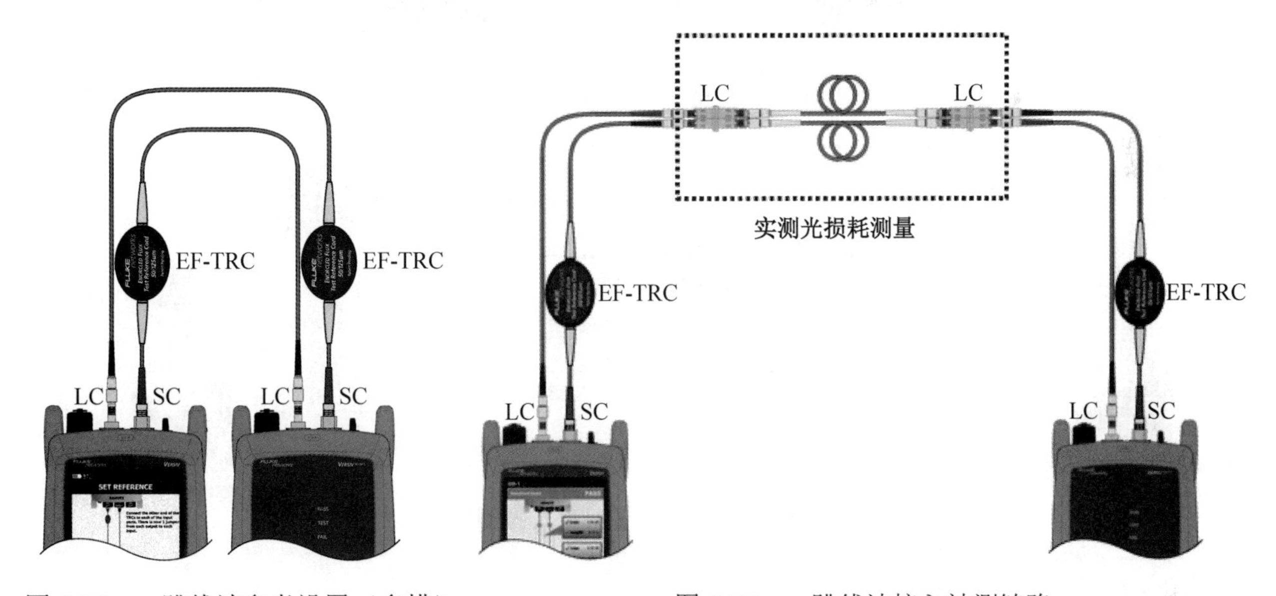

图 6-74　一跳线法参考设置（多模）

图 6-75　一跳线法接入被测链路

（2）二跳线法，针对一端为适配器，一端为跳线连接头，如图 6-76 和图 6-77 所示。

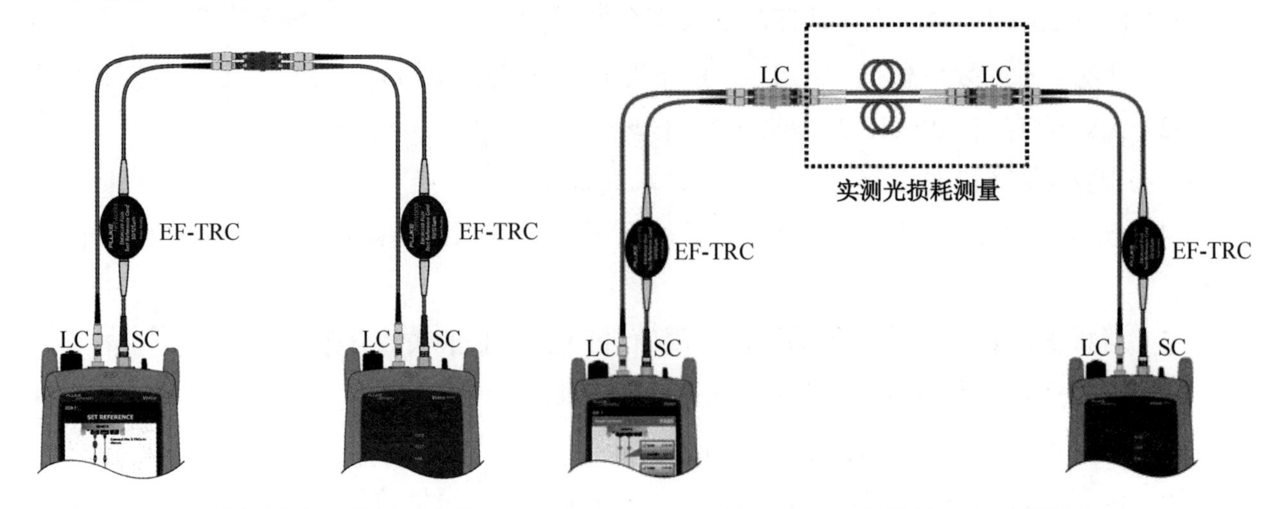

图 6-76　二跳线法参考设置（多模）　　　　图 6-77　二跳线法接入被测链路

（3）三跳线法针对光纤通道链路，如图 6-78 和图 6-79 所示。

图 6-78　三跳线法参考设置（多模）

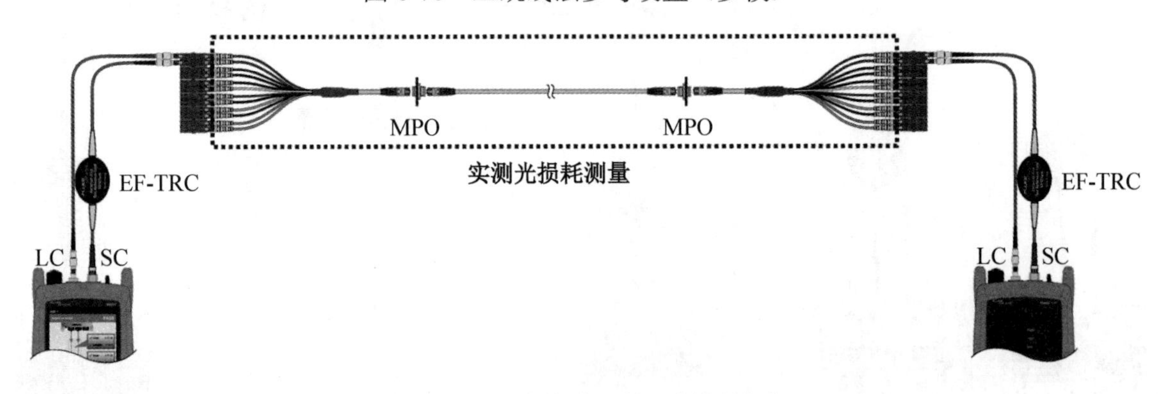

图 6-79　三跳线法：接入被测链路

进程三：配置和测试

（1）选择 FLUKE CertiFiber Pro 光纤认证测试仪，包括主机和光纤附件。

（2）启动主机，预热 5min。

（3）根据图 6-80 所示步骤新建一个测试项目。本实验中选择 OS2 TIA-568.3-D-1 Singlemode OSP（STD）标准进行测试。

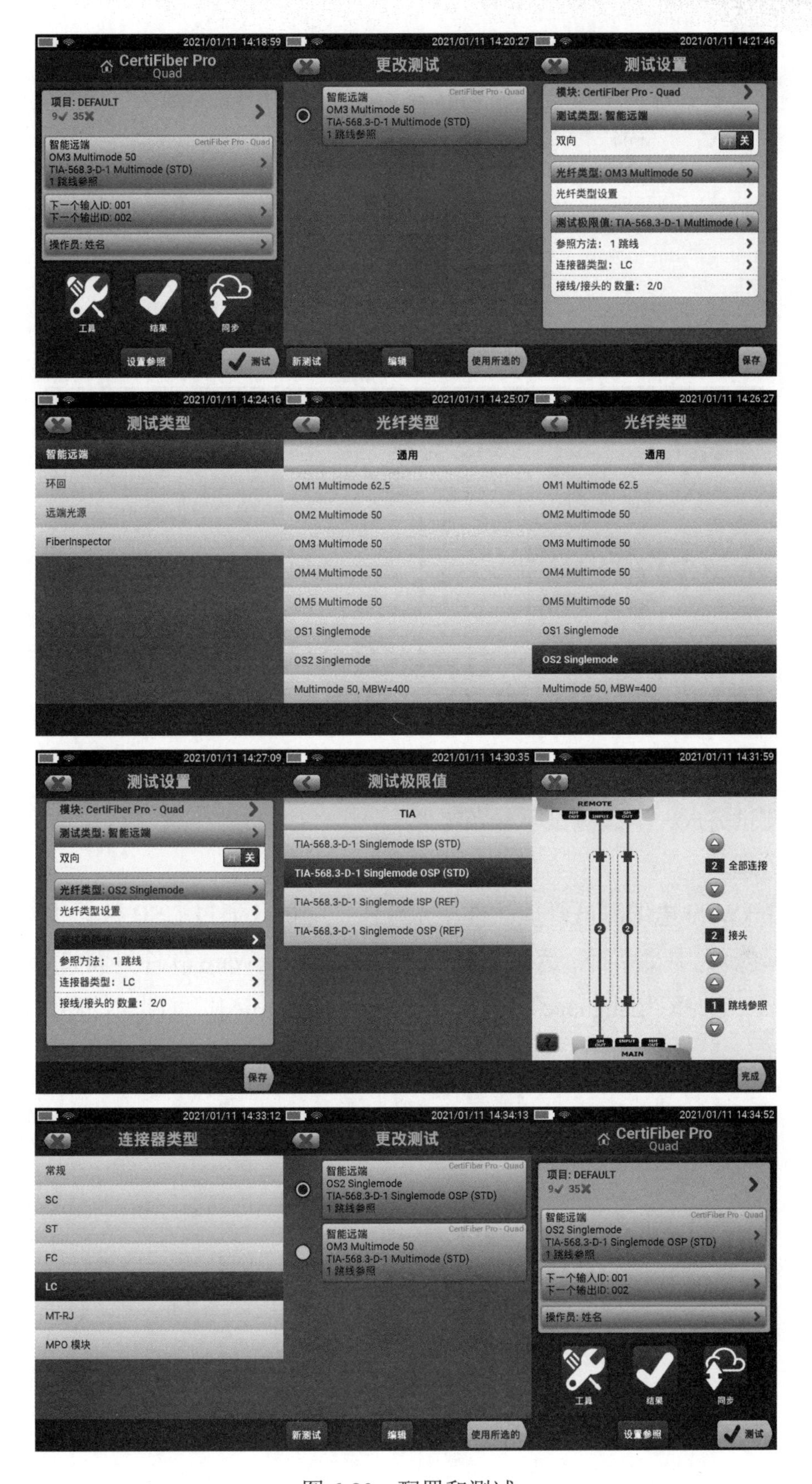

图 6-80 配置和测试

（4）打开远端，运行向导如图 6-81 所示，连接参考跳线，设置参照，然后连接测试跳线，接入 2 根新跳线做 TRC 验证，最后接入被测链路，进行测试。

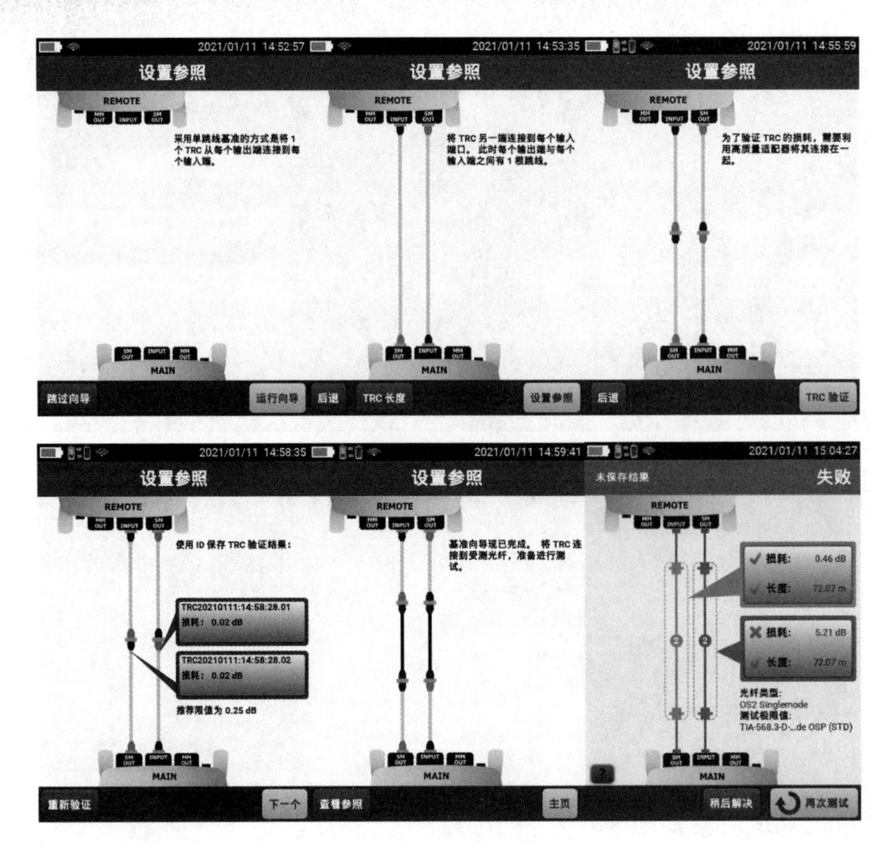

图 6-81　运行向导

（5）本次测试完成，继续测试下一条链路。

（6）数据处理。

① 安装 LinkWare 电缆测试管理软件，光纤认证测试仪通过 USB 数据线与 PC 相连。

② 将界面转换为中文界面：运行 LinkWare 软件，LinkWare 软件界面如图 6-82 所示，单击菜单“Options”，选择“Language”中的“Chinese（Simplified）”，则软件界面转为中文简体。

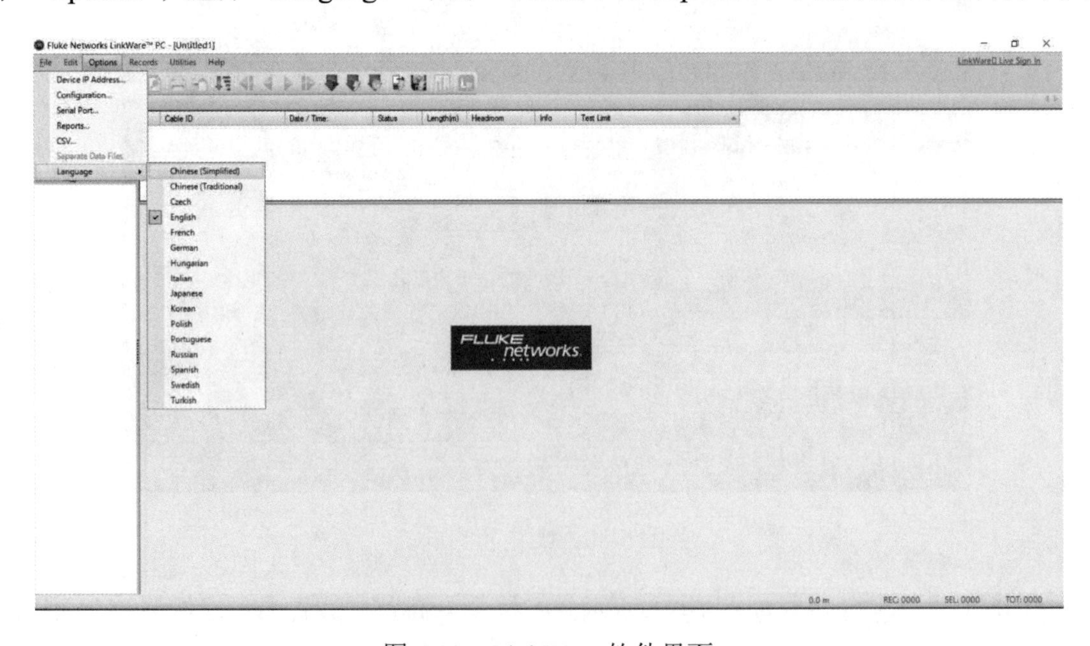

图 6-82　LinkWare 软件界面

③ 从主机内存下载测试数据到电脑：在 LinkWare 软件菜单“文件”中单击“从文件导入”，选择“CertiFiber Pro”选项，即可将主机内存储的数据输入电脑。

④ 数据存入电脑后可打印也可存为电子文档备用：导入数据后，可以双击某测试数据记录，查看该测试数据的情况，测试报告有两种文件格式：ASCII 文本文件格式和 PDF 文件格式。

（7）评估测试报告。

通过电缆管理软件生成测试报告后，要组织人员对测试结果进行统计分析，以判定整个综合布线工程质量是否符合设计要求。使用 LinkWare 软件生成的测试报告中会明确给出每条被测链路的测试结果。如果链路的测试合格，则给出“PASS”的结论；如果链路测试不合格，则给出“FAIL”的结论。

（8）解决测试错误。

① 损耗测试未通过。

② 链路长度测试未通过。

项目四 常见光纤链路故障检测和分析

光纤链路的安全性对整个通信网络至关重要。因此，研究光纤故障产生的原因，做好光纤链路的防护，及时准确查找故障点并组织抢修，是保证通信网络中传输设备安全、稳定、可靠的重要工作之一。

一、光纤链路故障原因分析

1. 接头

光纤接续处完全失去了原有光缆结构对其强有力的保护，仅靠接续盒进行补充保护，因此易发生故障。接续质量较差或接续盒内进水，会对光纤的使用寿命和接头损耗造成影响。

2. 外力

光缆大多敷设在野外，直埋光缆埋设深度要求是 1.2m，因此机械施工、鼠咬、农业活动、人为破坏等会对光纤链路构成威胁。

3. 绝缘不良

光缆绝缘不良会使光缆强度降低甚至断裂，还会增大吸收损耗，降低涂覆层剥离强度。此外，光缆对地绝缘不良，也会使光缆的防雷、防蚀、防强电能力降低。

4．雷电

光纤虽然不容易受到电磁干扰，但光缆的铠装元件都是金属导体，当电力线接近短路和雷击金属件时会感应出交流浪涌电流，可能会引起线路设备受损或人员伤亡。

5．强电

当光缆与高压电缆悬挂在同一铁塔上并处于高压电场环境中时，会对光缆产生电腐蚀。

表 6-4 列出了光纤链路常见故障及原因。

表 6-4　光纤链路常见故障及原因

故障现象	故障原因
光纤接线损耗增大	保护管安装有问题或接续盒渗水
光纤衰减曲线出现台阶	光缆受机械力作用，部分光纤断但并未完全断开
某根光纤出现衰减台阶或断纤	光缆受外力影响或光缆制造工艺不当
接续点衰减台阶水平拉长	接续点附件出现断纤
通信全部中断	光缆受外力影响或挖断、炸断、塌方拉断，或供电系统中断

二、光纤链路防护

光纤链路防护工作的基本任务是发挥各组成元件的优良性能，确保其工作稳定可靠，发生故障能及时快速排除。

1．日常维护

日常维护是光纤链路防护的基础工作，应根据质量标准，定期按计划维护，使设备处于良好状态，并掌握好维护工作的主要项目和周期。还要加大护线宣传力度，多方位、深层次地进行宣传教育，使广大群众清楚地意识到保护光缆线路的重要性，并将保护光缆作为一种自觉自愿行为。光缆线路的技术维护主要是对光缆进行定期测试，包括光缆线路的性能测试和金属外护套对地绝缘测试。

2．防雷

光缆加强芯和金属铠装层容易受雷电影响。光缆防雷首先应注重光缆线路的防雷，其次要防止光缆将雷电引入机房。可采取以下防雷措施。

（1）采取外加防雷措施，如布防雷线（排流线）。

（2）当光缆与建筑物等其他物体较近时，可采用消弧线保护光缆。为防止光缆把雷电引入机房，可用横截面积为 25～35mm^2 的多股铜线将光缆加强芯接地，并做好加强芯与设备机架和数字式配线架的绝缘。

3. 防蚀

直埋式长途光缆线路所在的地理环境易受周围介质的电化学作用，使金属护套及金属防潮层发生腐蚀，影响光缆的使用寿命。一般应采用以下防蚀措施。

（1）改进金属护套及金属防潮层的结构和材料，采用防水性能良好的防蚀覆盖层。

（2）采用新型防蚀管道。

4. 技术防护

有铜线的光缆线路，其防护强电影响的措施与电缆通信线路基本相同。对只有金属加强芯而无铜线的光缆线路，一般应采取以下防护措施。

（1）在光缆的接头上，两端光缆的金属加强件、金属护套不做电气通连，以缩短电磁感应电动势的积累段长度，减少强电的影响。

（2）在交流电和铁路附近进行光缆施工或检修作业时，应将光缆中的金属加强件做临时接地，以保证人身安全。

（3）在发电厂、变电站附近时，不要将光缆的金属加强件接地，以避免将高电位引入光缆。

（4）当光缆经过高压电场环境时，应合理选择光缆护套材料及防震鞭材料，以防电腐蚀。

三、光缆线路故障检测

光缆线路一旦发生故障，最主要的表现就是整个线路损耗增大。通过测量光纤链路衰减，可判断故障点及故障性质。目前在实际工程施工维护中，一般采用后向散射法来测量光纤损耗。首先将大功率的窄脉冲注入被测光纤，然后在同一端检测光纤后向散射光功率。由于光纤的主要散射是瑞利散射，因此测量光纤后向散射光功率就可以获得光沿光纤的衰减和其他信息，通常采用光时域反射仪（OTDR）进行测量。OTDR 采用取样积分仪和光脉冲激励原理，对光纤中传输的光信号进行取样分析，判断出光纤的接续点和损耗变化点。

1. OTDR 的参数设置

使用 OTDR 时，应注意以下参数的设置。

（1）脉冲宽度。脉冲宽度是每次取样中激光器打开的时间长度，其数值由选定的激光器决定。脉冲宽度也取决于当前最大测量距离的设定，通常这两个参数相互关联。窄脉冲可测试较短的光纤，测试精度较高；宽脉冲能以低分辨率测试较长的光纤。

（2）最大范围。最大范围是指 OTDR 所能测试的最大距离，其设定值至少应与被测光纤长度相等，通常应为被测光纤长度的 1.5 倍以上。

（3）平均化次数（时间）。较高的平均化次数会产生较好的信噪比，但所需时间较长，而较低的平均化次数会缩短平均化时间，噪声也更多。

（4）折射率。折射率应与光纤纤芯的折射率一致，否则将引起测量距离的误差。测量时的折射率设定值应由光纤制造厂家提供。

2. OTDR 使用注意事项

利用 OTDR 进行故障精确定位时，测试精度与操作人员对线路的熟悉程度及 OTDR 操作熟练程度有很大关系。一般应注意以下几个方面。

（1）距离的精确定位。

测某点至测试仪的距离时，只要将任意一个光标精确定位后便可读出距离值；测定整个曲线内某一段的长度时，两个光标都应正确定位，以两光标之间的距离为准；确定一个非反射性接头的位置时，应将光标定位于曲线斜率改变处。对于脉冲反射处的正确定位，幅度大于 3dB 的未削波脉冲反射，可将光标调到反射波前沿比峰值低 1.5dB 的位置；幅度小于或等于 3dB 的未削波脉冲反射，可将光标调至其前沿峰值一半以上的位置。无论是反射或非反射接头，在精确定位时都应当将曲线尽可能放大，以便精确检测光纤。

（2）光纤的测试盲区。

光纤的测试盲区分为事件盲区和衰减盲区。在 OTDR 测量中，盲区随脉冲宽度的增加而增加。为提高测试精度，进行短距离测试时应采用窄脉冲，进行长距离测试时应采用宽脉冲，以减少盲区对测量精度的影响。

（3）测试中的“增益”现象。

由于接续的两根光纤具有不同的模场直径或后向散射光功率，当第二根光纤的后向散射光功率高于第一根光纤时，OTDR 波形会显示出第二根光纤有更大的信号电平，接头可能有功率增益。从另一方向测量同一接头，所显示的损耗将大于实际损耗，所以只有将两个方向的测量结果平均才能得到真实的接续损耗值。

（4）OTDR 的测试精度。

对于现有的 OTDR 测试，动态范围已不是主要问题，提高测试精度主要是对不同的光缆线路采取不同的设置方法。首先应正确设定被测光纤的折射率、估计长度。其次应用宽脉冲粗测光纤长度。当光纤长度基本明确后，应调整脉宽和测试量程，使量程为测试长度的 1.5～2 倍，当脉宽小于事件盲区时，测试精度最高。

3. 光纤端接面的故障检测

灰尘及其他污染是影响光纤链路的主要因素。光纤设备的连接器通常密闭安装在前面板或背板上，检测起来比较困难。如果插入一个受污染的连接跳线，在设备内部的接触点也将受到污染并造成信号衰减。千兆位以太网标准规定对光纤链路损耗的余量只有 2.38dB，稍微不洁就会造成严重的影响。

在诊断光缆故障时，采用适当的测试工具，如视频放大镜、OTDR 等，可以有效地缩短故障诊断时间，减少由于网络中断而造成的损失，并测试对连接端面造成的新污染。

习题

一、判断题

1. 串扰是指当一个线对中的两条导线相互交接时，即发生干扰，串扰常见于配线架和电缆连接器的错接。 （ ）

2. 传输时延（Propagation Delay）是电信号从电缆一端传播到另一端所必需的时间。 （ ）

3. ACR 值越低表示抗外界干扰能力越强。 （ ）

4. 综合布线系统测试分为验证测试、认证测试和鉴定测试。 （ ）

5. 回波损耗是衡量通性的参数。 （ ）

6. 综合布线的认证测试一般是在施工的过程中由施工人员边施工边测试完成的。 （ ）

7. OTDR 测试条件参数设置时，被测光缆距离短，选择脉冲宽度大。 （ ）

8. 测试完成后，应使用电缆管理软件导入测试数据并生成测试报告。 （ ）

二、填空题

1. 光纤衰减是指光沿光纤传输过程中_______的减少。

2. OTDR 测量的是_______而不是传输信号的强弱。

3. 双绞线的电气特征“FEXT”的含义是_____________。

4. 信道指从_____________到_____________间端到端的连接。

5. 缆线传输的衰减量会随着缆线长度的增加而_______。

三、选择题

1. 工程验收项目的内容和方法，应按（ ）的规定来执行。

   A．TSB—67　　B．GB50312—2016

   C．GB/T 50311—2016　　D．TIA/EIA 568B

2. 光缆系统测试时，（ ）不是等级 1 测试所必须测试的。

   A．衰减　　B．长度

   C．OTDR　　D．极性

3. 目前执行的综合布线系统验收国家标准是（ ）。

   A．ISO/IEC 11801:2002　　B．GB/T 50312—2016

   C．GB 50311—2007　　D．GB 50312—2016

4．将同一线对的两端针位接反的故障，属于（　　）故障。

A．交叉　　B．反接

C．错对　　D．串扰

5．接线图（Wire Map）错误不包括（　　）。

A．反接　　B．开路

C．超时　　D．串扰

四、简答题

1．电缆的 NVP 值是什么？

2．铜缆认证测试需要测试哪些参数？

参 考 文 献

[1] 中华人民共和国住房和城乡建设部. 综合布线系统工程设计规范：GB 50311—2016[S]. 北京：中国计划出版社，2017.

[2] 中华人民共和国住房和城乡建设部. 综合布线系统工程验收规范：GB/T 50312—2016[S]. 北京：中国计划出版社，2017.

[3] 中华人民共和国住房和城乡建设部. 建筑设计防火规范：GB 50016—2014[S]. 北京：中国计划出版社，2014.

[4] 余明辉，陈长辉，吴少鸿. 综合布线技术与工程[M]. 2 版. 北京：高等教育出版社，2017.

[5] 雷建军. 计算机网络实用技术[M]. 2 版. 北京：中国水利水电出版社，2005.

[6] 刘省贤. 综合布线技术教程与实训[M]. 2 版. 北京：北京大学出版社，2009.

[7] 王勇. 计算机网络与信息安全教育规划教材 · 网络综合布线与组网工程[M]. 2 版. 北京：科学出版社，2011.